人工智能 前沿技术丛书

智能图像处理

李洪安 著

西安电子科技大学出版社
http://www.xduph.com

内容简介

本书系统介绍了智能图像处理的理论、方法及创新方案，分为智能图像处理技术基础和智能图像处理技术应用两部分。基础部分涵盖了深度学习、人工智能、图像处理及网络模型等内容，以帮助读者理解并掌握智能图像处理的基本原理与技术；应用部分详细介绍了图像彩色化、图像风格迁移、图像分割、图像修复和图像超分辨率重建 5 个热门研究方向，并附有完整程序代码供读者参考。

本书适合人工智能、模式识别、计算机视觉和数字图像处理等领域的研究人员以及相关专业的本科生或研究生参考使用。

图书在版编目（CIP）数据

智能图像处理 / 李洪安著. -- 西安：西安电子科技大学出版社，
2025. 2. -- ISBN 978-7-5606-7512-1

Ⅰ. TP391. 413

中国国家版本馆 CIP 数据核字第 2025J34S28 号

智能图像处理
ZHINENG TUXIANG CHULI

策　　划　成　毅
责任编辑　李　明
出版发行　西安电子科技大学出版社（西安市太白南路 2 号）
电　　话　(029) 88202421　88201467　　邮　　编　710071
网　　址　www. xduph. com　　　　电子邮箱　xdupfxb001@163. com
经　　销　新华书店
印刷单位　陕西天意印务有限责任公司
版　　次　2025 年 2 月第 1 版　2025 年 2 月第 1 次印刷
开　　本　787 毫米×960 毫米　1/16　印张 20.5
字　　数　423 千字
定　　价　59.00 元
ISBN 978-7-5606-7512-1
XDUP 7813001-1

＊＊＊如有印装问题可调换＊＊＊

近年来，深度学习因其强大的学习算法和广泛的应用场景一直受到高度重视，研究人员应用深度学习在智能图像处理领域取得了卓越的成绩。随着硬件设备的升级、计算能力的增强和相关学习算法的日趋成熟，深度学习在自动驾驶、无人安防、人脸识别、车辆车牌识别、以图搜图、VR/AR、3D重构、医学图像分析和无人机等领域得到了广泛应用。然而，深度学习尚不能解决一系列复杂问题，通用智能技术尚未实现。图像处理中神经网络模型参数多、计算力要求高，导致难以大规模应用深度学习。当前深度学习与智能图像处理仍面临诸多挑战，需要广大研究人员进行深入研究。

本书从深度学习和图像处理两方面出发，帮助初学者入门并掌握相关理论和技术，同时本书还对图像处理的深度学习算法进行创新改进。本书共9章，分为基于深度学习的智能图像处理技术基础和基于深度学习的智能图像处理技术应用两部分。第1～4章为基础部分，系统地介绍了机器学习、深度学习、人工智能，并引出智能图像处理技术，详细讲解了智能图像处理技术的网络模型：卷积神经网络、变分自编码器、生成对抗网络，以及激活函数、损失函数和深度学习框架。此外，还介绍了图像增强、图像彩色化、图像分割、图像修复、频域处理等理论基础和智能图像处理的效果评价方法，以及深度学习网络模型训练时的影响因素，多种注意力机制，强化学习、元学习等学习策略。第5～9章为应用部分，对智能图像处理的图像彩色化、图像风格迁移、图像分割、图像修复和图像超分辨率重建5个热点研究方向进行了专项技术介绍，以发展趋势为切入点进行创新性方法研究。

本书以基础理论为起点，以解决问题、创新方法为目的，旨在为初学者提供一个高效的入门工具与启发平台。本书特点如下：

（1）**以基础理论为起点**。本书从深度学习和智能图像处理的基础知识讲起，包括神经网络的参数学习与误差传递、基础网络模型结构、图像处理基本理论以及5个热点研究方向的算法流程等，旨在帮助读者掌握学习本书所需的基础知识，避免读者因缺乏相关基础知识而难以理解本书主要内容，有助于读者迅速掌握智能图像处理的理论和方法。此外，每项关键技术都提供完整程序代码，为阅读和复现经典算法、顶会和顶刊论文的代码奠定基础。

（2）**以解决问题、创新方法为目的**。本书内容涵盖应用背景、基础理论、研究现状、基本方法、应用及改进方法，全面介绍了课题研究的全部环节，有利于读者系统地了解和掌握智能图像处理技术的整套知识。特别是对本科生、硕士生和博士生开展一项新的课题研究，从应用背景和研究现状中发现问题、提炼问题直到提出自己的创新方法来解决问题的整个研究过程具有重要的指导意义。每章附有参考文献及扩展阅读，有助于读者拓宽相关知识面，更加深入地了解各章内容。

本书得到了西安科技大学高质量学术专著出版资助计划（XGZ2024037）、陕西省自然科学基础研究计划项目（2023-JC-YB-517）、虚拟现实技术与系统全国重点实验室（北京航空航天大学）开放课题基金（VRLAB2023B08）和西安科技大学计算机科学与技术学院的支持。西安科技大学课题组研究生张敏、郑峭雪、王冠懿、范江稳、胡柳青、王兰叶、王雕、程丽芝和贺蒙蒙为本书做了大量实验并提供了宝贵资料，研究生刘曼、胡雪、聂晓慧、彭龙、程丽芝、朱宸佳、付嘉兴、吴晨、杨坤和杨磊对全书进行了核校。全书各章节由西安科技大学李洪安编写。西安电子科技大学出版社成毅老师、李惠萍老师和李明老师为本书的顺利出版做了大量细致、辛苦的工作。作者在做课题过程中研读了一些非常优秀的文献和程序代码，在每章的参考文献和扩展阅读中未能全部列出，在此向所有文献作者一并表示诚挚的感谢！

由于作者水平有限，书中难免会出现疏漏，恳请广大读者批评指正，不吝赐教，并欢迎大家与作者直接沟通交流。作者电子邮箱：honganli@xust.edu.cn。

作者于西安科技大学

2025 年 1 月

目 录 CONTENTS

第一部分　智能图像处理技术基础

第二部分　智能图像处理技术应用

第一部分　智能图像处理技术基础

第1章 绪 论

人工智能技术不断走进实际生活，在带给我们科技便利的同时，也带来了巨大的社会效益和经济价值。我们想要机器也拥有人类这样的视觉，让计算机像人眼一样对目标进行识别、跟踪、测量，甚至是处理，得到我们想要的图像。智能图像处理就是这样一门学科，其目标是通过相关的理论和技术，实现从图像中获取有用信息的人工智能系统。随着机器学习和深度学习相关理论的不断发展，智能图像处理领域也迎来了研究热潮，相关方向的研究硕果累累，极大地促进了当前科学技术的进步，更在现实生活中极大地便利了生活，让人们进入了人工智能时代。本章主要介绍机器学习、深度学习、人工智能的发展过程以及三者之间的联系，引出智能图像处理的概念、背景以及当前面临的问题，并简要介绍本书关于智能图像处理的研究内容。

1.1 人 工 智 能

1.1.1 机器学习

机器学习的首要研究课题是人工智能，尤其是如何在经验学习中提高具体算法的性能。机器学习可以形象地描述为让计算机执行人类所具备的与生俱来的认知学习活动，即从经验过程中进行学习。机器学习使用计算方法从数据序列中提取和"学习"信息，而不依赖于预定义的方程模型。随着可供学习的样本数量的增加，这些算法试图从大量的历史数据中提取隐含的规则并用于预测或分类。更具体地说，机器学习可以被视为一种从数据中学习映射关系的过程。在这个过程中，所建数学模型通过学习输入数据（特征）与期望结果（标签或目标值）之间的关系，来构建一个映射函数。这个函数通常是复杂的，它需要捕捉数据中的非线性和其他复杂特性，难以用简单的数学形式精确表示出来。必须强调的是，机器学习的目的是使所学习的函数不仅适用于训练样本，而且适用于"新样本"，即学习函数具有对全新数据进行概括的能力。

1959 年，Arthur L. Samuel 给出机器学习的定义：机器学习是一个赋予计算机学习能力的研究领域，但这种学习能力并不是通过直接编程来实现的。依据汤姆·米切尔在 *MACHINE LEARNING* 中的定义，一个计算机程序若具备学习能力，意味着它能够从特定的经验（E）里学习，从而提升自身在执行特定任务（T）时基于特定性能指标（P）的表现。

智
能
图
像
处
理

这种可重复的学习能力有一个普遍特征，即程序在任务（T）上基于性能指标（P）的表现会随着经验（E）的不断积累而逐步提高。机器学习的本质就是通过数据或以往的经验来优化计算机程序的性能指标，但它没有一个明确且被普遍接受的定义。这是因为研究这个主题的人来自不同的学科，而且学习与记忆、思维、感知和感觉等多种心理功能密切相关，使得我们难以理解和实现学习系统。H. A. Simon 认为，学习是系统中的一些改进，当系统重复相同的工作或做类似的工作时，学习会使系统变得更好。R. S. Michalski 认为，学习是对所经历事物的表示进行构建或修改。参与专家系统研究开发实践的多数人认为，学习主要是对知识进行自主获取的过程，并且具有三种观点：第一种观点比较强调学习主体行为过程的外部因素影响，第二种观点主要关注内部自主学习行为过程，第三种观点更倾向研究应用与知识工程学的关系。机器学习实验的一项主要任务是通过使用一台计算机来模拟人类的学习和实验活动。它实际上是研究计算机如何在现有的机器知识基础上，通过学习获得新知识、不断提高性能并实现自身优化的过程。

机器学习技术是一门研究如何使用微型计算机模拟人类大脑进行学习等活动的方法的计算科学。它是当代人工智能学科中最具智能特征和最前沿技术的基础研究领域之一。自 20 世纪 80 年代以来，机器学习就作为早期实现复杂人工智能问题的又一种思维方式，在国内外人工智能界逐渐引起人们广泛研究的兴趣，特别是近十年以来，机器学习技术领域中的人工智能理论研究和开发工作迅速发展，已经成为当代人工智能技术中的一大重要理论挑战之一。机器学习方法不仅可以用于学习知识系统，还可以广泛用于自然语言理解、非结构化单调推理、机器视觉、模式识别技术等许多专业领域，因此机器学习得到了越来越广泛的应用。如果一个知识系统已经具备学习能力，就表明它已经有能力进行"智能"学习。

机器学习主要可从下面两个大方向着手进行交叉研究：第一个方向是关于传统的机器学习模型的相关研究，该类模型研究的主要目的是通过研究人类学习行为机制，注重探索和模拟人本身的学习过程；第二个方向是对大数据信息环境影响下人类与机器学习模型的交叉研究，该类研究的主要目标是研究计算机如何有效整合利用相关信息，注重从巨量信息中有效获取那些隐藏起来的、可被有效应用和直接理解的新知识。

机器学习是从数据中学习，它包括有监督学习（Supervised Learning，SL）、无监督学习（Unsupervised Learning，UL）和半监督学习（Semi-Supervised Learning，SSL）。

有监督学习是指利用带有标签（即已知结果）的训练数据构建预测模型，以对未知数据的属性或结果进行预测。在监督学习过程中，训练数据包含输入值和与之对应的输出值（标签）。监督学习算法会对这些训练数据进行分析，而训练数据通常由一组组的训练实例构成。经过分析处理后，算法会构建出预测模型，该模型可用于预测未知数据的属性或测量其结果。有监督深度学习最常用的算法是决策树、Boosting 算法、Bagging 算法和支持向量机等。

无监督学习是指通过学习一组可供理解的未被标记的训练样本，从中发现该训练样本组中蕴涵的组织知识。在这种特殊情况下，往往只能通过利用预先给定的对总体样本的信息描述和对样本数据集的组织方法或分组方式等的信息描述，对总体数据做出某些信息推断。对总体数据做出某些信息推断不需要特定含义的训练数据集，如程序集分析或数据聚类任务等。

半监督学习是指使用大量未分类数据，以及同时使用已标注的数据来进行模式识别。半监督学习的应用越来越广，因为它能以尽可能少的工作获得高精度数据。

目前的机器学习研究主要集中于面向项目的研究、认知模拟研究和学术分析研究这三个方向。面向项目的研究意味着要分析学习和开发学习系统的方法，以进一步保证预定数量项目模型的学习计划的顺利实施。这是我们在机器学习领域中必须提出的主要研究内容。认知模拟研究主要指心理学家对人类学习过程和大脑认知计算行为的模拟分析研究，这同样是我们从工程心理学角度要研究和解决的核心问题之一。学术分析研究是指研究者对基于不同学习算法实现的多种可能的学习方法理论和学习空间模型进行的理论探索。虽然这三个研究方向不同，但是它们相辅相成、互相促进。虽然这三个研究方向均与实际应用领域无关，但它们促进了几乎所有领域的基本学习问题和概念的交叉，从整体上推进了机器学习研究。

1. 机器学习的发展史

机器学习的发展分为五个阶段，分别是萌芽时期、热烈时期、冷静时期、复兴时期和多元发展时期。

第一阶段是萌芽时期，起始于 1930 年，心理学家 McCulloch 和一些物理逻辑学家首次将基本神经元模型的概念引入并应用到实验生物学，提出了第一个基于基本神经元分析的"M-P 神经元模型"。在该模型中，每个神经元同时接收一组其他神经元发送的信号，这些发送信号的阈值通常会被重新加权计算，并且可以与接收信号的神经元内部发送阈值进行横向比较，通过激活神经元产生相应的输出。

第二阶段是热烈时期，指从 20 世纪 50 年代中期到 20 世纪 60 年代中期。虽然在第一阶段，神经元已经嵌入到神经网络中并且被熟练地应用，但是为了更高效地训练，需要依赖相关学习规则。为此，心理学家 Hebb 提出了"赫布规则"，其中心思想是：当两个神经元同时被激发时，它们的连接性会增加。

第三阶段是冷静时期，指从 20 世纪 60 年代中期到 20 世纪 70 年代中期。由于感知器结构简单，只能处理简单、独立的线性问题，不能处理线性不可分问题，在这一时期，如何打破这种局限成为学术界关注的焦点。在冷静时期，机器学习的发展停滞不前。

第四阶段是复兴时期，指从 20 世纪 70 年代中期到 20 世纪 80 年代中期。1980 年，第一届机器学习国际研讨会在美国卡内基梅隆大学举行，标志着机器学习的复兴。1986 年，专门研究这一领域的机器学习杂志出版，这意味着机器学习再次成为学术界和工业界关注的焦点。复兴时期机器学习的最大进步是人工神经网络种类丰富，它弥补了感知器的结构缺陷。

第五阶段是从 20 世纪 80 年代中期到现在的多元化发展时期。通过梳理、回顾前四个阶段发现，虽然每个阶段都有明显的差异，但人们研究的几乎都是关于人工神经网络的推导及其学习原理。

2. BP 算法的参数学习、误差传递

1986 年，以 Rumelhart 和 McClelland 为首的科学家提出了基于反向传播算法的反向传播神经网络（Back Propagation，BP），该网络是一个按照反向误差传播算法训练的多层前馈神经网络。该网络由一个输入层、一个输出层和中间的几层（一层或多层）隐层（也称隐含层）组成，每层可以有几个节点，层与层之间的节点连接状态用权重表示。

在反向传播神经网络中，首先进行正向传播，也就是将随机输入系统的样本信号逐层传递到系统的各个隐层，计算每个隐层的输出值，直到最终获得输出层的输出值。接下来，通过计算输出值与系统实际输出值之间的误差，得到损失值。在反向传播阶段，基于计算出的损失值，反向传播误差信号，从输出层逐层传回到输入层。每一层的权重值 W 和偏置值 b 根据误差信号进行调整，以最小化损失值。这个调整过程使用梯度下降法，通过计算损失函数关于权重和偏置的梯度，更新权重和偏置的值。如果损失值在规定范围内，则继续进行下一次迭代，否则，调整后的权重值 W 和偏置值 b 被用于下一次的正向传播和反向传播过程，直到损失值达到规定范围或达到预设的迭代次数。

通过反复的正向传播和反向传播过程，BP 算法不断优化神经网络的权重和偏置，使其逐步接近最优解，实现对输入样本的最佳拟合。如图 1.1 所示，当隐含层较多时，这种 BP 神经网络属于深度学习神经网络。

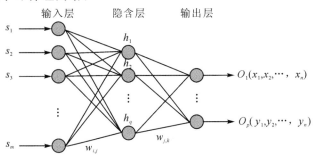

图 1.1　BP 算法的神经网络

根据图 1.1 所示，BP 算法的神经网络结构对应的计算公式如下：
输入层为

$$\begin{cases} \text{net}_j = s_1 w_{1,j} + s_2 w_{2,j} + \cdots + s_m w_{m,j} \\ h_j = f(\text{net}_j - a_j) \end{cases} \tag{1.1}$$

隐含层为

$$\begin{cases} \text{net}_k = h_1 w_{1,k} + h_2 w_{2,k} + \cdots + h_q w_{q,k} \\ O_k = g(\text{net}_k - b_k) \end{cases} \tag{1.2}$$

输出层为

$$e_k = y_k - O_k \tag{1.3}$$

式(1.1)~式(1.3)中的 $w_{i,j}$，$w_{j,k}$ 就是相邻两层神经元之间的权值，f、g 表示激活函数，a_j、b_j 表示激活函数的阈值，s_i 表示输入，h_j 表示第二层的神经元，O_k 表示第三层的神经元，e_k 表示真实数据与预测数据的误差，net 表示神经元的净输入。上述公式分别计算出了各层中相应数量神经元的输出结果。

BP 算法的各层误差计算如下：

（1）输出层的误差：

$$E = \frac{1}{2} \sum_{k=1}^{q} (y_k - O_k)^2 \tag{1.4}$$

（2）传播至隐含层的误差：

$$E = \frac{1}{2} \sum_{k=1}^{q} \left(y_k - f\left(\sum_{i=0}^{m} w_{j,k} f(\text{net}_j) \right) \right)^2 = \frac{1}{2} \sum_{k=1}^{q} \left(y_k - f\left(\sum_{j=1}^{m} w_{j,k} f\left(\sum_{j=1}^{m} w_{i,j} s_i \right) \right) \right)^2 \tag{1.5}$$

（3）输入层的误差：

$$E = \frac{1}{2} \sum_{k=1}^{q} \left[y_k - f(\text{net}_k) \right]^2 = \frac{1}{2} \sum_{k=1}^{q} \left[y_k - f\left(\sum_{j=1}^{m} w_{j,k} s_j \right) \right]^2 \tag{1.6}$$

式(1.4)表示真实数据与预测数据的误差，采用均方误差，为后面求导带来方便。式(1.5)表示真实数据与隐含层的误差，y_k 表示真实数据，f 表示激活函数，$w_{j,k}$ 表示隐含层的权重。式(1.6)表示真实数据与输入层的误差。式(1.5)和式(1.6)与输入 s_k 有关，可以使用常用的随机梯度下降法（Stochastic Gradient Descent，SGD）求解，求解式子中的 $w_{i,j}$ 和 $w_{j,k}$，使得误差 E 最小。

下面是基于 Python 的 tensorflow 库的 BP 神经网络的实现，其中设计了 3 层 BP 神经网络，第一隐层、第二隐层均有 256 个神经元，输出层有 10 个神经元，第一隐层、第二隐层采用了 Sigmoid 激活函数，输出层采用了 Softmax 激活函数。其中参数 W1、W2、W3 分别表示权重；bias1、bias2、bias3 分别表示偏置项；hc1、hc2、hc3 分别经过神经网络输出；h1、h2、h3 分别经过激活函数输出。

```
import tensorflow as tf
from tensorflow. examples. tutorials. mnist import input_data
# 下载 MNIST 数据集
mnist = input_data. read_data_sets("/tmp/data/", one_hot=True)
```

```
# 设置输入特征维度
input_dim = 784   # MNIST 图像是 28×28 像素的,因此有 784 个特征
num_classes = 10   # MNIST 有 10 个数字类别
X = tf.placeholder(tf.float32, shape=[None, input_dim])   # 输入特征
Y = tf.placeholder(tf.float32, shape=[None, num_classes])   # 标签
# 第一层
W1 = tf.Variable(tf.random_normal([input_dim, 256], stddev=0.01))   # 第一层权重
b1 = tf.Variable(tf.zeros([256]))   # 第一层偏置
hc1 = tf.add(tf.matmul(X, W1), b1)   # 第一层线性输出
h1 = tf.sigmoid(hc1)   # 第一层激活输出
# 第二层
W2 = tf.Variable(tf.random_normal([256, 256], stddev=0.01))   # 第二层权重
b2 = tf.Variable(tf.zeros([256]))   # 第二层偏置
hc2 = tf.add(tf.matmul(h1, W2), b2)   # 第二层线性输出
h2 = tf.sigmoid(hc2)   # 第二层激活输出
# 第三层(输出层)
W3 = tf.Variable(tf.random_normal([256, num_classes], stddev=0.01))   # 输出层权重
b3 = tf.Variable(tf.zeros([num_classes]))   # 输出层偏置
hc3 = tf.add(tf.matmul(h2, W3), b3)   # 输出层线性输出
h3 = tf.nn.softmax(hc3)   # 输出层激活输出
# 损失函数和优化器
loss = tf.reduce_mean(tf.nn.softmax_cross_entropy_with_logits_v2(logits=hc3, labels=Y))
optimizer = tf.train.AdamOptimizer(learning_rate=0.001).minimize(loss)
# 评估准确率
correct_pred = tf.equal(tf.argmax(h3, 1), tf.argmax(Y, 1))
accuracy = tf.reduce_mean(tf.cast(correct_pred, tf.float32))   # 准确率
init = tf.global_variables_initializer()
# 训练过程
num_epochs = 10
batch_size = 64
with tf.Session() as sess:
    sess.run(init)
    for epoch in range(num_epochs):
        total_batches = int(mnist.train.num_examples / batch_size)
        avg_loss = 0
        for i in range(total_batches):
```

```
        batch_x, batch_y = mnist. train. next_batch(batch_size)
        loss_value = sess. run([optimizer, loss], feed_dict={X: batch_x, Y: batch_y})
        avg_loss += loss_value / total_batches
    if (epoch + 1) % 1 == 0:
acc = sess. run(accuracy, feed_dict={X: mnist. train. images, Y: mnist. train. labels})
        print(f"Epoch {epoch + 1}, Loss: {avg_loss:.4f}, Training Accuracy: {acc:.4f}")
# 评估模型在测试集上的表现
test_accuracy = sess. run(accuracy, feed_dict={X: mnist. test. images, Y: mnist. test. labels})
print("Test Accuracy:", test_accuracy)
```

3. 机器学习经典模型

用模型探索机器学习的广阔领域时,了解不同模型的特点和应用非常重要。机器学习主要包括五种经典模型——K 近邻模型、支持向量机模型、朴素贝叶斯模型、决策树模型和人工神经网络模型。每一种模型都代表了不同的算法思路和技术实现,它们拥有各自的优点和局限性,适用于解决不同类型的问题。

1) K 近邻

K 近邻(K-Nearest Neighbor,KNN)属于监督学习,其思想比较简单,为了确定测试记录的标签,可以找出训练文件和下一个 K 记录。如果需要分类,应选择 K 训练记录中出现次数最多的分类标记;如果需要回归,则可以对 K 训练条目的标签值进行加权和汇总,并且权重和距离成反比例关系,距离记录越远,相应的权重越小。

在应用 K 近邻模型时,需要考虑两个主要因素:如何选择适当的 K 以及如何定义样本之间的距离。K 的选择通常需要多次实验,K 不应太大或太小,并且应与训练数据量相关。记录数据间的距离可以使用最简单直观的欧拉距离进行计算,在计算之前,需要对各特征进行归一化,因为不同特征的取值范围可能不同。

2) SVM 方法

支持向量机(Support Vector Machine,SVM)是一种利用监督学习对数据进行分类的广义线性分类器。该方法将学习样本的最大边距超平面作为决策边界。其核心思想是将记录点所在的原始空间通过一些可选的核函数变换到另一空间,从而在新空间中大大简化原始分类任务。在对二维空间进行分类时,需选择一个超平面作为分界面。

3) 朴素贝叶斯方法

朴素贝叶斯是一种基于概率理论的监督学习方法,其核心思想是根据最大的概率进行分类。在生活中有很多常见的例子,例如将训练集中大部分的长发用户标记为女性,将短发用户标记为男性,当测试时,如果测试用户为长发,则推断出其是女性,反之则为男性,也就是说系统会选择在训练数据中最常见的分类作为新的输入数据的分类依据。因此,朴

智能图像处理

素贝叶斯和概率论有密不可分的关系，还会涉及先验概率、后验概率、贝叶斯网络等更多内容。

4）决策树方法

决策树（Decision Tree，DT）是一种决策分析方法。它通过构建决策树来进行直观的概率分析，从而估算出项目获得非负净现值的概率。这种方法用于评估项目的风险，并根据不同情况下的已知概率来判断项目的可行性。由于决策被绘制成一个像树枝一样的图像，所以它被称为决策树。决策树是机器学习中描述对象属性与对象值之间映射关系的确定性模型。

决策树的训练首先需要确定树的结构，接着为每个非叶节点定义相应的条件判断，最后根据训练集数据对应每个工作表节点进行排序标记。决策树的结构会随着训练数据集的增加而变得复杂。在对模型进行训练时，决策树的一些建模参数，如树的最大深度、叶节点对应的最小记录数量、叶节点最大数量等，必须进行适当设置，以适当限制决策树的结构，缩短训练时间，提高决策树的最终性能。

5）人工神经网络方法

神经元可以看作是一个包含输入、过程和输出的单元，当负载信号到达时，神经元被抑制，没有产生信号；当收到正负载信号并高于阈值时，神经元处于活动状态且具有输出信号，输出信号的强度与输入信号之间存在正相关关系。无数神经元相互连接，并遵循相似的结构来促进抑制或激活，从而完成神经信号的处理和传递。

近年来，随着大量数据的积累和计算机的快速发展，深度学习逐渐成为一个有广阔应用前景的热点研究领域，在智能图像处理、自然语言理解、语音识别等方面有了广泛的应用和突破。深度学习属于机器学习的分支，深度学习模型是具有多层的神经网络，因此组织设计和模型训练等步骤类似于机器学习中的相关概念。

1.1.2　人工智能

1. 人类智能和人工智能

与其他生物个体不同，人类是思维活动更加高等和优秀的生物。人类智能由两个互补的部分组成：内隐智慧和外显智慧。内隐智慧负责发现和确定创新方向，而外显智慧负责在确定的创新方向上实现具体的创新解决方案。更确切地说，内隐智慧是人类发现和定义问题的能力，它需要整体分析能力、想象力和发展能力，是一种内隐的创造能力，不能被机器模拟；外显智慧是人类在内隐智慧定义的问题框架内解决问题的能力，它需要获取信息、生成知识并使用知识来解决问题，是一种明确的操作能力，因此可以用机器模拟。

人工智能就是对"人类智能（外显智慧）"的探索、理解、模拟和扩展。模拟人类智能的科学和技术称为人工智能（如图1.2所示）。内隐智慧体现在三个方面：面对环境定义的现实问题；为知识库提供的现有知识；预先设定的解决问题的目标。在内隐智慧的工作框架下，人工智能系统的任务是模拟人类智能的能力，达到预定的解决目标，通过利用提供的信息和现有的知识解决给定的实际问题。

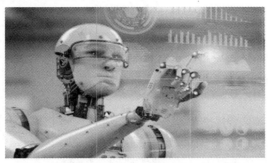

图 1.2　人工智能

在人与人工智能系统两者之间，人工智能系统始终服务于人，人始终是主体，人工智能系统是人类解决一些问题的辅助工具。由于人工智能系统接受人类提供的预先设定的解决目标和专业领域知识，保证了人类主体和客体之间的双赢策略，既实现主体的解决目标，又遵循其中体现的客观规律。

2．人工智能发展方向及作用

通信、感知与行动是现代人工智能的三个关键能力，实际应用包括机器视觉、游戏、指纹识别、虹膜识别、视网膜识别、专家系统、自动规划、智能引擎、人脸识别、定理证明、自动编程、智能控制、遗传编程、机器人学等。人工智能的应用主要分为三个技术领域：机器人、自然语言处理（Natural Language Processing，NLP）和计算机视觉（Computer Vision，CV）。计算机视觉是计算机模拟人类视觉的过程，这类技术的经典任务包括图像处理、图像提取和图像 3D 推理、图像生成。其中，人脸识别（如图 1.3 所示）和目标检测是较为成功的研究领域。

图 1.3　人脸识别技术

智能图像处理

智能图像处理有很多应用，随着深度学习的发展，机器在特定情况下甚至可以超越人类。而 CV 离具有社会影响力的阶段还有一定的距离，需要机器在所有场景中都能达到人类的水平。文本挖掘、机器人、机器翻译和语音识别等也是人工智能的重要研究和发展方向。总体而言，人工智能的研究前沿正逐渐从搜索、推理领域转向模式识别、深度学习、智能图像处理和机器人技术领域。许多新技术可能仍处于研发阶段，甚至是初步研究阶段，尚未完全成熟，但我们可以看到，智能图像处理细分领域技术发展不同阶段之间的进步越来越快。

3. 人工智能发展过程

人工智能在二十世纪五六十年代被正式提出。1950 年，一位名叫马文·明斯基的大四学生和他的同学邓恩·埃德蒙建造了世界上第一台神经网络计算机。这也被视为人工智能的起点。巧合的是，也是在 1950 年，被称为"计算机之父"的艾伦·图灵提出了一个了不起的想法——图灵测试。根据图灵的假设：如果一台机器可以与人类对话而不被识别为机器，那么这台机器就具有智能。图灵还大胆预测了真正拥有智能机器的可行性。1956 年，"人工智能"一词由达特茅斯学院的一次计算机专家会议提出。会后不久，麦卡锡从达特茅斯搬到了麻省理工学院。同年，明斯基也搬到了这里，然后他们共同创立了世界上第一个人工智能实验室——麻省理工学院人工智能实验室。值得注意的是，达特茅斯会议正式确立了人工智能这个术语，并开始从学术角度对人工智能进行严肃而专业的研究。此后不久，第一批人工智能学者和技术开始出现，达特茅斯会议被广泛认为是人工智能诞生的象征。自此人工智能走上了快速发展的道路。

过去，人工智能面临的技术瓶颈主要是计算机性能不足，这导致许多早期应用于人工智能领域的程序失败；此外，早期的人工智能程序主要解决特定的问题，因为特定的问题对象较少，复杂性较低，一旦问题扩大到一定程度，这些程序就不堪重负；最后，数据量严重缺失，且难以找到足够大的数据库来支持深入学习的程序，这很容易导致机器无法读取足够的智能数据。

近年来，随着算法、大数据和计算能力三大驱动因素的快速发展，人工智能也掀起了新的高潮。深度学习的多层神经网络使机器能够从低到高逐层自动学习复杂的特征，并能解决一些更复杂的问题。深度学习首先在语音识别和图像识别领域取得突破，然后在自然语言理解等诸多领域取得可喜成果，直接推动了这一轮人工智能的高潮。具有深度学习功能的多层神经网络结构复杂，参数众多，需要大量数据来训练和生成有效的模型。由于互联网和社交媒体的发展，带宽大幅增加，存储硬件成本降低，全球数据规模呈爆炸式增长，人类已经进入大数据时代，如此大量的数据为人工智能的发展提供了源源不断的动力。

深度学习使用大量数据来训练复杂的多层神经网络模型，这需要强大的计算能力。过去业界只能使用传统的 CPU 进行模型训练，需要花费很长的时间。而现在 GPU 的应用将深度学习的效率提高了数十倍甚至数百倍，使用 FPGA 和各种定制芯片使得深度学习的效率进一步提高。随着分布式计算技术的进步，大量的芯片可以同时用于模型训练，由此形成的强大计算能力有力地推动了人工智能的快速发展。

1.1.3　深度学习

加拿大多伦多大学计算机系的 Geoffrey Hinton 教授热衷于研究机器学习模型、神经网络和人工智能。2006 年，他和他的学生在 *Science* 杂志上发表了一篇文章，首次提出了深度学习的概念，并掀起了深度学习的浪潮。此文的两个主要观点是：第一，多层隐层人工神经网络具有良好的学习能力，学习的特征可以有意义地描述数据，以便进行分类操作和可视化。第二，深度神经网络克服了难以训练的问题，可以通过分层训练进行优化，无监督分层预训练有助于突破浅层学习模式。

2012 年 Hinton 教授带领他的学生采用深度学习模型 AlexNet 在著名的 ImageNet 图像识别大赛中一举夺冠。AlexNet 采用 ReLU 激活函数，高性能的 GPU 运算极大地提高了模型的运算速度，从根本上解决了梯度消失问题。同年，以吴恩达教授和杰夫·迪恩等专家为首研究的深度神经网络技术在图像识别方面取得了令人瞩目的成绩，显著降低了 ImageNet 评估中的错误率（由 26％降至 15％）。深度学习算法在全球竞争中脱颖而出，再次吸引了学术界和企业界对深度学习的兴趣。

2016 年，谷歌公司基于深度学习开发的 AlphaGo 与世界级顶尖围棋高手李世石进行围棋比赛，最终以 4∶1 的比分战胜了李世石。AlphaGo 征服了众多世界级的围棋玩家，机器人在围棋世界的成就已经超越人类。AlphaGo 的基本操作理念是深度学习，它通过与两个单独的神经网络协作来教自己如何下棋：第一大脑——落子选择器（Move Picker，MP）和第二大脑——棋局评估器（Position Evaluator，PE）。这两个多层神经网络与谷歌图像搜索引擎的结构相似，它们首先用多层启发式二维滤波器来应对棋盘放置，类似于一个图像分类器网络在处理图像。经过滤波后，13 个全连接的神经网络层可以对场景进行评估，并进行分类和逻辑推理。

深度学习实际上是一种算法思维，其核心是模拟人脑的深度学习和人脑的深度抽象认知过程。计算机可以执行复杂的操作并优化数据，本质是通过层次特征来表示观测数据，使较低层次的特征抽象为较高层次的特征。与传统的浅层学习不同，深度学习的特点是：

（1）强调了模型结构的深度，通常有 5 层、6 层甚至十几层的隐层节点。

（2）明确了学习特征的重要性。通过初始空间特征的描述，将层层的特征空间转换成新的特征空间，而这对于分类或预测来说是非常方便的。与基于人工管控的功能性设计方法相比，使用完整的功能性大数据学习可以更好地描述丰富的内部数据信息。

（3）通过设计和调节适当数量的多层神经计算节点和操作水平，选择合适的输入和输出水平，并研究和调整网络，定义输入和输出功能之间的关系。虽然各功能之间的关系不能完全地建立起来，但是可以尽可能接近现实。使用训练成功的网络模型，能够满足复杂事务自动化处理的需求。

用于深度学习的模型是深度神经网络（Deep Neural Networks，DNN）模型，深度神经网络包含了多个隐含层。更深层次的深度学习将被转化为模型，将原始输入转化为浅特征、中特征和高级特征，直到转化为最终的目标。深度学习可以从事涉及高级抽象功能的人工智能工作，如语音识别、图像识别与检索、自然语言处理等。深层模型是一种具有多个隐含层的人工神经网络，多层非线性结构使其具有较强的特征表达能力和对复杂任务的建模能力。但是长期以来，如何训练深度模型一直是一个难点。直到近年来，以分层和逐层初始化为代表的一系列方法为深度模型的训练带来了希望，并在许多应用领域取得了成功。

例如，Dong C 等人提出了超分辨率卷积神经网络，这是深度学习在超分辨率重建中的首次应用。他们利用三层神经网络，通过卷积操作完成图像块提取、特征非线性映射和重建过程三个步骤，模拟出传统超分辨率过程，论证了卷积神经网络（Convolutional Neural Networks，CNN）可以通过端到端的方式学习低分辨率图像到高分辨率图像的映射。自此，深度学习在超分辨率重建领域引发了一波新的浪潮。

深度信念网络（Deep Belief Nets，DBN）是神经网络的一种。它可以用于无监督学习，类似于自动编码机，也可以作为监督学习的分类器。无监督学习的目标是在降低特征维数的同时尽可能地保留原始特征的质量。监督学习的目标是降低分类错误率。DBN 的本质是特征学习过程，即学习如何改进特征表述。

自动编码机（Auto Encoder，AE）共有三层，包括信息输入层、特征隐藏层以及信息输出层，该模型是一种可以进行自主深度学习的神经网络模型。输入层与隐藏层这两层组合为编码层，用于自动编码机网络对于数据特征的非线性提取；隐藏层与输出层这两层组合为解码层，主要是对隐藏层的特征进行重建。堆栈自动编码机（Stacked Auto Encoder，SAE）是一种深度神经网络，具有更多的层和更复杂的网络堆叠，并且通常会在最后一层加上一个逻辑回归分类层进行分类。

深度学习可以分为如下三类：

（1）生成型深度结构。在建立模型的过程中，建立深度结构来描述高层观测数据的相关参数或数据与相关类别之间的联合概率分布。因为数据标记是不相关的，所以采用此类结构的深度学习经常用于无监督学习。在将模拟设计应用于模式识别之前，还需要进行一些基础性工作，然而，由于训练数据有限，低水平的深度学习很难实现。因此，自下而上的分层学习通常从每个较低的层次开始，然后通过"分层贪婪"学习实现较高层次的学习。生成型深度结构的深度学习代表性模型有自动编码机、受限玻尔兹曼机、深度信念网络（也称深度置信网络）等。

（2）判别型深度结构。判别型深度结构的目的是通过描述可见数据类别的后验概率分布来区分模型分类。深度学习模型属于深度差分结构，主要由卷积神经网络和其他类型的深度神经网络(如循环神经网络)组成。

(3)混合型深度结构。混合型深度结构的目的是对数据进行判别，是一种包含了生成和判别两部分结构的模型。在应用生成型深度结构解决分类问题时，由于现有的生成结构大多用于判别数据，结合判别模型可以在训练前阶段优化网络的所有权值，例如通过深度置信网络对深度神经网络进行预处理。

主流定义中机器学习包含深度学习，深度学习是机器学习的一个分支，如图1.4所示。机器学习中有不同的算法，比如线性回归、逻辑回归、SVM、神经网络等，由于使用神经网络算法的机器学习比较特殊，并且其中的网络层数很多，所以单独命名这类机器学习为深度学习。机器学习是人提前设定好标签和特征，然后由计算机按照设定好的标签特征去工作。深度学习则无须人工设定标签和特征，它会自动训练模型计算权重和偏置，找到各种数据的特征然后进行工作。

图1.4 机器学习和深度学习的关系

一般来说，机器学习通常需要人工提取特征，这个过程被称为特征工程(Feature Engine，FE)。在某些应用场景中，人工提取特征相对容易，但是在如图像识别、语音识别等复杂场景中，人工提取却是非常困难的，而深度学习能够自动进行基础特征以及复杂特征的提取，如图1.5所示。

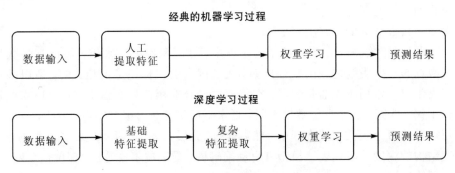

图1.5 机器学习和深度学习的不同过程

当然，深度学习并不是万能的。与许多其他方法一样，它必须将某些领域的先验知识与其他模型相结合，以获得最佳结果。深度学习是一种神经网络，与其他人工智能方法不同，不能通过局部补救来改变答案，必须用各种真实、完美平衡、公平和稀有的数据重新训练该网络。深度学习就像一个黑盒子，只有不断地实验迭代，才能得到较满意的效果。

1.2 智能图像处理

1.2.1 计算机视觉

计算机视觉通常是指数字计算机自动处理图像并汇总图像内容的过程，它识别图像的内容并对内容进行处理。如图1.6所示，计算机视觉可以从输入图像中获取大量的测量值，从所有的局部测量值中推断图像的属性，对图像分析得到的特征进行分析，提取场景的语义表示，让计算机具有类似人眼和人脑的能力。

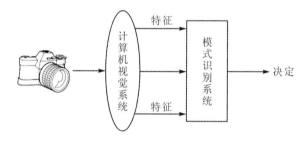

图 1.6　计算机视觉应用图

计算机视觉在20世纪70年代初首次出现时，被视为一个雄心勃勃计划中的关键组成部分。该计划旨在模仿人类视觉，使计算机能够感知和理解视觉信息，从而赋予机器人智能行为，实现自主操作和决策。计算机视觉的灵感来源于生物计算和生物视觉。作为人类，我们很容易就能感知周围世界的三维结构，想象一下，当你看窗外的风景时，你的三维感知是多么生动。你可以通过树木的叶片纹理和大小毫不费力地判断出每棵树的品种，看着路上的行人你可以很容易地分辨出他们分别是谁。但这些对于计算机往往不会这么简单，视觉世界的建模十分复杂，有些会涉及基于概率的模型。

计算机视觉采用贝叶斯概率模型，求解出参数后得到一个简单的贝叶斯分类器。这也是一种通过测定结果去求解模型的方法。随着大数据的到来，人们更希望去求解变量中的相关关系而非因果关系，我们不需要通过数学推论解算出变量之间的因果关系，而是直接通过概率模型来求解变量之间的相关关系，这种统计学习方法广泛地应用于计算机视觉、自然语言处理和机器学习等方面。计算机视觉可被定义为使用计算机以及相关设备对生物视觉进行模拟，模拟人类以及其他生物视觉系统，通过对采集的图像或视频进行处理以获得相应场景的三维信息。

在过去的五十多年间，计算机视觉的发展十分迅速，从20世纪70年代出现计算机视觉课程和明确理论体系开始，计算机视觉从理论走向应用。到21世纪后图像特征工程出现，开始有带标注的高质量数据集，在应用上也有了更多的选择。近年来，随着深度学习的快速发展，计算机视觉得到更广泛的应用，如自动驾驶、远程医疗、虚拟现实等进入现实应用。这对计算机视觉的要求也越来越高，不仅需要更高的视觉精度，而且需要更快的识别速度。展望未来，随着元宇宙的发展，计算机视觉将会和生物学、区块链、云计算等更多的学科进行交叉融合，届时会通过脑机接口将计算机视觉和人类视觉结合，实现有感官体验的虚拟世界。

1.2.2 智能图像处理与相关学科

1. 计算机视觉

计算机视觉模拟了人类视觉机制接收和分析信息的能力，利用摄像机和计算机而不是人眼进行机器视觉的目标识别、跟踪、测量，同时附加图形处理和计算机处理，使图像更适合人眼观察或传输到仪器进行图像检测。计算机视觉研究的思想和技术，旨在构建能够从图像或多维数据中提取信息的人工智能系统。计算机视觉领域的主要挑战在于如何开发出能够像人类一样具备视觉技能的计算机和机器人。图像信号处理、纹理和颜色建模、几何处理和推理、物体建模等都是机器视觉所需要的，所有这些程序都要通过良好的视觉系统紧密结合起来。

2. 图像处理

图像处理是一种利用计算机技术对照片进行分析和处理，以生成预期结果的方法。一般来说，图像处理是指数字图像处理。数字图像是通过数码相机、扫描仪和其他设备进行采样和数字化而形成的巨大的二维数组。数组的元素称为像素，其值是称为灰度值的整数。图像处理技术的核心内容包括图像压缩、改进和恢复、匹配、描述与识别。图像数字化、图像编码、图像增强、图像复原、图像分割、图像分析等都是常用的图像处理方法。在许多情况下，计算机视觉和图像处理可以互换，两者都涉及一些关于图像的计算，它们有所不同，但彼此联系。图像处理专注于处理图像的内容，这意味着输入和输出都是图像；图像处理算法包含转换、平滑锐化、改变亮度和对比度、突出边缘等。计算机视觉专注于让机器理解所看到的内容，这意味着计算机视觉不仅仅是处理和分析图像数据，还包括让计算机能够解释、识别和理解这些图像中的对象、场景和活动。通过复杂的算法和模型，计算机视觉技术使机器能够模仿人类视觉系统的功能，从而在自动驾驶、安防监控、人脸识别、医疗诊断等领域实现智能化应用。计算机视觉和图像处理在很多方面同时被使用,许多计算机视觉系统依赖于特定应用场景下的图像处理算法。计算机视觉系统很少直接使用来自传感器的原始成像数据,而是使用经过图像处理后的数据。先进的图像处理方法开始使用计算机视觉增强图像。

3. 模式识别

处理和解释表征对象或现象以便描述、识别、分类和解释事物或现象的多种类型信息(数字、文字和逻辑)的过程称为模式识别。它是信息科学和人工智能的关键组成部分。模式识别又称模式分类,根据问题的性质和解决方法可将其分为有监督分类和无监督分类。在模式识别中,模型是对事物或现象的一种抽象描述或表示,用于处理和解释表征对象或现象的多种类型信息。模型可以分为抽象模型和具体模型两类。抽象模型如意识、思维、对话等,属于人工智能的一个子集,归属于概念识别的研究范畴。它们通常用于描述和理解一些难以直接用具体形式表达的认知和智能交互过程。具体模型则可能涉及对具体的语音波形、地震波、心电图、脑电图、照片、文字、符号、生物传感器等事物的模式进行识别和分类。通过对这些具体数据的分析和处理,提取出有意义的特征和模式,从而实现对不同模式的区分和识别。模式识别的研究分为两个部分,一是考察生物(包括人类)如何感知物品,这属于认知科学的范畴;二是探讨如何将计算机模式识别的理论和实践应用到具体的工作中。计算机用于识别和分类一组事件或活动,如词语、声音、图像,以及抽象的事物,如状态、程度等,都可以被识别为事件或过程。这些事物区别于数字信息,常被称为模式信息。统计学、心理学、语言学、计算机科学、生物学和控制论都与模式识别有关。模式识别与人工智能和图像处理研究相互交织。

4. 机器学习

机器学习是研究计算机如何复制或执行人类的学习行为以获取新的信息或技能,并重新安排现有的知识结构以不断提高其性能的过程。它是人工智能的基础,也是使计算机智能化的首要方法。它的应用跨越了人工智能的整个领域,涵盖了从图像识别、语音处理到自然语言理解等各个领域。机器学习在人工智能研究中具有极其重要的意义,一个不能学习的智能系统不能被认为是智能的,而以前的智能系统在很大程度上是不能学习的,这限制了它们的应用范围和能力。随着人工智能的进步,机器学习已经稳步发展成为人工智能研究的支柱之一,它的用途已扩展到人工智能的多个领域,包括专家系统、自主推理、自然语言理解、模式识别、计算机视觉、智能机器人等。机器学习的研究建立在对人类生理学和认知科学中的学习机制的理解上,包括开发人类学习过程的计算模型或认知模型,发展各种学习理论和方法,研究通用学习算法和理论分析,并创建面向具体应用任务的学习系统,这些研究目标相互影响。

1.2.3　智能图像处理主要研究方向

1. 目标识别

目标识别是将存储的信息与当前信息进行比较来识别一幅图像的过程。图像描述是前提，它将使用数字或符号来描述图像或环境中每个目标的关键方面，以及它们之间的关系。接着，通过抽象的方式表示出每个目标的特征以及它们之间的关系，从而更好地理解和识别图像中的内容。例如，目标识别技术可以通过使用模板匹配模型，从照片中提取反映人格特质的信息。在某些应用中，目标识别不仅要提供被检测到的物品，还要提供其位置和姿态来辅助计算。目标识别技术在生物医药、卫星遥感、机器人视觉、货物检测、目标跟踪、自主车辆导航、公共安全、银行、交通、军事、电子商务、多媒体网络通信等多个领域得到了广泛的应用。随着技术的进步，基于机器视觉的目标识别和基于深度学习的目标识别技术不断发展，极大地提高了图像识别的准确性和效率。

2. 图像分割

图像分割技术是智能图像处理领域的一个重要的研究方向，是图像语义理解的重要一环。图像分割是将图像分成若干具有相似性质的区域的过程，从数学角度来看，图像分割是将图像划分成互不相交的区域的过程。近些年来随着深度学习技术的逐步深入，图像分割技术有了突飞猛进的发展，使用图像分割进行的场景物体分割、人体前景背景分割、人脸人体解析、三维重建等技术已经在无人驾驶、增强现实、安防监控等方面得到了广泛的应用。但是图像分割还存在较多问题，如分割边缘不准、在同一幅图像中不同类别或实例的像素不均衡、标注费时费力、目标注中可能存在噪声、卷积神经网络分割耗费显卡、需要定义图像上下文等问题。

3. 目标跟踪

目标跟踪是智能图像处理研究领域的热点之一，近几十年以来，目标跟踪的研究取得了长足的发展。目标跟踪是在连续的视频序列中建立物体的位置连接，以获取物体的整个运动轨迹的过程。其主要方法是利用图像当前帧的目标坐标位置计算出目标在下一帧图像中的精确位置。在运动的过程中，目标可能会呈现一些图像上的变化，如物体遮挡、背景杂乱、光照变化、物体形变等复杂场景，从而导致跟踪准确率降低。

4. 三维重建

三维重建是指建立能够在计算机中表示和处理的三维物体数学模型的过程。它是计算机处理、运行和研究数字模型属性的基础，也是建立一个在计算机中可以表达现实世界的虚拟现实系统的关键技术。智能图像处理中的三维重建是指从单视点或多视点图像中恢复三维信息的技术。由于单视图信息不足，三维重建必须依靠经验知识。多视图三维重建方法相对简单:对摄像机进行标定,即计算摄像机图像坐标系与世界坐标系的关系,然后利用多幅二维图像的信息进行三维重建。

5. 姿态识别

人体姿态是人体重要的生物特征之一,有很多的应用场景,姿态识别能让计算机知道人在做什么、识别出这个人是谁。特别是在监控领域,在摄像头获取到的人脸图像分辨率过小的情况下姿态识别是一个很好的解决方案,在目标身份识别系统中也可以作为一项重要的辅助验证手段,达到减小误识别的效果。姿态识别分为图像数据获取、人体分割、人体姿态识别、数据分类四大步骤,相机角度、天气条件、遮挡物、附属物、道路崎岖等环境会直接影响姿态识别的准确率。

6. 图像增强

图像增强是对图像中相关信息进行增强的过程。它可以是一个畸变的过程,其目的是提高图像的视觉效果,用于特定的图像应用。图像增强旨在强调图像的整体或局部特征,使原本不清晰的图像清晰或突出一些有趣的特征,扩大图像中不同对象特征之间的差异,抑制不相关的特征,以提高图像质量、丰富信息内容和强化图像的解释与识别效果,满足特殊分析的需要。图像增强方法主要有两种:频域方法和空域方法。频域技术将图像看作二维信号,利用二维傅里叶变换对图像进行改进。采用低通滤波的方法来降低图像噪声,同时采用高通滤波的方法来增强边缘等高频信号,使模糊图像更加清晰。空域技术的典型算法有局部平均法和中值滤波法,它们可用于消除或衰减噪声。

1.2.4 智能图像处理面临的问题

智能图像处理现已应用于很多领域,如医疗、生产制造、军事、自动驾驶等领域。智能图像处理既是一个广泛应用于工程领域的学科,也是科学领域的一个重要研究方向。智能图像处理已经吸引了各个学科的研究者参与到对它的研究中。尽管依靠深度神经网络智能图像处理技术有了突破,但目前仍存在以下典型问题难以解决。

1. 定义物体

定义物体是指明确描述和区分一个物体的过程。在现实生活中,我们很难对物体进行清晰和精确的定义,因此造成了在物体识别方面的困难。由于许多概念是包容性的,只有通过对这些概念进行良好的建模和场景理解,才能实现精确的物体识别。

2. 环境变化

由于现实生活中跟踪场景复杂,智能图像处理仍然面临着许多挑战,如光照变化、目标形变和背景杂乱等,这些都会对智能图像处理判断产生影响。又如在物体重叠严重的场景中,人类有很强的跟踪能力,但是对于跟踪系统,计算机几乎不可能达到同人类一样的水平。

3. 精度问题

智能图像处理面临的精度问题包括分割边缘不准、像素分类不均衡、标注过程费时且可能存在噪声、卷积神经网络在分割时耗费大量显卡资源，以及如何定义和处理图像上下文等问题。这些问题导致图像处理结果不够精确，影响了系统在实际应用中的效果和效率。例如，在分割图像时，边缘定位的误差会使得目标物体的轮廓模糊，从而影响后续的识别和分析；像素分类的不均衡则可能导致某些类别或实例被忽略或误判。此外，标注数据的过程中容易引入噪声，这会进一步降低模型的精度和可靠性。卷积神经网络尽管强大，但在处理复杂图像时耗费计算资源也是一个不可忽视的问题。最后，图像上下文的定义和处理也直接影响到整体的图像理解和分析能力，需要更加先进的算法和模型来提升图像处理的精度和效果。

4. 硬件需求

随着智能图像处理技术的快速发展，所产生的数据量也呈几何增长，无论是对数据处理还是数据存储都提出了更高的要求。虽然我们可以通过增加存储器来存储大量数据，但处理器的制造工艺已经达到了 3 nm 级，越来越接近摩尔定律的极限，因此我们需要使用新材料来制造处理器。

同时，我们还需要对智能图像处理算法进行优化，尽可能减少数据冗余。

1.3　本书关于智能图像处理技术的研究内容

为了使初学者更好地入门并掌握智能图像处理的相关理论和技术，本书分为智能图像处理技术基础和智能图像处理技术应用两部分。

1. 智能图像处理技术基础部分

首先，回顾机器学习发展过程，学习神经网络如何进行参数学习和误差传递；回顾深度学习和人工智能的概念，理解机器学习、深度学习和人工智能三者的区别和联系；引出智能图像处理技术的定义，回顾其发展过程，分析智能图像处理技术当前面临的机遇与挑战。

其次，回顾常见的图像处理基本理论：图像增强、图像彩色化、图像分割、图像修复、频域处理，总结每个方向的概念、常用方法的思路以及代码分析，并总结当前智能图像处理在不同应用方向应用效果的主要评价指标和方法。

再次，学习计算机视觉的网络模型：卷积神经网络、变分自编码器、生成对抗网络等，并在优缺点、适用场景等方面进行对比。针对常用的生成对抗网络，对比分析其激活函数、损失函数，了解如何使得生成对抗网络模型更加稳定。采用简单例子学习数值计算工具库Numpy 和深度学习框架 PyTorch、Jittor，分析对比各个框架的优缺点和适用场景，并使用一个小例子帮助读者感受不同框架是如何实现模型训练的，为之后经典算法、顶会和顶刊论文的代码阅读、复现奠定基础。

最后，列举了相关知识，包括网络模型训练时的影响因素，注意力机制在当前智能图像处理技术多个方向的应用，强化学习、元学习等学习策略。

2. 智能图像处理技术应用部分

针对智能图像处理的经典问题，本书主要论述了图像彩色化、图像风格迁移、图像分割、图像修复、图像超分辨率重建这5个热点方向的应用。首先了解各个方向当前的发展趋势、存在问题；其次以问题为切入点，以多篇论文为导向讲解其算法思路、附带源码的创新点和改进思路、实验设计和分析，让初学者在快速掌握基本知识的同时，能够对各个研究方向快速入门并发掘出新的创新点。

本 章 小 结

首先，本章介绍了机器学习、深度学习、人工智能三者的概念、背景意义、区别与联系，为智能图像处理入门奠定一定的概念基础。一般来说，深度学习是机器学习的一个分支，机器学习主要包含线性回归、逻辑回归、支持向量机、人工神经网络等经典算法，当神经网络有很多层数时，将这类方法称为深度学习。人工智能是一门研究如何使用计算机来模拟人类学习和计算的学科，它包含了许多不同的研究领域，如机器学习和计算机视觉等。其次，介绍了智能图像处理的概念和背景意义，通过追溯智能图像处理的发展过程，分析当前存在的定义物体、环境变化、精度问题和硬件需求等典型问题。最后介绍了本书的结构。本书分为基础部分和应用部分两大块，基础部分主要用于入门，讲解计算机视觉的由来、网络模型基础和图像处理基础，应用部分旨在帮助读者了解基于深度学习的研究方向，对各个研究方向快速入门并发掘出新的创新点，同时能够了解相关知识，在开展研究时能够及时解决存在的问题。

参考文献及扩展阅读

[1] 李洪安. 信号稀疏化与应用[M]. 西安:西安电子科技大学出版社,2017.10.

[2] 李占利,李洪安. 智能视频分析与步态识别[M]. 西安:西安电子科技大学出版社,2020.7.

[3] 李洪安,郑峭雪,马天,等. 多视野特征表示的灰度图像彩色化方法[J]. 模式识别与人工智能,2022, 35(7):637-648. DOI:10.16451/j.cnki.issn1003-6059.202207006.

[4] 李洪安,郑峭雪,张婧,等. 结合 Pix2Pix 生成对抗网络的灰度图像着色方法[J]. 计算机辅助设计与图形学学报,2021,33(6),929-938.

[5] 李洪安,郑峭雪,陶若霖,等. 基于深度学习的图像超分辨率研究综述[J]. 图学学报,2023,44(1):1-15. DOI:10.11996/JG.j.2095-302X.2023010001.

[6] LI H A,WANG L Y,LIU J. Application of multi-level adaptive neural network based on optimization algorithm in image style transfer[J]. Multimedia Tools and Applications,2024:1-23. DOI:10. 1007/s11042-024-18451-1.

[7] LI H A,WANG D,ZHANG M,et al. Image color rendering based on frequency channel attention GAN[J]. Signal,Image and Video Processing,2024,18(4):3179-3186. DOI:10. 1007/s11760-023-02980-7.

[8] LI H A,LIU M,FAN J W,et al. Biomedical image segmentation algorithm based on dense atrous convolution[J]. Mathematical Biosciences and Engineering,2024,21(3):4351-4369. DOI:10. 3934/mbe. 2024192.

[9] LI H A,CHENG L Z,LIU J. A new degradation model and an improved SRGAN for multi-image super-resolution reconstruction[J]. Imaging Science Journal,2024:1-20. DOI:10. 1080/13682199. 2024. 2331813.

[10] LI H A,HU L Q,LIU J,et al. A review of advances in image inpainting research[J]. Imaging Science Journal,2023,72(5):669-691. DOI:10. 1080/13682199. 2023. 2212572.

[11] LI H A,WANG D,ZHANG J,et al. Image super-resolution reconstruction based on multi-scale dual-attention[J]. Connection Science,2023,35(1):2182487. DOI:10. 1080/09540091. 2023. 2182487.

[12] LI H A,HU L Q,ZHANG J. Irregular mask image inpainting based on progressive generative adversarial networks[J]. Imaging Science Journal,2023,71(3):299-312. DOI:10. 1080/13682199. 2023. 2180834.

[13] LI H A,ZHANG M,CHEN D F,et al. Image color rendering based on hinge-cross-entropy GAN in Internet of medical things[J]. Computer Modeling in Engineering & Sciences,2023,135(1):779-794. DOI:10. 32604/cmes. 2022. 022369.

[14] 李洪安,李占利,武璠菲,等. 基于三维模型检索的牙齿建模方法:ZL201610879472. 8[P]. 2021-05-18.

[15] 李占利,李洪安,武璠菲,等. 一种基于牙体长轴的质点弹簧模型的牙龈变形仿真方法:ZL201610878274. X[P]. 2021-01-08.

[16] 张婧,李占利,李洪安,等. 一种运动模糊 CT 图像三维重建的方法:ZL202010231240. 8[P]. 2021-08-24.

[17] 李洪安,程丽芝,郑峭雪. 基于 AI 的图像智能彩色化软件 V1.0[CP]. 计算机软件著作权,中华人民共和国国家版权局,2023 年 9 月 18 日,登记号:2023SR1086498.

[18] 李洪安,王雕. 基于深度学习的图像超分辨率智能重建软件 V1.0[CP]. 计算机软件著作权,中华人民共和国国家版权局,2023 年 9 月 18 日,登记号:2023SR1096061.

[19] 李洪安,王兰叶. 基于深度学习的图像风格智能迁移软件 V1.0[CP]. 计算机软件著作权,中华人民共和国国家版权局,2023 年 9 月 18 日,登记号:2023SR1096051.

[20] 李洪安,刘曼,范江稳. 基于深度学习的图像智能分割软件 V1.0[CP]. 计算机软件著作权,中华人民共和国国家版权局,2023 年 9 月 18 日,登记号:2023SR1096063.

[21] 李洪安,胡柳青. 基于深度学习的图像智能修复软件 V1.0[CP]. 计算机软件著作权,中华人民共和

智能图像处理

国国家版权局,2023 年 9 月 18 日,登记号:2023SR1086512.

[22] LI H A,HU L Q,HUA Q Z,et al. Image inpainting based on contextual coherent attention GAN[J]. Journal of Circuits, Systems and Computers, 2022, 31 (11): 2250209. DOI: 10. 1142/S0218126622502097.

[23] 李洪安. 基于分块特征交互图像色彩编辑方法、数字图像处理系统:ZL201810498068. 5[P]. 2023-11-17.

[24] LI H A,WANG G Y,HUA Q Z,et al. An image watermark removal method for secure internet of things applications based on federated learning [J]. Expert systems,2022,39(5):e13036. DOI:10. 1111/exsy. 13036.

[25] LI H A,FAN J W,HUA Q Z,et al. Biomedical sensor image segmentation algorithm based on improved fully convolutional network Measurement[J]. Measurement,2022,197:111307. DOI:10. 1016/j. measurement. 2022. 111307.

[26] LI H A,WANG G Y,GAO K,et al. A gated convolution and self-attention based pyramid image inpainting network[J]. Journal of Circuits,Systems and Computers,2022,31(12):2250208. DOI:10. 1142/S0218126622502085.

[27] LI H A,ZHANG M,YU Z H,et al. An improved pix2pix model based on gabor filter for robust color image rendering[J]. Mathematical Biosciences and Engineering,2022,19(1):86-101. DOI:10. 3934/ mbe. 2022004.

[28] LI H A,ZHENG Q X,YAN W J,et al. Image super-resolution reconstruction for secure data transmission in internet of things environment[J]. Mathematical Biosciences and Engineering,2021, 18(5):6652-6672. DOI:10. 3934/mbe. 2021330.

[29] LI H A,ZHANG M,YU K P,et al. A displacement estimated method for real time tissue ultrasound elastography[J]. Mobile Networks and Applications,2021,26(3):1-10. DOI:10. 1007/s11036-021-01735-3.

[30] LI H A,FAN J W,ZHANG J,et al. Facial image segmentation based on gabor filter[J]. Mathematical Problems in Engineering,vol. 2021(1):6620742. DOI:10. 1155/2021/6620742.

[31] LI H A,FAN J W,YU K P,et al. Medical image coloring based on gabor filtering for internet of medical things[J]. IEEE Access,2020,8:104016-104025. DOI:10. 1109/ACCESS. 2020. 2999454.

[32] LI H A,ZHANG M,YU K P,et al. R3MR:region growing based 3D mesh reconstruction for big data platform[J]. IEEE Access,2020,8:91740-91750. DOI:10. 1109/ACCESS. 2020. 2993964.

[33] LI H A,DU Z M,ZHANG J,et al. A retrieval method of medical 3D models based on sparse representation[J]. Journal of Medical Imaging and Health Informatics, 2019,9(9):1988-1992. DOI: 10. 1166/jmihi. 2019. 2831.

[34] LI H A,ZHANG M,YU K P,et al. Combined forecasting model of cloud computing resource load for energy-efficient IoT system[J]. IEEE Access, 2019, 7:149542-149553. DOI:10. 1109/ACCESS. 2019. 2945046.

[35] LI H A,DU Z M,LI Z L,et al. An anti-occlusion moving target tracking method[J]. International

Journal of Performability Engineering, 2019, 15（6）：1620-1630. DOI：10. 23940/ijpe. 19. 06. p13. 16201630.

[36] 李洪安,张敏,杜卓明,等. 一种基于分块特征的交互式图像色彩编辑方法[J]. 红外与激光工程, 2019,48(12):1226003. DOI:10.3788/IRLA201948.1226003.

[37] 李洪安,杜卓明,李占利,等. 基于双特征匹配层融合的步态识别方法[J]. 图学学报,2019,40(3): 441-446. DOI:10.11996/JG. j. 2095-302X. 2019030441.

[38] 李占利,邢金莎,靳红梅,等. 基于 EMD 和时序注意力机制的明渠流量预测模型[J]. 高技术通讯, 2022,32(2):122-130. DOI:10.3772/j. issn. 1002-0470. 2022. 02. 002.

[39] DU Z M,LI H A,FAN X Y. In color constancy:data mattered more than network[J]. Machine Vision and Applications, 2021,61:1-9. DOI:10.1007/s00138-021-01190-w.

[40] 李占利,邢金莎,靳红梅,等. 基于 CEEMD_GRU 模型的矿井涌水量预测[J]. 北京工业大学学报, 2021,47(08):904-911. DOI:10.11936/bjutxb2020120022.

[41] 李占利,孙志浩,李洪安,等. 图卷积网络下牙齿种子点自动选取[J]. 中国图象图形学报,2020,25 (07):1481-1489. DOI:10.11834/jig. 190575.

[42] 李洪安. 基于深度学习的图像着色软件 V1.0[CP]. 计算机软件著作权,中华人民共和国国家版权局,2021 年 1 月 21 日,登记号:2021SR0112704.

[43] 李洪安. 基于 Garbor 滤波的图像渲染软件 V1.0[CP]. 计算机软件著作权,中华人民共和国国家版权局,2021 年 1 月 20 日,登记号:2021SR0108325.

[44] 李洪安. 基于 GoogleNet 的图像分类系统 V1.0[CP]. 计算机软件著作权,中华人民共和国国家版权局,2021 年 1 月 20 日,登记号:2021SR0108347.

[45] 李洪安. 手写数字识别系统 V1.0[CP]. 计算机软件著作权,中华人民共和国国家版权局,2021 年 1 月 21 日,登记号:2021SR0117027.

[46] JORDAN M I,MITCHELL T M. Machine learning:trends,perspectives,and prospects[J]. Science, 2015,349(6245):255-260.

[47] GOODFELLOW I,BENGIO Y,COURVILLE A. Machine learning basics[J]. Deep learning,2016,1 (7):98-164.

[48] DENG L, YU D. Deep learning:methods and applications[J]. Foundations and trends in signal processing,2014,7(3-4):197-387.

[49] GUO Y, LIU Y, OERLEMANS A, et al. Deep learning for visual understanding:a review[J]. Neurocomputing,2016,187:27-48.

[50] SCHMIDHUBER J. Deep learning in neural networks:an overview[J]. Neural networks,2015,61: 85-117.

[51] 吴云峰. 基于深度学习的肺炎医学 CT 图像分类算法研究[D]. 福州:福建中医药大学,2021.

[52] 王珏,石纯一. 机器学习研究[J]. 广西师范大学学报,2003,21(002):1-15.

[53] 李如平. BP 神经网络算法改进及应用研究[J]. 菏泽学院学报,2016,38(2):1-13.

[54] 蒋树强,闵巍庆,王树徽. 面向智能交互的图像识别技术综述与展望[J]. 计算机研究与发展,2016, 53(1):113-122.

［55］ 焦珊. 软件工程综合能力训练评估系统的设计与实现［D］. 大连：大连理工大学，2020.

［56］ 陈炳权，刘宏立，孟凡斌. 数字图像处理技术的现状及其发展方向［J］. 吉首大学学报（自然科学版），2009,30（1）:63-70.

［57］ 姚敏. 数字图像处理［M］. 2版. 北京：机械工业出版社，2012.

［58］ 陈圆圆，刘惠义. 基于生成对抗网络的破损老照片修复［J］. 计算机与现代化，2021（04）:42-47.

［59］ 徐明远，崔华，张立恒. 基于改进CNN的公交车内拥挤状态识别［J］. 计算机技术与发展，2020（05）:1-8.

［60］ 马其鹏，谢林柏，彭力. 一种基于改进的卷积神经网络在医学影像分割上的应用［J］. 激光与光电子学进展，2020,57（673）:190-196.

［61］ REINHARD E, ADHIKHMIN M, GOOCH B, et al. Color transfer between images［J］. IEEE Computer Graphics and Applications，2001,21（5）:34-41.

［62］ RUSSAKOVSKY O, DENG J, SU H, et al. Imagenet large scale visual recognition chal-lenge［J］. International journal of computer vision，2015,115（3）:211-252.

［63］ LARSSON G, MAIRE M, SHAKHNAROVICH G. Learning representations for automatic colorization［C］. European Conference on Computer Vision,Cham,2016:577-593.

［64］ Khan M U G, GOTOH Y, NIDA N. Medical image colorization for better visualization and segmentation［C］. Annual Conference on Medical Image Understanding and Analysis. Heidelberg：Springer,2017:571-580.

［65］ 孙志军，薛磊，许阳明，等. 深度学习研究综述［J］. 计算机应用研究，2012,29（8）:2806-2810.

［66］ 赵德宇. 深度学习和深度强化学习综述［J］. 中国新通信，2019,21（15）:174-175.

［67］ 梁龙. 基于样本的图像修复算法在唐墓壁画上的应用［D］. 西安：西安建筑科技大学，2013.

［68］ PATHAK D, KRAHENBUHL P, DONAHUE J, et al. Context encoders：feature learning by inpainting［C］. Proceedings of the IEEE conference on computer vision and pattern recognition. 2016:2536-2544.

［69］ 殷瑞刚，魏帅，李晗，等. 深度学习中的无监督学习方法综述［J］. 计算机系统应用，2016,25（08）:1-7.

［70］ YANG C, LU X, LIN Z, et al. High-resolution image inpainting using multi-scale neural patch synthesis［C］. Proceedings of the IEEE conference on computer vision and pattern recognition. 2017：6721-6729.

第2章　图像处理基础

图像由观测客观世界获得，是人类视觉的基础，承载着大量信息。本书处理的对象为数字图像，即通过有限数量的数值像素表示的二维图像。这类图像以数组或矩阵的形式表示，能够被数字计算机或数字电路存储和处理，而用计算机对图像进行处理的技术称为图像处理，用于帮助人们更客观、准确地认识世界。图像处理技术一般包括图像压缩，增强和复原，匹配、描述和识别三个部分，其中图像去噪、图像分割、图像增强、图像增广等预处理和后处理操作都是计算机视觉的基础知识。计算机视觉属于图像处理范畴，但不属于机器学习、深度学习方向，因此本章主要介绍图像处理相关基础知识，包括图像增强、图像彩色化、图像分割、图像修复和频域处理五个方向的概念、经典方法、代码示例，并总结当前应用于计算机视觉各个研究方向的效果评价方法。

2.1　数字图像概述

2.1.1　数字图像

图像是对人类眼睛所看到事物的描述，是自然景观的客观表征，是人类认识世界和自我的宝贵源泉。"图"是物体反射或透射光的分布，"像"是人的视觉系统所接受的图在人脑中所形成的印象或认识，照片、手写汉字、传真、卫星云图、影视画面、绘画、剪贴画、地图、书法作品、X光片、脑电图、心电图等都是图像。

数字图像处理是指把模拟图像信号经过采样与量化后转换成数字格式并进行计算处理的过程。本书所说的图像都是指数字图像。数字图像用 f 来表示，如果采样后的图像有 M 行 N 列，则可用 $M \times N$ 的矩阵来表示数字图像，即

$$f = \begin{bmatrix} f(0,0) & f(0,1) & \cdots & f(0,N-1) \\ f(1,0) & f(1,1) & \cdots & f(1,N-1) \\ \vdots & \vdots & \ddots & \vdots \\ f(M-1,0) & f(M-1,1) & \cdots & f(M-1,N-1) \end{bmatrix} \tag{2.1}$$

式中，$f(x,y)(x \in \{0,1,\cdots,M-1\}, y \in \{0,1,\cdots,N-1\})$ 表示图像中某个位置的像素值。对于灰度图像，像素值是单一的灰度值；而对于彩色图像，像素值通常由多个通道（如红、绿、蓝）组成，用向量表示每个位置的颜色强度。若该数字图像为灰度图，则 $f(x,y)$ 的值是

该像素的灰度强度，通常是 0(黑)到 255(白)之间的一个数值，如图 2.1 所示。

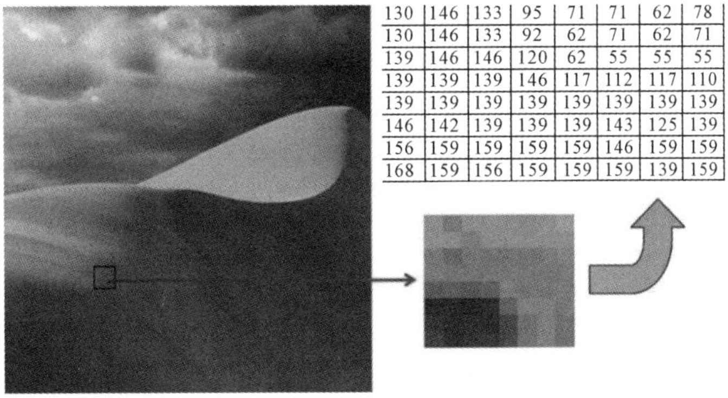

130	146	133	95	71	71	62	78
130	146	133	92	62	71	62	71
139	146	146	120	62	55	55	55
139	139	139	146	117	112	117	110
139	139	139	139	139	139	139	139
146	142	139	139	139	143	125	139
156	159	159	159	159	146	159	159
168	159	156	159	159	159	139	159

图 2.1　数字图像示意图

图像可看成是每个离散采样点均具有各自属性的离散单元的集合，对图像的处理就是通过对每个像素点的操作来完成对这些离散单元的操作。数字图像是以二维数字阵列表示的图像，以像素为其数字单元。恰当使用数字图像通常需要了解数字图像与所看到的现象之间的联系，如几何与光学或传感器标定等。数字图像处理的主题是变换方法的研究。数字图像又称数码图像或数位图像，是具有有限数量数值像素的二维图像，阵列或矩阵用来离散地表示光的位置和强度。数字图像是通过对模拟图像进行数字化而生成的，可以由数字电脑或数字电路存储和处理的图像。

像素是指图像由一些小方格组成，这些小方格都有一个明确的位置和被分配的色彩数值，小方格的颜色和位置决定图像所呈现出来的样子。可以将像素视为整个图像中不可分割的单位或者是元素。不可分割的意思是像素不能够再切割成更小单位抑或是元素，它是以一个单一颜色的小格存在的。每一个点阵图像包含了一定量的像素，这些像素决定图像在屏幕上所呈现的大小。

人脸识别是数字图像中的一个重要应用。为了保证人脸位置的一致性，并在一定程度上克服背景、头发等冗余信息的干扰，需要对人脸数据库中的图像进行预处理，将其分割成较小的像素。然后进行特征提取，将提取的人脸特征与训练模型进行比较，根据程序的相似程度确定最终的识别结果。

从广义上说，图像是自然界景物的客观反映。以照片形式或视频记录介质保存的图像是连续的，计算机无法接收和处理这种空间分布和亮度取值均连续分布的图像。图像数字化就是将连续图像离散化，其工作包括两个方面:采样和量化。

采样的本质是描述图像的像素点的数量，采样结果的质量是由图像的分辨率来衡量的。二维空间中的连续图像被划分为水平和垂直等距的矩形网格，将图像采样成一组有限的像素。每个小方格被一个像素替换，像素的 RGB 值被方格中 R、G 和 B 值的平均值替换。采样越密集，像素越小，图像的细节就越丰富，显示效果也就越精细。当然，为了获得更好的图像质量，有必要增加采样像素数，即使用更多的像素来显示图像，但是这样做相对要付出更大存储空间的代价，采样间隔的大小取决于原始图像的亮度和暗度。

量化是把像素的灰度变换成离散的整数值的操作。每个像素点用多少位数来表示，决定了它能表示的颜色数量。位数越高，能表示的颜色越多，图像的色彩也就越丰富。最简单的量化是用黑白两个数值来表示，称为二值图像。量化越细致，灰度级数表现越丰富。将连续灰度值转换为离散的灰度值有两种方法：第一种称为等间隔量化，第二种称为非等间隔量化。样本值灰度范围的划分和量化过程称为等间隔量化。这种量化方法可以为黑白范围内像素灰度值均匀分布的图像提供较低的量化误差，也称为线性量化或均匀量化。为了减小量化误差，研究人员提出了非均匀量化方法。该方法基于图像灰度值的概率密度函数进行量化，从而实现整体量化误差的最小化。具体策略是对图像中频繁出现的像素的灰度值范围使用较小的量化间隔，对很少出现的像素的灰度值范围使用较大的量化间隔。由于图像灰度值的概率分布密度函数随图像的变化而变化，因此针对不同的图像寻找高效的非等间隔量化策略是不可能的，在实践中常用等间隔量化。

2.1.2 颜色空间

1. RGB 颜色空间

RGB 颜色空间基于三种基本颜色：R(红色)、G(绿色)和 B(蓝色)，它们以不同程度的叠加产生丰富而广泛的颜色，因此通常被称为三原色模式。红色、绿色和蓝色代表可见光谱中的三种基本颜色或三种原色。每种颜色根据其亮度分为 256 级。当颜色和光的三种原色重叠时，由于不同的颜色混合比，可以产生不同的中间色。RGB 颜色空间由单位长度的立方体表示。在立方体的八个顶点上分别有八种常见颜色：黑色、蓝色、绿色、青色、红色、品红色、黄色和白色。通常，黑色放置在三维直角坐标系的原点，红色、绿色和蓝色分别放置在三个坐标轴上，整个立方体放置在第一卦限内。RGB 颜色空间模型如图 2.2 所示，其中，品红色和绿色、黄色和蓝色、青色和红色是互补色。

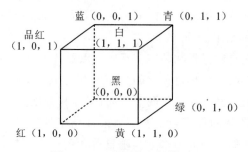

图 2.2　RGB 颜色空间模型

RGB 颜色空间的最大优点是直观易懂。缺点是 R、G 和 B 的三个组成部分高度相关，也就是说，如果颜色的某个组成部分发生一定程度的变化，则颜色可能会发生变化；人眼对常见的红色、绿色和蓝色的敏感度不同，因此 RGB 颜色空间的均匀性很差，两种颜色之间的感知差异不能表示为颜色空间中两点之间的距离，但可以通过线性或非线性变换从 RGB 颜色空间推导出其他颜色特征空间。

2. YUV/YCbCr 颜色空间

YUV 是一种 true-color 彩色空间。YUV、YCbCr、YPbPr 等专有名词可以称为 YUV，它们相互重叠，通常用于各种视频处理组件中。"Y"表示亮度，即灰度值，"U"和"V"表示色度(Chrominance 或 Chroma)，用于描述图像颜色和饱和度，并指定像素的颜色。

YUV Formats 分为两种格式：

(1) 压缩格式：将 Y、U 和 V 值存储到宏像素数组中，该数组类似于 RGB。

(2) 平面格式：将 Y、U 和 V 的三个分量存储在不同的矩阵中。

YCbCr 是世界数字图像组织视频标准制定中 ITU-R BT.601 建议的一部分，是 YUV 的缩放和偏移复制品。YCbCr 中 Y 是亮度分量，Cb 是蓝色色度分量，Cr 是红色色度分量。人类的肉眼对视频的 Y 分量更敏感。因此，在对色度分量进行二次采样以降低色度分量之后，肉眼将不会注意到图像质量的变化。图像的主要子采样格式为 YCbCr 4：2：2、YCbCr 4：2：0 和 YCbCr 4：4：4。

3. CMY/CMYK 颜色空间

CMY 是青色(Cyan)、品红色(Magenta)和黄色(Yellow)的缩写，再加上黑色(Black)，就是 CMYK 减法混色模式。这种方法产生的颜色称为减色，因为它减少了视觉系统识别颜色所需的反射光。四色打印模式是彩色打印中使用的一种颜色注册模式。利用彩色材料和黑色油墨的三原色混合原理，将四种颜色混合叠加，形成所谓的"全彩印刷"。CMYK 模式为减法模式，相应的 RGB 模式为加法模式。

由于彩色油墨和颜料的化学性质，从三种基本颜色中获得的黑色不是纯黑色。因此，在印刷中，通常会添加真正的黑色墨水。这种模型被称为 CMYK 模型，广泛用于印刷。各颜色分量的取值范围为 0～100；CMYK 模型针对的是印刷介质，即根据油墨的反射特性，眼睛看到的颜色实际上是物体在白光中吸收特定频率的光并反射其余光的颜色。

4. HSV/HSB 颜色空间

HSV(色调、饱和度、亮度)是 A. R. Smith 在 1978 年根据颜色的直观特征创建的颜色空间，也称为六角锥模型。色调 H 按角度测量，其取值范围为 0°～360°。从红色开始逆时针计算。红色为 0°，绿色为 120°，蓝色为 240°。饱和度 S 表示颜色与光谱颜色的接近程度。光谱颜色的比例越大，颜色接近光谱颜色的程度越高，颜色的饱和度也越高。当饱和度较高时，颜色是鲜艳和明亮的。光谱颜色的白光分量为 0，饱和度达到最高。一般情况下，饱和度取值范围为 0%～100%。值越大，颜色越饱和。亮度 V 表示颜色的亮度。对于光源颜色，亮度值与光源的亮度有关；对于对象颜色，该值与对象的透射比或反射率有关。通常，亮度值的范围是 0%（黑色）到 100%（白色）。

HSB 颜色模型基于人类对颜色的感觉，通过色度（H）、饱和度（S）和亮度（B）来描述颜色的基本特征，并提供了将自然颜色转换为计算机创建的颜色的直接方法。在图像颜色校正过程中，色度/饱和度命令的使用非常直观。

5. HSL/HSI 颜色空间

HSL 模型（Hue，Saturation，Lightness）由 Alvy Ray Smith 于 1978 年创立。它是三种原色光模式的非线性变换。HSL 是 RGB 颜色模型中的点在柱坐标系中的表示。这种表示法试图使 RGB 视觉效果比基于笛卡儿坐标系的几何结构更直观。HSL 是使用最广泛的颜色系统之一。

HSI 模型（Hue，Saturation，Intensity）由美国色彩学家 H. A. Munseu 于 1915 年提出。它反映了人类视觉系统感知颜色的方式，并通过三个基本特征量来感知颜色：色调、饱和度和强度。色调 H：与光波的波长有关，代表人类对不同颜色的感觉，如红色、绿色、蓝色等，也可以代表一定范围的颜色，如暖色、冷色等。饱和度 S：表示颜色的纯度。纯光谱颜色完全饱和。加入白光会稀释颜色的饱和度，使颜色看起来更加灰白浅淡。亮度 I：对应成像亮度和图像灰度，它反映颜色的亮度。

6. Lab 颜色空间

Lab 颜色空间是一种颜色模型，它通过对立的方式定义颜色。Lab 由一个亮度通道和两个颜色通道组成。在实验室颜色空间中，每种颜色由 L、a 和 b 表示。其中，L 表示亮度，a 表示从绿色到红色的分量，b 表示从蓝色到黄色的分量。

实验室是根据人们对颜色的感知而设计的。更具体地说，Lab 颜色空间致力于感知的一致性，其 L 分量与人类的亮度感知紧密匹配。因此，可以通过修改 a 和 b 组件的输出色阶来实现精确的颜色平衡，或者使用 L 组件来调整亮度对比度。由于 Lab 颜色空间比计算机屏幕、打印机甚至人类视觉的色域都大，因此使用 Lab 颜色空间表示的位图，每个像素需要比 RGB 或 CMYK 位图更多的数据才能获得相同的精度。此外，Lab 颜色空间中的许多"颜色"超出了人类的视野，因此它们纯粹是虚构的，这些颜色无法在物理世界中"再生"。

2.2　图像处理技术概述

2.2.1　图像增强

图像增强是对一些退化的图像特征，如边缘、轮廓、对比度等，利用图像处理的方法提高图像的视觉效果和清晰度的技术，或是突出图像中的一些"有用"信息，压缩其他"无用"信息，将图像转换成更适合人或计算机分析处理的形式的技术。图像增强有两个基本技术：空间域的图像分析和变换域的图像分析。空间域方法是指对空间域，即图像本身，进行一系列线性或非线性的运算，如图像像素灰度值的增强处理。在图像的变换域中，频域规则将图像视为二维信号，利用二维傅里叶变换对信号进行改进，进而实现信号增强。

1. 直方图均衡化

直方图均衡化是指从图像的灰度图像中产生 $0\sim255$ 个灰度值的直方图，再将灰度图中对应点的灰度值存储在直方图中，并统计直方图中各灰度值出现的次数。然后调整直方图，使像素的灰度值分布更加一致，增强整体对比度影响，使图像更加清晰。

设 r 为待增强的原图像的归一化灰度级，s 表示增强后的新图像的归一化灰度值，则 $0\leqslant r,s\leqslant1$；$n(r)$ 表示原图像中灰度值为 r 的像素的个数，用概率密度函数 $p_r(r)$ 来表示。显然，基于上述思想的直方图均衡变换函数为

$$s=T(r) \tag{2.2}$$

其中，$0\leqslant r\leqslant1$。由于数字图像的灰度级是离散值，可以用 r^k 代表离散灰度级，用 $p_r(r^k)$ 代表 $p_r(r)$，并且 $p_r(r^k)=\dfrac{n_k}{n}$ 成立。其中，$0\leqslant r^k\leqslant1$，$k=0,1,\cdots,n-1$。式中 n_k 是灰度级 k 的像素数量，即图像中灰度级 k 的像素点的总数，n 是图像中的像素总数，而 $\dfrac{n_k}{n}$ 就是概率论中的频数。图像进行直方图均衡化的函数表达式为

$$S_i = T(r^i) = \sum_{i=0}^{k-1} \frac{n_i}{n} \tag{2.3}$$

式(2.3)中，k 为灰度级数。相应的反变换为

$$r^i = T^{-1}(S_i) \tag{2.4}$$

由图 2.3 可以看出，原始图像的直方图是不均匀分布的。通过均衡化，可以将图像转化为具有均匀概率分布的直方图。这意味着图像灰度的动态范围增加，图像的对比度得到改善。

（a）原始图像　　　　　　　　　　　　　　　（b）均衡后图像

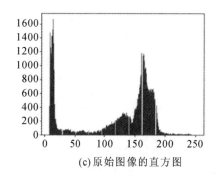

(c)原始图像的直方图

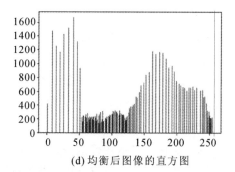

(d)均衡后图像的直方图

图 2.3　直方图均衡化

基于 Python 的 OpenCV 方法图像均衡化实现过程如下：

```
importnumpy as np
import opencv as cv2
def equalization(gray_value)：     ♯ 均衡化
    gray = np. zeros(256)
    row, column = gray_value. shape
    for i in range(row)：
    for j in range(column)：
        gray[gray_value[i][j]] += 1
♯ equa_t[i]=j 表示原灰度值 i 经过均衡化后转化为灰度值 j
♯ (255×cumsum+0.5)中"+0.5"实现四舍五入并最终转换为整数型
equa_t = np. array((255 * cumsum + 0.5)). astype(np. int32)     ♯ 统计均衡化后的灰度数量
equa_gray = np. zeros(256)
for i in range(256)：
equa_gray[equa_t[i]] += gray[i]
```

2. 基于空间的图像增强方法

成像传感器噪声、相片颗粒噪声、图像在传输过程中的通道传输误差等，会使图像上出现一些随机的、离散的和孤立的像素点，也即图像噪声，影响了图像的视觉效果和后续的目标提取等处理工作，因此需要预先对图像中的噪声进行平滑滤波。

1）邻域平均法

邻域平均的目标是利用定义域内像素和像素的平均值或加权平均值作为该像素的新值，剔除突变像素，滤除特定噪声。邻域平均法可以被认为是在图像 $f(x,y)$ 上操作的空间滤波掩模。掩模是一个过滤器，结果是 $H(r,s)$。因此，滤波后的数字图像 $g(x,y)$ 被写成离散卷积

智能图像处理

$$g(x, y) = \sum_{r=-k}^{k} \sum_{s=-l}^{l} f(x-r, y-s) H(r, s) \qquad (2.5)$$

设有一幅 $N \times M$ 的图像 $f(x, y)$，若平滑图像为 $g(x, y)$，则有

$$g(x, y) = \frac{1}{M} \sum_{i, j \in s} f(i, j) \qquad (2.6)$$

这种算法很简单，但它的主要缺点是在降噪的过程中会使图像变得模糊，同时丢失边缘或细节信息。此外，邻域越大，模糊度越显著，去噪能力越高。中心或邻域的意义因掩模而异。因此，应根据问题的要求选择合适的掩模。但无论使用的掩模类型如何，关键是要保证所有权重系数的总和为一个单位值，使输出的图像灰度值在允许的范围内，不产生"溢出"现象。

2）中值滤波法

中值滤波是一种用于图像平滑的非线性平滑滤波算法。它可以解决特定情况下线性滤波产生的图像细节模糊问题，尤其适用于椒盐噪声污染的图像。如图 2.4 是中值滤波法处理图像的前后对比图。

（a）原始图像　　　　　（b）加椒盐噪声图像　　　　（c）3×3 邻域平滑图像

图 2.4　中值滤波法处理图像前后对比图

基于 Python 的 OpenCV 方法空间平滑滤波的图像增强代码如下。这里设计了空间平滑滤波器，其中参数 source 是要处理的图像；cv2. blur 表示采用均值滤波器、3×3 模板对图像进行处理；medianBlur 表示采用中值滤波器、3×3 的模板对图像进行处理。

```
import numpy as np
import opencv as cv2
import Image
def  blur(source)：  # 均值滤波
    img = cv2.blur(source，(3,3))
    cv2img = cv2.cvtColor(img，cv2.COLOR_BGR2RGB)
                                    # cv2 和 PIL 中颜色的 hex 码的储存顺序不同
    pilimg = Image.fromarray(cv2img)
    draw = ImageDraw.Draw(pilimg)  # 图像上打印
```

```
        cv2charimg = cv2.cvtColor(np.array(pilimg), cv2.COLOR_RGB2BGR)    # PIL 图像转 cv2 图像
cv2.imshow("blur", cv2charimg)
def  medianBlur(source):    # 中值滤波
    img= cv2.medianBlur(source, 3)
    cv2img = cv2.cvtColor(img, cv2.COLOR_BGR2RGB)
                                          # cv2 和 PIL 中颜色的 hex 码的储存顺序不同
    pilimg = Image.fromarray(cv2img)
    cv2charimg = cv2.cvtColor(np.array(pilimg), cv2.COLOR_RGB2BGR)
    cv2.imshow("medianBlur", cv2charimg)
```

3）梯度锐化法

图像锐化法最常用的是梯度法。对于图像 $f(x,y)$，在 (x,y) 处的梯度定义为

$$\mathrm{grad}(x,y)=\begin{bmatrix} f'_x \\ f'_y \end{bmatrix}=\begin{bmatrix} \dfrac{\partial f(x,y)}{\partial x} \\[2mm] \dfrac{\partial f(x,y)}{\partial y} \end{bmatrix} \tag{2.7}$$

Roberts 梯度算子为

$$f'_x=\begin{vmatrix} -1 & 0 \\ 0 & 1 \end{vmatrix},\ f'_y=\begin{vmatrix} 0 & 1 \\ -1 & 0 \end{vmatrix} \tag{2.8}$$

Sobel 梯度算子为

$$\boldsymbol{S}_x=\begin{bmatrix} -1 & 0 & 1 \\ -2 & 0 & 2 \\ -1 & 0 & 1 \end{bmatrix},\ \boldsymbol{S}_y=\begin{bmatrix} 1 & 2 & 1 \\ 0 & 0 & 0 \\ -1 & -2 & -1 \end{bmatrix} \tag{2.9}$$

Prewitt 梯度锐化法与 Sobel 算法一样，$c=1$。其梯度算子为

$$\boldsymbol{P}_x=\begin{bmatrix} -1 & 0 & 1 \\ -1 & 0 & 1 \\ -1 & 0 & 1 \end{bmatrix},\ \boldsymbol{P}_y=\begin{bmatrix} 1 & 1 & 1 \\ 0 & 0 & 0 \\ -1 & -1 & -1 \end{bmatrix} \tag{2.10}$$

该方法没有把重点放在接近模板中心的像素点上。Prewitt 模板比 Sobel 模板简单，但 Sobel 模板能够有效抑制噪声。不同锐化滤波器处理结果如图 2.5 所示。

（a）原始图像　　　（b）Roberts 锐化　　　（c）Sobel 锐化　　　（d）Prewitt 锐化

图 2.5　不同锐化滤波器处理后结果图

基于 Python 的 OpenCV 方法空间锐化滤波器图像增强部分的代码如下。这里设计了空间锐化滤波器，主要利用 OpenCV 中的 filter2D()、Sobel() 函数，通过卷积核实现对图像的卷积运算。

```
import cv2 as cv
import numpy as np
import matplotlib.pyplot as plt
img = cv.imread('maliao.jpg', cv.COLOR_BGR2GRAY)   # 读取图像
rgb_img = cv.cvtColor(img, cv.COLOR_BGR2RGB)
grayImage = cv.cvtColor(img, cv.COLOR_BGR2GRAY)   # 灰度化处理图像
kernelx = np.array([[-1, 0], [0, 1]], dtype=int)   # Roberts 算子
kernely = np.array([[0, -1], [1, 0]], dtype=int)
kernelx = np.array([[1,1,1],[0,0,0],[-1,-1,-1]],dtype=int)   # Prewitt 算子
kernely = np.array([[-1,0,1],[-1,0,1],[-1,0,1]],dtype=int)
x = cv.Sobel(grayImage, cv.CV_16S, 1, 0)   # Sobel 算子，使用 Sobel 函数
y = cv.Sobel(grayImage, cv.CV_16S, 0, 1)
x = cv.filter2D(grayImage, cv.CV_16S, kernelx)
y = cv.filter2D(grayImage, cv.CV_16S, kernely)
absX = cv.convertScaleAbs(x)   # 转 uint8,图像融合
absY = cv.convertScaleAbs(y)
Prewitt = cv.addWeighted(absX, 0.5, absY, 0.5, 0)
for i in range(2):
    plt.subplot(1, 2, i + 1), plt.imshow(images[i], 'gray')
    plt.title(titles[i])
    plt.xticks([]), plt.yticks([])
plt.show()
```

3. 基于频域滤波的图像增强方法

对于原始图像，假如其为 $f(x, y)$，经过傅里叶变换之后变成 $F(u, v)$。那么频率域增强就是选择合适的滤波器 $H(u, v)$ 对 $F(u, v)$ 的频谱成分进行处理，然后经逆傅里叶变换得到增强的图像 $g(x, y)$。

1）理想低通滤波器

一个理想的低通滤波器的转移函数定义为

$$H(u, v) = \begin{cases} 1, & D(u, v) \leqslant D_0 \\ 0, & D(u, v) > D_0 \end{cases} \tag{2.11}$$

其中，D_0 是一个非负整数，$D(u, v)$ 为频率平面从原点到点 (u, v) 的距离。

2）Butterworth 低通滤波器

对于 n 阶 Butterworth 低通滤波器，它的转移函数可以定义成

$$H(u, v) = \frac{1}{1 + \left[\frac{D(u,v)}{D_0}\right]^{2n}} \tag{2.12}$$

其中，D_0 是一个非负整数，$D(u, v)$ 为频率平面从原点到点 (u, v) 的距离，且 $D(u,v) = \left(u - \frac{M}{2}\right)^2 + \left(v - \frac{N}{2}\right)^2$。

3）高斯低通滤波器

一个二维的高斯低通滤波器的转移函数定义为

$$H(u, v) = e^{-D^2(u, v)/2\sigma^2} \tag{2.13}$$

其中，$D(u, v)$ 是频率平面从原点到点 (u,v) 的距离，σ 表示高斯曲线的扩展程度。当 $\sigma = D_0$ 时，可得到高斯低通滤波器的一种更为标准的表达形式：

$$H(u, v) = e^{-D^2(u,v)/2D_0^2} \tag{2.14}$$

基于 Python 的 OpenCV 方法不同低通滤波器锐化的实现过程如下。这里设计了低通滤波器函数 lpfilter；d0 表示截止频率；n 表示 Butterworth 低通滤波的阶数；flag 表示滤波器类型（0——理想低通滤波；1——Butterworth 低通滤波；2——高斯低通滤波）。

```python
import numpy as np
import opencv as cv2
def lpfilter(flag, rows, cols, d0, n):
    assert d0 > 0, 'd0 should be more than 0.'
    filter_mat = None
    if  flag == 0:  # 理想低通滤波
        filter_mat = np.zeros((rows, cols, 2), np.float32)
    cv2.circle(filter_mat, (rows / 2, cols / 2)
    d0, (1, 1, 1), thickness=-1)
        elif  flag == 1:  # Butterworth 低通滤波
        duv = fft_distances(* fft_mat.shape[:2])
        filter_mat = 1 / (1 + np.power(duv / d0, 2 * n))
        filter_mat = cv2.merge((filter_mat, filter_mat))
    else:  # 高斯低通滤波
        duv = fft_distances(* fft_mat.shape[:2])
        filter_mat = np.exp(-(duv * duv) / (2 * d0 * d0))
        filter_mat = cv2.merge((filter_mat, filter_mat))
return filter_mat
```

4）理想高通滤波器

一个理想的频率域高通滤波器的转移函数定义为

$$H(u, v) = \begin{cases} 0, & D(u, v) \leqslant D_0 \\ 1, & D(u, v) > D_0 \end{cases} \qquad (2.15)$$

其中，D_0 为截止频率，$D(u, v)$ 为频率平面从原点到点 (u, v) 的距离。

5）Butterworth 高通滤波器

一个 n 阶 Butterworth 高通滤波器的传递函数定义为

$$H(u, v) = \frac{1}{1 + \left[\dfrac{D_0}{D(u, v)} \right]^{2n}} \qquad (2.16)$$

其中，D_0 为截止频率，$D(u, v)$ 是频率平面从原点到点 (u, v) 的距离。

6）高斯高通滤波器

截止频率在距频率矩形中心距离为 D_0 处的高斯高通滤波器的转移函数定义为

$$H(u, v) = e^{-\left[\frac{D_0}{D(u,v)} \right]^n} \qquad (2.17)$$

其中，$D(u, v)$ 是频率平面从原点到点 (u, v) 的距离。

基于 Python 的不同高通滤波器锐化的实现过程如下。这里设计了高通滤波器函数 hpfilter，其中参数 d0 表示截止频率；n 表示 Butterworth 高通滤波的阶数；flag 表示滤波器类型（0——理想高通滤波；1——Butterworth 高通滤波；2——高斯高通滤波）。

```python
import numpy as np
import opencv as cv2
def hpfilter(flag, rows, cols, d0, n):
    assert d0 > 0, 'd0 should be more than 0.'
filter_mat = None
if flag == 0:    # 理想高通滤波
    filter_mat = np.ones((rows, cols, 2), np.float32)
    cv2.circle(filter_mat, (rows / 2, cols / 2)
    d0, (0, 0, 0), thickness=-1)
elif flag == 1:  # Butterworth 高通滤波
    duv = fft_distances(rows, cols)
    duv[rows / 2, cols / 2] = 0.000001
    filter_mat = 1 / (1 + np.power(d0 / duv, 2 * n))
    filter_mat = cv2.merge((filter_mat, filter_mat))
else:    # 高斯高通滤波
    duv = fft_distances( * fft_mat.shape[:2])
    filter_mat = 1 - np.exp(-(duv * duv) / (2 * d0 * d0))
    filter_mat = cv2.merge((filter_mat, filter_mat))
return filter_mat
```

2.2.2 图像彩色化

1. 伪彩色处理与假彩色处理

伪彩色处理是一种将灰度图像转换成彩色图像的方法。人类的视觉可以分辨数千种颜色的亮度和颜色，但对灰度图像不敏感。为了提高人们对图像细节的视觉感知，可将灰度图像转换为彩色图像，提高图像的分辨率。

伪彩色处理是将灰色图像按照一定的关系映射成具有相应颜色的彩色图像的过程。这种映射方法只是将灰度值改变为颜色值，通过输入和输出像素之间一对一的对应关系，将灰度值变为颜色值，而不改变像素的空间位置。需要注意的是，虽然伪彩色处理可以变换黑白灰度的颜色，但变换后的颜色并不是图像的原始颜色，而只是容易识别的伪彩色。在实际应用中，通常进行伪彩色处理以提高图像的分辨率，因此应使用具有最佳分辨率效果的映射功能。

使用伪彩色的合成图像被称为伪彩色图像，是色彩增强图像的一种类型。伪彩色图像可以用来突出图像相关的主题信息，增强图像的视觉效果，并从图像中提取更有用的定量信息。假彩色增强图像通常是同一场景的自然彩色图像或多光谱图像。假彩色图像可以获得人眼无法准确区分或获得的信息，从而更容易识别特征和提取更有用的主题信息。利用伪彩色技术对伪彩色图像进行增强，即通过函数映射，将伪彩色图像转换为三个新的颜色元素，合成颜色，使图像中的每一个目标都以不同于原始图像的颜色出现。

多光谱图像假彩色增强可表示为

$$
\begin{cases}
R_f = f_R\{g_1, g_2, \cdots, g_i, \cdots\} \\
G_f = f_G\{g_1, g_2, \cdots, g_i, \cdots\} \\
B_f = f_B\{g_1, g_2, \cdots, g_i, \cdots\}
\end{cases}
\tag{2.18}
$$

式(2.18)中，R_f、G_f、B_f 是经增强处理后送往颜色显示器的三基色分量；f_R、f_B、f_G 是通用的函数运算；g_i 是第 i 波段的图像。

在处理自然景色的图像时，通用的线性假彩色映射可表示为

$$
\begin{bmatrix} R_F \\ G_F \\ B_F \end{bmatrix} =
\begin{bmatrix} a_1 & b_1 & c_1 \\ a_2 & b_2 & c_2 \\ a_3 & b_3 & c_3 \end{bmatrix} \times
\begin{bmatrix} R_f \\ G_f \\ B_f \end{bmatrix}
\tag{2.19}
$$

它是将原图像的三基色 G_f、B_f、R_f 分别转换成 G_F、B_F、R_F，形成另一组新的三基色分量。

如图 2.6 所示，图(a)为原灰色图像，图(b)为伪彩色图像，图(c)为假彩色图像。在遥感多波段影像中，波段的个数往往大于彩色通道的个数，在遥感影像软件中打开多波段影像时可以采用假彩色图像增强模式，通过多波段变换的方式使得待显示的波段个数与颜色

通道数一致。

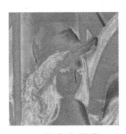

不同方法的图像彩色化

(a) 原图像　　　　　(b) 伪彩色图像　　　　　(c) 假彩色图像

图 2.6　不同方法的图像彩色化

　　基于 Python 的伪彩色、假彩色图像增强过程如下。对于伪彩色增强,由原图像的灰度值根据一定的映射关系求出 R、G、B 的值,组成该点的彩色值;对于假彩色增强,将灰度分为 16 级,每级灰度对应一种彩色,用相应的彩色对灰度值进行映射。参数 image 是要处理的图像,Color 表示伪彩色图像函数、FColor 表示假彩色图像函数。

```python
import opencv as cv
def Color(image):    ♯ 伪彩色图像增强(输入灰度图像)
    w = image.width
    h = image.height
    size = (w, h)
    iColor = cv.CreateImage(size, 8, 3)
    for i in range(h):    ♯ 得到图像 R、G、B 三个通道的值
        for j in range(w):
            r = GetR(image[i, j])
            g = GetG(image[i, j])
            b = GetB(image[i, j])
            iColor[i, j] = (r, g, b)    ♯ 颜色映射
            return iColor
def   FColor(image, array):    ♯ 假彩色图像增强
    w = image.width
    h = image.height
    size = (w, h)
    iColor = cv.CreateImage(size, 8, 3)
    for i in range(h):
        for j in range(w):
            iColor[i, j] = array[int(image[i, j]/16)]
            return iColor
image = cv.LoadImage('3.png', 0)
```

2. 一种基于分块特征的交互式图像色彩编辑方法

针对交互式图像色彩编辑存在彩色化准确率较低、对交互采样数据量要求较高等问题，我们提出一种基于分块特征的交互式图像色彩编辑方法。图像色彩的变化由原始图像中每一分块的特征的变化所致，首先将图像分块，以图像块在 LUV 坐标基下，UV 与 L 存在线性关系且在小的分块内 UV 与 L 存在相同的线性关系系数为基础，将此线性系数作为分块图像的特征建立图像色彩扩散优化模型。其次利用图像变换前后内容的结构不变性，通过 LLE（局部线性嵌入）简化优化模型，最后利用稀疏线性代数方程组进行求解。

图像的色彩编辑是在不更改图像内容的前提下改变图像色彩。采用 CIELUV 坐标基表示图像色彩，在 LUV 坐标基下，可以使用欧氏距离作为测度，同时 LUV 坐标将图像的内容与色彩分离。

数字图像 $I_{m\times n}$ 可表示为分块图像的集合，即 $I_{m\times n}=\{I_1,I_2,\cdots,I_N\}$，其中每一图像块均可在 LUV 坐标基下表示为三元组的集合，集合中元素的个数为图像块像素的个数。LUV 坐标基下，L 表示图像块亮度，即图像块的内容，UV 表示图像色彩。不失一般性，本节仅对图像的 U 坐标基进行推导与处理，对 V 坐标基的处理与 U 坐标基相同。

设图像的任一分块为 I_i，图像块的任一像素点 $p_i=\{l_i,u_i,v_i\}$，由于 I_i 为图像 $I_{m\times n}$ 极小的局部，可认为存在 (a_i,b_i) 使得 $u_i=a_i\times l_i+b_i$，（同理存在 $(\tilde{a_i},\tilde{b_i})$，使得 $v_i=\tilde{a_i}\times l_i+\tilde{b_i}$）。$l_i$ 表示图像某点的亮度，此点的色彩由 (a_i,b_i) 唯一确定，因此 (a_i,b_i) 为图像块 I_i 的色彩特征，而图像 $I_{m\times n}$ 的色彩特征为 $\bigcup\limits_i(a_i,b_i)$。

设原始图像为 $I_{m\times n}=\{I_1,I_2,\cdots,I_N\}$，共分为 N 个图像块，$I_i\in\mathbf{R}^3$；色彩变换后图像为 $Y=\{Y_1,Y_2,\cdots,Y_N\}$，变换后图像分块 Y_i 与原始图像分块 I_i 对应；标记的色彩图像为 $C=\{C_1,C_2,\cdots,C_N\}$。如图 2.7 所示，三幅图分别表示原始图像 I、变换后图像 Y 以及色彩标记图像 C。

图像标记着色

(a) 原始图像 　　　　(b) 变换后图像 　　　　(c) 色彩标记图像

图 2.7　图像标记着色

此方法为寻找函数 $f:(X,C)\rightarrow Y$。变换后图像 Y 的内容不发生变化，改变的仅为图像色彩。而在原始图像 I 的极小分块 I_i 内，存在特征 (a_i,b_i) 使得 $u_i=a_i\times l_i+b_i$，因此可知图像色彩的变化由原始图像中每一分块的特征 (a_i,b_i) 的变化所确定。

得到图像 Y 的过程即为：令原始图像 I 的分块 I_i 的特征为 $\alpha_i=(a_i,b_i)^{\mathrm{T}}$，$\alpha_i\in\mathbf{R}^2$，则原

始图像的特征可表示为集合 $\boldsymbol{\alpha}=\{\boldsymbol{\alpha}_1, \boldsymbol{\alpha}_2, \cdots, \boldsymbol{\alpha}_N\}$。同理，色彩变换后图像 $\boldsymbol{Y}$ 的特征可表示为集合 $\boldsymbol{\beta}=\{\boldsymbol{\beta}_1, \boldsymbol{\beta}_2, \cdots, \boldsymbol{\beta}_N\}$。得到图像 $\boldsymbol{Y}$ 的过程即为求解 $\boldsymbol{\beta}=\{\boldsymbol{\beta}_1, \boldsymbol{\beta}_2, \cdots, \boldsymbol{\beta}_N\}$ 的过程。为计算方便，本节对图像亮度采用齐次坐标，即 $\boldsymbol{l}_i=(\boldsymbol{l}_i, 1)^{\mathrm{T}}$。

原始图像 I 的特征 $\boldsymbol{\alpha}$ 可通过优化方程求解：

$$\boldsymbol{\alpha} = \min \sum_k \left(\sum_{i \in \Omega_k} (\boldsymbol{u}_i - \boldsymbol{a}_i^{\mathrm{T}} \boldsymbol{l}_i)^2 \right) \tag{2.20}$$

图像色彩变化可建模为优化方程：

$$E = E_1 + E_2 = \sum_i \sum_j (\| \boldsymbol{\alpha}_i - \boldsymbol{\alpha}_j \| - \| \boldsymbol{\beta}_i - \boldsymbol{\beta}_j \|)^2 + \lambda \sum_i \| \boldsymbol{\beta}_i^{\mathrm{T}} \boldsymbol{l}_i - \boldsymbol{c}_i \|^2 \tag{2.21}$$

变换前后的图像局部应具有相同的色彩结构，而建模方程中的

$$E_1 = \sum_i \sum_j (\| \boldsymbol{\alpha}_i - \boldsymbol{\alpha}_j \| - \| \boldsymbol{\beta}_i - \boldsymbol{\beta}_j \|)^2 \tag{2.22}$$

体现了两幅图像具有相同的色彩结构；变换后图像在用户标记的基础上进行色彩扩散，因此变换后图像 $\boldsymbol{Y}$ 在用户标记处的色彩值应为用户标记值，而建模方程中的

$$E_2 = \lambda \sum_i \| \boldsymbol{\beta}_i^{\mathrm{T}} \boldsymbol{l}_i - \boldsymbol{c}_i \|^2 \tag{2.23}$$

反映了这一特性。建模过程中未采用图像的像素进行建模，而采用了分块图像的色彩特征进行建模，使得建构模型具有较强的鲁棒性。原始图像 I 相邻分块的色彩具有较大的相关性，这种相关性由两个因素所导致。一是由于图像是通过 Shannon-Nyquist 采样定理所产生；二是图像的分块很小，因此图像分块的色彩具有较大的冗余性。故原始图像特征 $\boldsymbol{\alpha}_i$ 可由其相邻图像块特征的线性组合表达，即

$$\boldsymbol{\alpha}_i = w_{ij} \boldsymbol{\alpha}_j \tag{2.24}$$

由于原始图像 I 与变换后图像 $\boldsymbol{Y}$ 有相同色彩结构，因此图像 $\boldsymbol{Y}$ 的特征 $\boldsymbol{\beta}_i$ 可由与原始图像 I 相同的线性表达系数表达为相邻图像块特征的线性组合，即

$$\boldsymbol{\beta}_i = w_{ij} \boldsymbol{\beta}_j \tag{2.25}$$

w_{ij} 可通过优化方程进行求解：

$$\begin{cases} \min \sum_{i=1}^{k} \left\| \boldsymbol{\alpha}_i - \sum_{i \in N_i} w_{ij} \boldsymbol{\alpha}_j \right\|^2 \\ \mathrm{s.\,t.} \sum_j w_{ij} = 1 \end{cases} \tag{2.26}$$

因此图像色彩变化可建模为优化方程：

$$E = \sum_i \left[\left\| \boldsymbol{\beta}_i - \sum_j w_{ij} \boldsymbol{\beta}_j \right\|^2 + \lambda \| \boldsymbol{\beta}_i^{\mathrm{T}} \boldsymbol{l}_i - \boldsymbol{c}_i \|^2 \right] \tag{2.27}$$

在求解 w_{ij} 的过程中，取 $N_i=4$，即仅考虑分块图像四个邻接块的特征。设任一图像块的特征为 $\boldsymbol{\alpha}$，与其邻接的图像块特征为 $\boldsymbol{\alpha}_j$，则求解过程如式(2.28)所示。实验中采用 3×3

的图像分块，算法的局部效果如图 2.8 所示。

$$\begin{cases} \min \displaystyle\sum_{i=1}^{4} \| \boldsymbol{\alpha} - \displaystyle\sum_{i \in N_i} w_j \boldsymbol{\alpha}_j \|^2 \\ \text{s. t. } \displaystyle\sum_j w_j = 1 \end{cases} \Leftrightarrow \min \| w_j(\boldsymbol{\alpha}-\boldsymbol{\alpha}_j) \|^2 \| w_j(\boldsymbol{\alpha}-\boldsymbol{\alpha}_j) \|^2 \tag{2.28}$$

即

$$\begin{aligned}
&\begin{bmatrix} w_1(\boldsymbol{\alpha}-\boldsymbol{\alpha}_1) & \cdots & w_4(\boldsymbol{\alpha}-\boldsymbol{\alpha}_4) \end{bmatrix}^{\text{T}} \cdot \begin{bmatrix} w_1(\boldsymbol{\alpha}-\boldsymbol{\alpha}_1) & \cdots & w_4(\boldsymbol{\alpha}-\boldsymbol{\alpha}_4) \end{bmatrix} \\
&= \begin{bmatrix} w_1 \\ \vdots \\ w_4 \end{bmatrix}^{\text{T}} \begin{bmatrix} (\boldsymbol{\alpha}-\boldsymbol{\alpha}_1)^{\text{T}}(\boldsymbol{\alpha}-\boldsymbol{\alpha}_1) & \cdots & (\boldsymbol{\alpha}-\boldsymbol{\alpha}_1)^{\text{T}}(\boldsymbol{\alpha}-\boldsymbol{\alpha}_4) \\ \vdots & \ddots & \vdots \\ (\boldsymbol{\alpha}-\boldsymbol{\alpha}_4)^{\text{T}}(\boldsymbol{\alpha}-\boldsymbol{\alpha}_1) & \cdots & (\boldsymbol{\alpha}-\boldsymbol{\alpha}_4)^{\text{T}}(\boldsymbol{\alpha}-\boldsymbol{\alpha}_1) \end{bmatrix} \begin{bmatrix} w_1 \\ \vdots \\ w_4 \end{bmatrix} \\
&= w^{\text{T}} G w
\end{aligned}$$

算法局部效果

图 2.8　算法局部效果

3. 基于 Gabor 滤波的医疗图像渲染

现代医疗中的医疗图像大多数是黑白图像，经验丰富的医生可以快速识别出图中的病灶，但是对于病患以及实习医生来讲很难读懂 X 光、CT、MRI 等医学图像。利用图像渲染技术将灰度医学图像彩色化，能更好地反映患者病灶信息，使人们可以更有效、更快速地找到关键的医学信息。为此人们提出一种基于 Gabor 滤波融合 Welsh 的图像渲染算法。首先对待着色图像进行 Gabor 滤波处理，使待着色图像纹理特征更加明显，减少色彩溢出现象。经过 Gabor 滤波的图像着色能有效抑制色彩溢出现象，图像的结构相似性和峰值信噪比更加接近真实图像。因此对医学 CT 图像进行着色，可以更有效保留原图像的结构信息并且图像质量更高。

1）二维 Gabor 滤波

二维 Gabor 滤波与人类视觉系统中简单细胞的视觉刺激响应非常相似。可以将二维 Gabor 函数定义成一个尺度参数为 σ、纵横比为 λ、X 轴与主轴成角度 ϕ 的高斯函数调制的复数正弦函数。它的一般形式为

$$h(x, y) = g(x', y')\exp[2\pi \text{j}(Ux+Vy)] \tag{2.29}$$

其中，$(x', y') = (x\cos\phi + y\sin\phi, -x\sin\phi + y\cos\phi)$ 是旋转坐标，二维高斯函数为

$$g(x, y) = \frac{1}{2\pi\lambda\sigma^2}\exp\left[-\frac{(x/\lambda)^2+y^2}{2\sigma^2}\right] \tag{2.30}$$

对式(2.30)作傅氏变换，可得二维 Gabor 函数的频域表达式为

$$H(u, v) = \exp\{-2\pi^2\sigma^2[(u'-U')^2\lambda^2+(v'-V'^2)]\} \tag{2.31}$$

式(2.31)中 $u' = u\cos\phi + v\sin\phi$，$v' = -u\sin\phi + v\cos\phi$，其中 U'，V' 是中心频率 U，V 所作的相似旋转。多角度多方向的 Gabor 滤波在人脸识别、纹理提取等方面能发挥巨大作用。同一方向下不同尺度的 Gabor 滤波如图 2.9 所示。

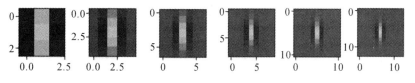

图 2.9　相同方向下不同尺度的 Gabor 滤波

同一尺度下不同方向的 Gabor 滤波如图 2.10 所示。

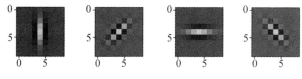

图 2.10　相同尺度下不同方向的 Gabor 滤波

实验表明当方向总数为 4、尺度总数为 6 时，Gabor 滤波之间相关性最小，可以最大限度地减少过滤图像所产生的冗余信息。利用不同方向和不同尺度的 Gabor 滤波来分析图像的纹理信息，可以辨别不同尺度的相同纹理和不同方向的相同纹理。4 方向 6 尺度的 Gabor 滤波对腹部 CT 图像滤波的效果图如图 2.11 所示。

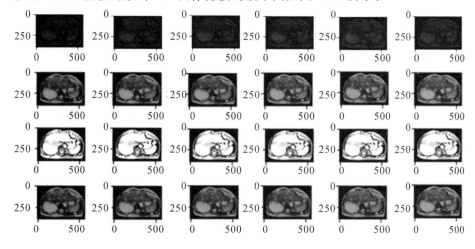

图 2.11　4 方向 6 尺度的腹部 CT 图像 Gabor 滤波效果图

2）着色流程

Welsh 算法将灰度图像以一维分布来表示，因此两幅图像之间只能匹配亮度通道。由于单个亮度值可以表示图像的不同部分，因此使用像素邻域内的统计信息来指导匹配过程。当像素点被匹配成功时，原始亮度值会被保留。在待着色图像和参考图像之间传输颜色后，通过使用 L_2 距离度量将待着色的灰度图像各个像素点与参考图像中的像素点匹配，并将最终颜色分配给待着色灰度图像中的各个像素。通过将各个像素与同一图像中的其他像素进行匹配来确定其对应关系。L_2 的误差距离 E 定义为

$$E(N_g, N_s) = \sum_{p \in N} \left[I(p) - S(p) \right]^2 \tag{2.32}$$

其中，I 是灰度图像，S 是彩色样本的亮度通道，p 是灰度图像的邻域像素。

具体着色步骤如下：

步骤 1：将参考图像和待着色图像由 RGB 彩色空间转换到 Lab 彩色空间。

步骤 2：计算待着色黑白图像（g）和参考图像（r）的亮度均值（$\bar{L}_s$，$\bar{L}_r$）和标准差（σ_s，σ_r）。

步骤 3：对待着色图像的亮度进行线性变换，使待着色图像和参考图像的亮度均值和方差一致，防止因亮度差异过大而造成匹配失误，变换后的结果为 L'_s，即

$$L'_s = \frac{\sigma_r}{\sigma_s}(L_s - \bar{L}_s) + \bar{L}_r \tag{2.33}$$

步骤 4：从参考图像中随机选取一批样本点，将像素点的亮度（L）和邻域范围内亮度的标准差（σ_w）的线性组合值作为权值 w，计算公式如下：

$$w = \frac{L + \sigma_w}{2} \tag{2.34}$$

步骤 5：计算待着色图像和参考图像各个像素点的权值 w，找到与 L_2 误差距离相差最小的样本点，最后将参考图像样本点的 a 和 b 通道的数值赋给待着色图像对应的像素点，从而实现颜色传递。

步骤 6：将图像从 Lab 空间转化到 RGB 空间，颜色迁移结束。

3）实验与分析

着色过程的 Python 代码如下：

```
# 读取灰度图像；opencv 默认读取 3 通道，不需要我们扩展通道
# 读取待着色的黑白图像
gray_image = cv2. imread(garyImage_path)
# 将黑白图像转换为 Lab 格式
gray_image = cv2. cvtColor(gray_image, cv2. COLOR_BGR2LAB)
# cv2. cvtColor(p1,p2)颜色空间转换函数：p1 是需要转换的图像，p2 是转换成何种格式
height, width, channel = gray_image. shape
# 获取灰度图像的亮度信息
```

智能图像处理

```
# 将灰度图像转换到 Lab 颜色空间，并分离成单独的通道图像
gray_image_l_origin, gray_image_a, gray_image_b = cv2. split(gray_image)
# 创建 0 矩阵
gray_image_l = np. zeros(gray_image_l_origin. shape, np. uint8)
# 显示图像
max_pixel, min_pixel = np. max(gray_image_l_origin), np. min(gray_image_l_origin)
consult_max_pixel, consult_min_pixel = consult_image. max_min_pixel()
pixel_ratio = (consult_max_pixel − consult_min_pixel) / (max_pixel − min_pixel)
# 把灰度图像的亮度值映射到参考图像范围内
for i in range(height):
    for j in range(width):
        pixel_light = consult_min_pixel + (gray_image_l_origin[i, j] − min_pixel) * pixel_ratio
        gray_image_l[i, j] = pixel_light
for row in range(height):
    for col in range(width):
        pixel = Pixel(row, col)
        # 从行到列一次遍历每一个像素点的亮度
        pixel_light = gray_image_l[pixel. x, pixel. y]
        # 求窗口内像素方差
        window_left = max(pixel. x − window_size, 0)
        window_right = min(pixel. x + window_size + 1, height)
        window_top = max(pixel. y − window_size, 0)
        window_bottom = min(pixel. y + window_size + 1, width)
        window_slice = gray_image_l[window_left: window_right, window_top: window_bottom]
        pixel_std = np. std(window_slice)
        weight_pixel = WeightPixel(ratio * pixel_light + (1 − ratio) * pixel_std, 0, 0)
        # 二分查找，另外，为了避免列表越界，当找到列表两边临界点时需要调整一下
        search_pixel = bisect. bisect(consult_image. get_weight_list(), weight_pixel)
        search_pixel = 1 if search_pixel == 0 else search_pixel
        search_pixel = len(consult_image. get_weight_list()) − 1 \
            if search_pixel == len(consult_image. get_weight_list()) else search_pixel
        left_pixel = consult_image. get_weight_list()[search_pixel − 1]
        right_pixel = consult_image. get_weight_list()[search_pixel]
        nearest_pixel = left_pixel \
            if left_pixel. weight + right_pixel. weight > 2 * weight_pixel. weight \
            else right_pixel
        # 将 a,b 通道分别还原
        gray_image_a[row, col] = nearest_pixel. a
        gray_image_b[row, col] = nearest_pixel. b
```

```
merge_image = cv2. merge([gray_image_l, gray_image_a, gray_image_b])
rgb_image = cv2. cvtColor(merge_image, cv2. COLOR_LAB2BGR)
♯ 输出着色后的图像
cv2. imwrite(outputImage_path, rgb_image)
```

为了验证对图像进行 Gabor 滤波后的着色效果优于直接着色，我们采取实验组和对照组进行着色。实验组先进行 Gabor 滤波处理，然后进行着色，对照组直接进行着色处理。实验在 64 位 Windows 10 操作系统、处理器为 Intel Core i5-6300HQ CPU @ 2.30GHz & 2.30GHz、8GB 内存、显卡为 NVIDIA GeForce 960MX，搭载 Python 3.6.5、Pycharm 2019.03 的电脑上运行。实验中的医学图像均来自豌豆医疗影像平台。

实验组采用 4×6 的 Gabor 滤波器进行滤波处理，四个方向角度分别为 0°、45°、90°、135°，六个尺度分别为 1、2、3、4、5、6。经对比发现，当角度为 0°尺度为 1 时用 Gabor 滤波器进行滤波后的图像纹理和边界信息最清晰，着色效果最好。Welsh 算法的着色效果图如图 2.12 所示，在对患者腹部 CT 图像进行着色时，相比于直接对图像用 Welsh 算法进行着色，Gabor 滤波后的图像由于纹理更加清晰，着色时能有效抑制色彩溢出现象，从而更加真实地保留患者的病理信息。

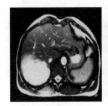 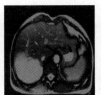 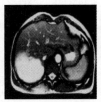 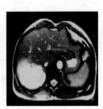

Welsh算法
着色效果图

(a) 黑白图像　　(b) 滤波后黑白图像　(c) 直接着色效果图　(d) 滤波后着色图

图 2.12　Welsh 算法着色效果图

2.2.3　图像分割

图像分割是计算机视觉中的一个非常经典的问题，已经成为图像理解领域的研究热点。图像分割是计算机视觉的基础，是图像理解的重要组成部分，也是图像处理中最难的问题之一。所谓图像分割是指根据图像的颜色、灰度、几何、空间和纹理等特征将图像分割成若干个独立的区域，不同区域之间差异明显。简而言之，就是在图像中把目标和背景分开。对于灰度图像，区域内的像素通常具有灰度相似性，而区域边界上存在灰度不连续性。由于图像分割技术本身的重要性和难度，自 20 世纪 70 年代以来，图像分割吸引了很多研究人员进行研究和实验。虽然到目前为止，还没有一种通用、完美的图像分割方法，但对图像分割的一般规律已经基本达成共识，并产生了相当多的研究成果和方法，下面介绍几种典型图像分割方法。

1. 基于阈值的分割方法

阈值法的基本思想是根据图像的灰度特征计算一个或多个灰度阈值，将图像中每个像素的灰度值与阈值进行比较，最后根据比较结果将像素分为不同的区域或类别，从而实现图像的分割或特征提取。因此，该方法最关键的一步是根据一定的准则函数求解最优灰度阈值。阈值法特别适用于目标和背景占据不同灰度的图像。如果只有两类图像——目标和背景，则只需选择一个阈值进行分割，这种方法称为单阈值分割。但是，如果要分割的图像中有多个目标，单阈值分割可能无法有效区分这些目标，在这种情况下，有必要选择多个阈值来分离每个目标，这种分割方法被称为多阈值分割。

如图 2.13 所示是一种阈值分割方法的例图。该阈值分割方法具有计算简单、效率高等优点。它只考虑像素的灰度特性，一般不考虑空间特性。因此，阈值分割方法对噪声敏感，强度低。从前面的介绍可以看出，阈值分割方法的关键是阈值的选择。如果将智能遗传算法应用于阈值筛选，并选择能对图像进行最优分割的阈值，这将是基于阈值分割的图像分割方法的发展趋势。

阈值分割例图

(a) 原图

(b) 效果图

图 2.13　阈值分割例图

基于阈值分割的图像分割 Python 代码如下：

```python
import cv2
import numpy as np
import gdal
def image_open(image)：    # Step1.定义加载图像的函数
```

```
    data = gdal. Open(image)
    if data == "None":
        print("无法打开数据")
    return data
# Step2. 归一化处理
File_Path = r"NDVI. tif"
image = image_open(File_Path). ReadAsArray()
Normalize_data = np. zeros(image. shape)
for i in range(image. shape[0]):
    for j in range(image. shape[1]):
        Normalize_data[i][j] = (image[i][j] - np. min(image)) / (np. max(image) -
        np. min(image))
Normalize_data = Normalize_data * 256
data = Normalize_data. astype(np. uint8)
# Step3. 运行封装 OTSU 函数并输出灰度化后的阈值
ret, th2 = cv2. threshold(data, 0, 256, cv2. THRESH_BINARY+cv2. THRESH_OTSU)
print(ret)
```

2. 区域分割方法

传统的区域划分方法包括区域生长法、区域划分法和区域合并法。一个生长区域从代表不同生长区域(生长点可以是单个像素或小区域)的种子像素集合开始,在由种子像素表示的生长区域中合并靠近种子像素的合格像素,并进一步合并种子像素。直到找不到合格的新像素,生长点与相邻区域之间的相似性准则可以是灰度值、纹理、颜色等图像信息。该方法的关键是选择合适的初始种子像素和合理的生长准则。在实际应用中,生长时通常会考虑区域生长的"历史",并根据图像的全局属性(如区域的大小和形状)确定区域合并。

区域生长算法需要解决的三个问题是:选择或确定一组能正确代表所选区域的种子像素(如图 2.14 所示即为不同生长点对应的不同分割结果),确定可以在生长过程中包含相邻像素的标准,制定停止生长过程的规则或条件。

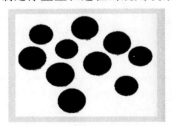

图 2.14　区域生长选择不同的生长点则结果不同

区域分割 Python 主要代码如下：

```python
import cv2
import numpy as np
def Thresh_and_blur(gradient):    # 设定阈值
    blurred = cv2.GaussianBlur(gradient, (9, 9), 0)
    (_, thresh) = cv2.threshold(blurred, 90, 255, cv2.THRESH_BINARY)
    return thresh
def image_morphology(thresh):    # 建立一个椭圆核函数，执行图像形态学操作
    kernel = cv2.getStructuringElement(cv2.MORPH_ELLIPSE, (25, 25))
    closed = cv2.morphologyEx(thresh, cv2.MORPH_CLOSE, kernel)
    closed = cv2.erode(closed, None, iterations=4)
    closed = cv2.dilate(closed, None, iterations=4)
    return closed
def findcnts_and_box_point(closed):    # 这里 opencv3 返回的是三个参数
    (_, cnts, _) = cv2.findContours(closed.copy(),
        cv2.RETR_LIST,
        cv2.CHAIN_APPROX_SIMPLE)
    c = sorted(cnts, key=cv2.contourArea, reverse=True)[0]
        rect = cv2.minAreaRect(c)    # 计算最大轮廓的旋转包围盒
    box = np.int0(cv2.boxPoints(rect))
    return box
def drawcnts_and_cut(original_img, box):    # 目标图像裁剪，在 img.copy()上绘制
    draw_img = cv2.drawContours(original_img.copy(), [box], -1, (0, 0, 255), 3)
    Xs = [i[0] for i in box]
    Ys = [i[1] for i in box]
    x1,x2,y1,y2 = min(Xs),max(Xs),min(Ys),max(Ys)
    hight,width = y2 - y1,x2 - x1
    crop_img = original_img[y1:y1+hight, x1:x1+width]
    return draw_img, crop_img
```

3. 基于边缘检测的分割方法

基于边缘检测的图像分割算法试图通过检测不同区域的边缘来解决图像分割问题。通常，像素的灰度值在边界的不同区域有很大的不同，图 2.15 为基于边缘检测的不同算法实例。如果图像通过傅里叶变换从空间域转换到频率域，则对应于高频部分的边缘。边缘检测技术可分为串行边缘检测和并行边缘检测。串行边缘检测基于由像素验证的结果来确定当前像素是否属于边缘检测的特定点。并行边缘检测是指像素是否属于边缘，取决于当前

像素和相邻像素的检测结果。

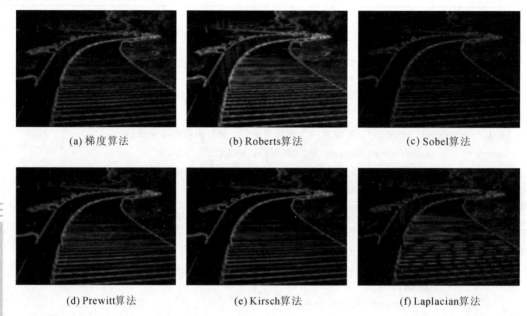

(a) 梯度算法   (b) Roberts算法   (c) Sobel算法

(d) Prewitt算法   (e) Kirsch算法   (f) Laplacian算法

图 2.15　基于边缘检测的不同算法实例

　　最简单的边缘检测方法是差分算子，它利用相邻区域像素值的不连续性，借助一阶或二阶导数检测边缘点。近年来，研究人员还在多项式曲线拟合、反应扩散方程、曲面拟合等基础上，提出了一种序列多项式搜索的变形模型。

　　边缘检测的优点：边缘定位准确、速度快。缺点：不能保证边缘的连续性和闭合性，且高精度区域存在大量的损伤边缘，难以形成大区域，不适合将区域分割成小部分。由于存在上述两个缺点，边缘检测只能产生一个边缘点，而不能完成图像分割过程。也就是说，在得到边缘点信息后，需要进一步的处理或用其他相关算法来完成分割任务。在未来的图像分割中，选择一个自适应阈值来提取初始边缘点、如何选择一个较大的区域将图像分割成多个层次，以及如何进行边缘识别，是去除虚假边缘的关键。

　　图像分割 Prewitt 算法的 Python 主要代码如下：

```
from skimage import data,color,filters
import cv2
def def_col(img,kernal):
# param img 为补零操作后的灰度图像，param kernal 为卷积核，return 为返回卷积后的图像，即边缘图像
    edge_img = cv2.filter2D(img,-1,kernal)
    return edge_img
```

```
def def_prewitt(img,type_flags):
    gray = cv2.imread(img,0)
    h,w= gray.shape[0], gray.shape[1]
    x_prewitt=np.array([[1,0,-1],[1,0,-1],[1,0,-1]])
    y_prewitt=np.array([[1,1,1],[0,0,0],[-1,-1,-1]])
    img=np.zeros([h+2,w+2])
    img[2:h+2,2:w+2]=gray[0:h,0:w]
    edge_x_img=def_col(img,x_prewitt)
    edge_y_img=def_col(img,y_prewitt)
                        # p(i, j)=max[edge_x_img,edge_y_img],用 x,y 最大梯度代替该点梯度
    edge_img_max=np.zeros([h,w],np.uint8)
for i in range(h):
    for j in range(w):
        edge_img_sum[i][j]=edge_x_img[i][j]+edge_y_img[i][j]
edge_img_abs = np.zeros([h, w],np.uint8)
                        # p(i, j)=|edge_x_img|+|edge_y_img|,将绝对值的和作为梯度
for i in range(h):
    for j in range(w):
        edge_img_abs[i][j] = abs(edge_x_img[i][j]) + abs(edge_y_img[i][j])
edge_img_sqrt=np.zeros([h,w],np.uint8)
for i in range(h):
    for j in range(w):
        edge_img_sqrt[i][j]=np.sqrt((edge_x_img[i][j]) * * 2+(edge_y_img[i][j]) * * 2)
type = [edge_img_max,edge_img_sum,edge_img_abs,edge_img_sqrt]
return type[type_flags]
```

2.2.4 图像修复

图像修复的目的是根据图像的已知信息自动对缺失信息进行恢复,即对受到一定损坏导致缺损的图像进行修复或除去图像中不需要的多余物体。图像修复者们往往需采用最恰当的方法使图像修复到原始状态,与此同时还需保证图像可以达到的艺术效果是最理想的。

1. 传统图像修复方法

图像修复技术有非常广泛的应用领域,包括影视领域、医疗领域和军事领域等。在文艺复兴时期,图像修复主要是对破损书画进行修复,填补文物上的缺口和破损。由于事先并不清楚图像的原始样貌,所以当时图像修复在很大程度上都依赖于图像修复者的认知规则和经验分析。传统的修复方法必须有确定的先验信息,先验信息发生任何一点偏差或者是先验信息改变,都对修复结果有明显的影响。

目前用于图像修复的传统方法可分为扩散法和修补法。

基于修补技术的方法：用匹配好的修补点（即候选点）替换图像中损坏的部分，修补点一个接一个地填充丢失的区域，并将其复制到合适的位置。Ružic' 和 Pizurica 提出了一种基于补丁的方法，该方法使用马尔可夫随机场（Markov Random Field，MRF）在纹理分量中搜索匹配良好的补丁。Jin K H 和 Ye J C 提出了一种基于补丁特性滤波器和低级结构化矩阵的修复方法。为了从图像中去除物体，Kawai 等人提出了通过选择目标对象和最小化约束进行目标搜索的方法。Lu H Y 使用两阶段低秩逼近和基于梯度的低秩逼近，提出了基于补丁的方法来恢复图像中的损坏块。Liu J Y 等人使用区域之间的统计正则化和相似性来提取目标区域的主要线性结构，然后使用 MRF 修复缺失的区域。Ding D 等人提出了一种使用非局部纹理匹配和非线性滤波（Alpha 修剪均值滤波器）的基于补丁的图像修复方法。为了去除图像中的块，Jiang W 提出了一种图像压缩方法，使用了奇异值分解和逼近矩阵。其他值得注意的研究包括对唐卡图像进行纹理分析以恢复图像中的缺失块，并使用图像的结构信息等。在相同的背景下，Zeng J X 等人建议使用显著图和灰度熵，提出了一种使用联合概率密度矩阵（Joint Probability Density Matrix，JPDM）的图像修复方法，用于从图像中去除对象。

基于扩散的方法来修复图像是指对边界到边界之间区域传播内部平滑图像内容，以此来对缺失区域完成填充。为此，Li H A 提出了一种基于扩散的图像复原方法，首先确定局部扩散修复区域，然后根据通道内和通道间的各种特征确定修复区域。随后，Li H A 又提出了一种利用扩散系数计算相邻像素之间的距离的修复方法。Sridevi 等人提出了一种基于分数阶导数和傅里叶变换的扩散修复方法。Jin X 等人提出了一种基于规范相关分析（Canonical Correlation Analysis，CCA）和稀疏性的图像修复检测方法。Mo J C 和 Zhou Y C 提出了一项基于研究的稀疏表示的字典学习方法。传统方法对于简单图像是"健壮的"，但是当图像很复杂，例如包含很多纹理并且对象或对象覆盖图像中的区域较大时，使用传统方法可能会很困难。下面的代码为实现传统算法的图像复原过程的程序代码。

确定参考图，作为图像退化/复原模型的评估标准，Python 代码如下：

```python
import torch. nn as nn
import numpy as np
import math
img = 0.2126 * img[:,:,0] + 0.7152 * img[:,:,1] + 0.0722 * img[:,:,2]
                                              # 根据公式将图像转成灰度图
fft2 = np.fft.fft2(img)   # 进行傅里叶变换
shift2center = np.fft.fftshift(fft2)   # 将图像变换的原点移动到频域矩形的中心
log_fft2 = np.log(1 + np.abs(fft2))   # 对傅里叶变换的结果进行对数变换
log_shift2center = np.log(1 + np.abs(shift2center))   # 对中心化后的结果进行对数变换
plt.show()
```

编程实现传统图像复原算法并设计图像退化算法，代码如下：

```
def genaratePsf(length，angle)：
    half = length/2
    EPS = np. finfo(float). eps
    alpha = (angle - math. floor(angle / 180) * 180) / 180 * math. pi
    # psf1 是左上角的权值较大，越往右下角权值越小的核。这时运动像是从右下角到左上角移动
    for i in range(0，sy)：
        for j in range(0，sx)：
            psf1[i][j] = i * math. fabs(cosalpha) - j * sinalpha
            rad = math. sqrt(i * i + j * j)
            if rad >= half and math. fabs(psf1[i][j]) <= psfwdt：
                temp = half - math. fabs((j + psf1[i][j] * sinalpha) / cosalpha)
                psf1[i][j] = math. sqrt(psf1[i][j] * psf1[i][j] + temp * temp)
            psf1[i][j] = psfwdt + EPS - math. fabs(psf1[i][j]);
            if psf1[i][j] < 0：  psf1[i][j] = 0
    psf1 = psf1 / psf1. sum()
    return psf1，anchor
```

引入运动模糊和白噪声，代码如下：

```
# 无约束复原算法
def inverse(input，PSF，eps)：  # 逆滤波
    input_fft = fft. fft2(input)
    PSF_fft = fft. fft2(PSF) + eps   # 噪声功率，这是已知的，考虑 epsilon
    result = fft. ifft2(input_fft / PSF_fft)   # 计算 F(u,v)的傅里叶反变换
    result = np. abs(fft. fftshift(result))
return result
# 有约束复原算法
def wiener(input,PSF,eps,K=0.01)：   # 维纳滤波
    input_fft=fft. fft2(input)
    PSF_fft=fft. fft2(PSF) +eps
    PSF_fft_1=np. conj(PSF_fft) /(np. abs(PSF_fft) ** 2 + K)
    result=fft. ifft2(input_fft * PSF_fft_1)
    result=np. abs(fft. fftshift(result))
    return result
```

2. 基于超分辨率的图像修复方法

为了恢复低分辨率图像，可以进行超分辨率重建。超分辨率重建技术是利用一组低质量、低分辨率的图像（或运动序列）产生高质量、高分辨率的单帧图像的方法。超分辨率图像重建已广泛应用于军事、医学、公安、计算机视觉等领域。在计算机视觉领域，图像超分辨率重建技术可以使图像从检测级转换到识别级，或者实现从低分辨率到高分辨率的进一步转换。图像超分辨率重建技术可以提高图像识别的能力和图像识别的准确性。超分辨率图像重建技术可以达到聚焦分析的目的，从而获得感兴趣区域的高空间分辨率图像。

目前，超分辨率技术有两种：基于重建的方法和基于学习的方法。

基于重建的超分辨率方法通过建立超分辨率抽样模型，运用均衡与非均衡理论假设来预测原始高分辨率信号。这些方法通常涉及从低分辨率输入信号中恢复出高分辨率图像。大多数超分辨率算法，如空间频域方法，都属于这一类。

空间频域重建的主要方法是消除混叠重建。消除混叠重建是通过去除混叠来提高图像的空间分辨率，实现超分辨率复原的方法。在原场景信号带宽有限的情况下，可以利用离散傅里叶变换与连续傅里叶变换的平移和混叠特性，通过混合许多观测图像以方程组的形式与未知场景的连续傅里叶变换系数相关联。

在空间频域方法中，线性空间观测模型涉及全局运动、局部运动、视觉模糊、帧内运动模糊、空间变量、点扩散函数、非理想采样等。空间频域方法具有很强的包含先验空间约束的能力。

近年来，基于学习的方法是超分辨率算法研究的热点。它利用大量高分辨率图像构建学习库，生成学习模型，在低分辨率图像复原过程中，引入从学习模型中获取的先验知识，得到高频图像的细节信息，获得较好的图像复原效果。

基于超分辨率的学习方法的关键是建立学习模型，获取先验知识。常用的学习模型有图像金字塔模型、随机马尔可夫场模型、主成分分析模型和神经网络模型。该方法充分利用了图像本身的先验知识，在不增加输入图像样本数的情况下，仍能产生高频细节，从而获得较好的重建效果。该方法可应用于文本、人脸等图像的复原。

2.2.5　频域处理

图像的频域处理是指根据一定的图像模型，对图像频谱进行不同程度修改的技术。二维正交变换是图像处理中常用的变换，其特点是变换结果的能量分布向低频成分方向集中，图像的边缘、线条在高频成分上得到反映。对图像进行频域变换的方法有傅里叶变换、Gabor 滤波、小波变换、形态成分分析、鲁棒主成分分析等。

1. 傅里叶变换

傅里叶变换可以将信号在不同频率下的幅值和相位在时域上进行变换，频谱是信号在时域和频域上的表示，傅里叶变换的核心是将信号分解成无数的正弦/复指数信号。信号相加，即正弦信号相加的形式。由于在非周期信号中加入了无穷多个信号，每个信号的权重应为零，但信号的密度有差异，每个点的下降概率是无穷小的，而这些无穷小是不同的。

在数字图像处理中，傅里叶变换有非常重要的作用。傅里叶分析涉及图像处理很多方面，比如离散余弦变换、Gabor 滤波等。傅里叶变换在图像增强、图像分割、图像特征提取、图像压缩等方面有重要应用。由于绝大部分图像噪声都属于高频分量，因此通过低通滤波器滤除高频噪声来实现图像去噪。图像边缘属于高频分量，可以通过增加高频分量增强原始图像的边缘，进而更好地实现图像分割。利用 Python 实现傅里叶变换的代码如下所示。

```python
import numpy as np
from scipy.fftpack import fft,ifft
import seaborn
# 采样点选择 1400 个，因为设置的信号频率分量最高为 600 Hz，根据采样定理知采样频率要大于信号
    频率的 2 倍，所以这里设置采样频率为 1400 Hz(即一秒内有 1400 个采样点)
x = np.linspace(0,1,1400)
# 设置需要采样的信号，频率分量有 180 Hz、390 Hz 和 600 Hz
y = 7 * np.sin(2 * np.pi * 180 * x) + 2.8 * np.sin(2 * np.pi * 390 * x)+5.1 * np.sin(2 * np.pi * 600 * x)
yy = fft(y)   # 快速傅里叶变换
yreal = yy.real   # 获取实数部分
yimag = yy.imag   # 获取虚数部分
yf=abs(fft(y))   # 取绝对值
yf1=abs(fft(y))/len(x)   # 归一化处理
yf2 = yf1[range(int(len(x)/2))]   # 由于对称性，只取一半区间
xf = np.arange(len(y))   # 频率
xf1 = xf
xf2 = xf[range(int(len(x)/2))]   # 取一半区间
```

2. Gabor 滤波

Gabor 小波是 Gabor 滤波器的一种扩展，其与人类视觉系统中的简单细胞相似。该方法在空域和频域具有良好的局部信息提取特性。虽然 Gabor 小波本身不能构成正交基，但它可以构成具有一定参数的压缩框架。Gabor 小波对图像边缘敏感，具有良好的方向选择和尺度选择特性，而且对光照变化不敏感，具有较好的光照变化适应能力。这些特性使得Gabor小波在光学信息理解中得到了广泛的应用。

如图 2.16 所示是二维 Gabor 滤波器与脊椎动物皮层视觉感受野反应的比较。第一行代表脊椎动物的视觉皮层受体区域，第二行是 Gabor 滤波器，第三行是两者的区别。两者之间的差别很小。Gabor 滤波器是图像处理领域中常用的滤波器。例如本书第 5 章"基于

Gabor 滤波器的 Pix2Pix 图像色彩渲染"和第 7 章"基于 Gabor 滤波的人脸图像分割"都是介绍 Gabor 滤波器在图像处理中的应用。

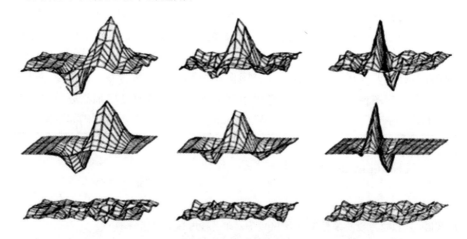

图 2.16　Gabor 滤波器和脊椎动物视觉皮层感受比较图

3. 小波变换

小波变换的基本思想是利用一组小波或基函数来表示一个函数或信号，而信号分析结果通常是从时域和频域的关系中得到的。小波变换可以通过母小波变换或基小波变换获得信号的时间信息，而信号的频率特性可以通过增加小波的宽度或尺度来获得。在小波变换中，近似部分是由一个因子产生一个大的系数，表示信号的低频部分。而细节系数是由代表信号高频分量的因素产生的小尺度系数。利用 Python 实现小波变换的代码如下所示：

```
import cv2
import numpy as np
from pywt import dwt2, idwt2
img = cv2.imread('lena.jpg',0)    # 读取灰度图
cA,(cH,cV,cD)=dwt2(img,'haar')    # 对 img 进行 haar 小波变换
cv2.imwrite('lena.png',np.uint8(cA/np.max(cA)*255))    # 小波变换后低频分量对应的图像
cv2.imwrite('lena_h.png',np.uint8(cH/np.max(cH)*255))    # 小波变换后水平方向高频分量对应的图像
cv2.imwrite('lena_v.png',np.uint8(cV/np.max(cV)*255))    # 小波变换后垂直方向高频分量对应的图像
cv2.imwrite('lena_d.png',np.uint8(cD/np.max(cD)*255))    # 小波变换后对角线方向高频分量对应的图像
rimg = idwt2((cA,(cH,cV,cD)),'haar')    # 根据小波系数重构复原的图像
cv2.imwrite('rimg.png',np.uint8(rimg))
```

4. 形态成分分析

形态成分分析（Morphological Component Analysis，MCA）方法的思想是在图像处理中，对于待分离图像中的任一形态，假设都存在着相应稀疏表示该层的字典，并且仅能够稀疏表示该层形态第二步，我们使用追踪算法以达到搜索最稀疏的表示的目的，产生符合研究目的的相对理想的分离效果。

MCA 方法是由 BP 算法和 MP 算法合成的，它通过最优稀疏方法来表示图像的形态，如果待处理图像 X 里面含有 M 个不同的信号，就是有 M 个不同形态 $\{X_i\}$，$i=1, 2, \cdots,$ M，$X=X_1+X_2+\cdots+X_M$，即存在 M 个相互之间有不同背景的透明层，这 M 个层叠加形成原始图像 X，如图 2.17 所示。

(a) 原始图　　　　　　　(b) 纹理层　　　　　　　(c) 光滑层

图 2.17　MCA 分离效果图

MCA 使用一组过完备的字典 $\{T_1, \cdots, T_M\}$ 来描述 M 个层。对于任意的 X_i 用相应的字典 T_i 的原子稀疏表示，其他字典 $T_j(j \neq i)$ 则不能稀疏地表示出来，从而实现图像分层。利用 Python 实现 MCA 算法的代码如下所示：

```
from sklearn. datasets. samples_generator import make_blobs
from sklearn. cluster import MeanShift，estimate_bandwidth
import numpy as np
import matplotlib. pyplot as plt
from itertools import cycle    ♯ Python 自带的迭代器模块
centers = [[1, 1], [-1, -1], [1, -1]]    ♯ 产生随机数据的中心
    n_samples＝10000    ♯ 产生的数据个数
X,_= make_blobs(n_samples＝n_samples, centers＝ centers, cluster_std＝0. 6,random_state ＝0)
                                   ♯ 生成用于聚类的二维数据点带宽，也就是
                                   ♯ 以某个点为核心时的搜索半径
bandwidth = estimate_bandwidth(X, quantile＝0. 2, n_samples＝500)
```

```
# 设置均值偏移函数
ms = MeanShift(bandwidth=bandwidth, bin_seeding=True)
ms.fit(X)    # 训练数据
labels = ms.labels_    # 每个点的标签
print(labels)
# 簇中心的点的集合
cluster_centers = ms.cluster_centers_
print('cluster_centers:', cluster_centers)
# 所有的标签分类
labels_unique = np.unique(labels)
# 聚簇的个数，即分类的个数
n_clusters_ = len(labels_unique)
```

5. 鲁棒主成分分析

近年来，鲁棒主成分分析(Robust Principal Component Analysis，RPCA)被应用于图像去噪、目标识别和缺陷检测等。该方法从高质量的图像集中提取结构信息样本，建立结构信息基元库，对不同结构信息基元集分别进行 RPCA 变换，挖掘其稀疏表示的变换核函数，用于图像处理中。利用 Python 实现 RPCA 算法的代码如下所示：

```
from numpy import *
# 通过方差的百分比来计算将数据降到多少维是比较合适的，函数传入的参数是特征值和
    百分比percentage，返回需要降到的维度数 num
def VPct(eigVals, percentage):
    sArr=sort(eigVals)
    sArr=sArr[-1::-1]
arraySum=sum(sArr)    # 数据全部的方差
    tempSum=0
    num=0
    for i in sArr:
        tempSum += i
        num += 1
            if tempsum >= arraySum * percentage:
            return num
def pca(dataMat, percentage=0.9):
```

58

```
#  对每一列求平均值,因为协方差的计算中需要减去均值
meanVals＝mean(dataMat,axis＝0)
meanRemoved＝dataMat－meanVals
covMat＝cov(meanRemoved,rowvar＝0)    #  用 cov()计算方差
#  利用 numpy 中寻找特征值和特征向量的模块 linalg 中的 eig()方法
Vals,Vects＝linalg. eig(mat(covMat))
k＝VPct(Vals,percentage)
ValInd＝argsort(Vals)
ValInd＝ValInd[:－(k＋1):－1]
redVects＝Vects[:,ValInd]
lowDDataMat＝meanRemoved ∗ redVects
reconMat＝(lowDDataMat ∗ redVects. T)＋meanVals
return lowDDataMat,reconMat
```

虽然不同图像的内容差异很大,但从稀疏图像表示的数学模型可以看出,稀疏图像表示的有效性取决于原始图像的结构。稀疏图像表示利用图像的结构信息从纹理和边缘中提取出有意义的结构信息,这些结构信息表示具有一定"能量"角的像素的变化。为了减少噪声对结构元素的影响,可采集一组具有丰富边缘和纹理的高质量自然图像,并把收集的图像分割成尺寸为 $m \times m$ 的图像子块 Ib_i。

为了减小块体光滑度对基本单元结构的影响,根据块体光滑度的二阶统计矩最小的特点,通过分析块体的统计特性来判断块体的能量。

子块结构的均值:

$$E(\mathrm{Ib}_i) = \frac{1}{m^2} \sum_{k=0}^{m-1} \sum_{l=0}^{m-1} \mathrm{Ib}_i(k, l) 。$$

得到子块结构能量信息:

$$s_i(k, l) = \mathrm{Ib}_i(k, l) - E(\mathrm{Ib}_i) 。$$

子块结构的判断依据:

$$\mathrm{var}(s_i) = \frac{1}{m^2} \sum_{k=0}^{m-1} \sum_{l=0}^{m-1} [s_i(k, l)]^2 。$$

假设图像块 s_i 的方差 $\mathrm{var}(s_i) > V$,那么可以理解为这个子块结构具有"能量",可作为稀疏表示的结构基本单元;否则理解为这个子块没有结构信息。为了实现对图像不同结构信号的有效稀疏表示,可通过局部边缘方向对结构样本进行分类,将方向相同的子块划为一类结构样本,并从高质量图像中选出 n 个子块,$X = \{x_1, x_2, \cdots, x_n\}$,将此 n 个子块结构运用 K 均值聚类(K-Means)算法划分为 K 类。为了构建一个有效的结构信息库,实现对自然图像的有

效稀疏表示，本节从高清图像中提取结构信息样本，其中部分结构基元样本如图 2.18 所示。

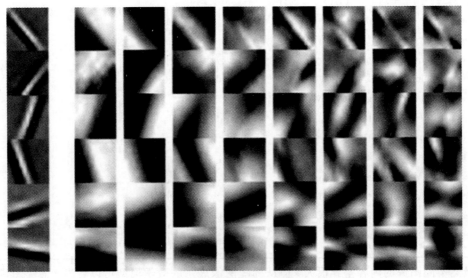

图 2.18　部分结构基元样本

2.3　常见评价标准

2.3.1　图像质量主观评价

主观评价完全依赖于人类观察者的定性评估，他们对图像特征给出主观的、定性的判断。观察员通常从未经训练的"业余爱好者"或受过训练的"内部人士"中挑选。该方法以统计学意义为基础，必须有足够数量的观察者参与评价，以确保图像的主观评价具有统计学意义。主观评价方法可分为两种主要类型——绝对评价和相对评价。

1. 绝对评价

绝对评价是观察者根据他对评价的一些具体特征的认识和理解，对图像的绝对质量的评估。通常情况下，观察者使用双刺激连续质量量表（Double Stimulus Continuous Quality Scale，DSCQS)评估图像的绝对质量，该量表提供了与原始图像相比被评估图像质量的直接测量方法。

绝对评价是通过在观察者面前按照一定的规则交替播放估计图像和原始图像一段时间，然后让观察者在播放后的一定时间间隔内做出估计，最后将所有得到的估计值平均到序列的近似值，即估计图像的近似值。为了评估和量化图像的质量，我们通常采用国际上定义的评分标准，也称为五分制，对所有的图像进行评分，如表 2.1 所示。

表 2.1　绝对评价尺度表

分数	质量尺度	绝对评价尺度
5 分	完全看不出图像质量变坏	非常好
4 分	可看出图像质量变坏,但不妨碍观看	好
3 分	可看清楚图像质量变坏,并对观看稍有妨碍	一般
2 分	对观看有妨碍	差
1 分	严重影响观看	非常差

2. 相对评价

在相对评价中,没有原始图像作为参考,但查看者会对一些要评价的图像进行比较,从而确定每个图像的排名,并分配一个适当的评价值。一般来说,单刺激连续质量评价(Single Stimulus Continuous Quality Evaluation,SSCQE)方法被用于相对评价。为此,将要评估的一群图像按特定顺序播放,观察者在观看时给要评估的图像分配一个相应评估号码。主观相对评价也有一个相应的评分系统,即所谓的群体优势评分,如表 2.2 所示。

表 2.2　相对评价尺度与绝对评价尺度对照表

分数	相对评价尺度	绝对评价尺度
5 分	一群中最好的	非常好
4 分	好于该群中平均水平的	好
3 分	该群中的平均水平	一般
2 分	差于该群中平均水平的	差
1 分	该群中最差的	非常差

2.3.2　图像质量客观评价

图像质量客观评价的主要目标是开发能够准确和自动确定图像质量的计算模型。最终的目标是用计算机取代人类观看和感知图像的视觉系统。在国际上,对图像质量的客观评估通常是通过测试一些影响图像质量的因素,以及检查计算机模型的图像质量定量值与人的主观观察值的对应程度来进行的,下面介绍几种常见的图像质量评估措施。

1. 均方误差

在数理统计中,均方误差(Mean Square Error,MSE)是先取参数估计值与参数实际值之差的期望值的平方,也就是实际值与预测值之差的平方,然后将其加和取平均值。MSE 是衡量平均误差和评估数据变异程度的简捷方法,MSE 越小,预测模型对实验数据的描述就越准

确，其值越接近于 0 越好，MSE 的计算公式为

$$\mathrm{MSE} = \frac{1}{m} \sum_{i=1}^{m} (y_i - \hat{y}_i)^2 \tag{2.35}$$

MSE 的 Python 代码如下：

```
import os
import numpy as np
from sklearn. linear_model import LinearRegression    # 线性回归
from sklearn. metrics import mean_squared_error
# 计算
def scoreReg():
# testY 是一维数组，predicY 是二维数组，故需要将 testY 转换一下
MSE=np. sum(np. power((testY. reshape(-1,1) - predicY),2))/len(testY)
R2=1-MSE/np. var(testY)
print("MSE:",MSE)
print("R2:", R2)
# sklearn 求解的 MSE 值
MSE2 = mean_squared_error(testY, predicY)
print("MSE2:", MSE2)
```

2. 均方根误差

均方根误差(Root Mean Square Error，RMSE)的计算方式为主观评分与算法评分偏差的平方和与评分次数 m 比值的平方根，用于衡量算法评分值与主观评分值之间的偏差，RMSE 对异常值较敏感，偏差越小即算法性能越好。均方根误差公式为

$$\mathrm{RMSE}(X, Y) = \sqrt{\frac{\sum_{i=1}^{m}(X_i - Y_i)^2}{m}} \tag{2.36}$$

RMSE 的 Python 代码如下：

```
import numpy as np
import os
y = np. array([1,1])
y_hat = np. array([2,3])
# 利用范数实现
# RMSE 相当于 y-y_hat 的二阶范数/√n
RMSE = np. linalg. norm(y-y_hat, ord=2)/len(y) * * 0.5
RMSE = np. sqrt(np. mean(np. square(y - y_hat)))    # 开根号
```

3. 平均绝对误差

平均绝对误差(Mean Absolute Error，MAE)是绝对误差的平均值。它可以对预测值的实际误差位置有更好的反映。平均绝对误差的公式如下：

$$\mathrm{MAE} = \frac{1}{n} \sum_{i=1}^{n} | \hat{y}_i - y_i | \tag{2.37}$$

其中，y_i 指的是真实值，$\hat{y}_i$ 指的是预测值。公式中的 MAE 的取值范围是 $[0, +\infty]$，如果预测值与实际值完全吻合，即为完美模型，则 MAE 等于 0。误差越大，MAE 值越大；MAE 值越小，预测模型的准确性越高。

MAE 的 Python 代码如下：

```
import numpy as np
def mae_value(y_true, y_pred):
    n = len(y_true)   # y_true ——测试集目标真实值
    mae = sum(np.abs(y_true − y_pred))/n   # y_pred ——测试集目标预测值
        return mae   # mae——MAE 评价指标
```

4. 峰值信噪比

峰值信噪比(Peak Signal to Noise Ratio，PSNR)用于计算峰值信号功率和影响信号质量的背景噪声之间的比率。信号一般具有很宽的动态范围，因此 PSNR 通常以分贝为单位进行计算，其最大值和最小值取决于信号质量。PSNR 是一个质量评估指标，常用于衡量噪声图像压缩代码的再现质量，其中信号是原始数据；噪声是由于压缩或扭曲造成的误差；PSNR 是对人类感知的压缩代码再现质量的估计。峰值信噪比的计算公式为

$$\mathrm{MSE} = \frac{1}{H \times W} \sum_{i=1}^{H} \sum_{j=1}^{W} \left[X(i, j) - Y(i, j) \right]^2 \tag{2.38}$$

$$\mathrm{PSNR} = 10 \times \lg\left(\frac{\mathrm{MAX}_1^2}{\mathrm{MSE}}\right) = 20 \times \lg\left(\frac{\mathrm{MAX}_1}{\sqrt{\mathrm{MSE}}}\right) \tag{2.39}$$

其中，H、W 分别表示图像的高和宽，(i, j) 表示图像的每一个像素点，$X(i,j)$ 用来表示缺失区域生成图像的像素信息值，缺失区域的本身像素信息值由 $Y(i, j)$ 表示，MAX_1 表示最大的像素点颜色值。MSE 越小 PSNR 就越大。PSNR 的 Python 代码如下：

```
import numpy as np
import math
def psnr(target, ref, scale):
    # target——目标图像，ref——参考图像，scale——尺寸大小
    # assume RGB image
    target_data = np.array(target)
```

```
target_data = target_data[scale:-scale,scale:-scale]
ref_data = np.array(ref)
ref_data = ref_data[scale:-scale,scale:-scale]
diff = ref_data - target_data
diff = diff.flatten('C')
rmse = math.sqrt(np.mean(diff ** 2.))
return 20 * math.log10(1.0/rmse)
```

5. 结构相似性指数法

结构相似性指数法(Structural Similarity Index Measurement，SSIM)是衡量两幅图像之间结构相似性的新方法，较高的 SSIM 值可达 1。结构相似性指数法是指基于感知的模型，将图像退化视为结构信息感知的变化，该方法强调图像感知质量的重要性。SSIM 通过计算原始图像和重建图像在三个维度(亮度、对比度和结构)上的相似度来估计图像的感知质量。结构相似性计算公式如下：

$$
\begin{cases}
I(X, Y) = \dfrac{2\mu_x\mu_y + C_1}{\mu_x^2 + \mu_y^2 + C_1} \\[2mm]
C(X, Y) = \dfrac{2\sigma_x\sigma_y + C_2}{\sigma_x^2 + \sigma_y^2 + C_2} \\[2mm]
S(X, Y) = \dfrac{\sigma_{xy} + C_3}{\sigma_x\sigma_y + C_3} \\[2mm]
SSIM(X, Y) = I(X,Y) \times C(X, Y) \times S(X, Y)
\end{cases}
\tag{2.40}
$$

其中，μ_x 是 X 图像的平均值，μ_y 是 Y 图像的平均值，σ_x 是 X 图像的方差，σ_y 是 Y 图像的方差，σ_{xy} 是 X 图像和 Y 图像的协方差，C_1、C_2 和 C_3 是常数。SSIM 的值在[0,1]范围内，其值越大，表明两幅图像之间的结构越相似。

SSIM 的 Python 代码如下：

```
# 使用 skimage 库进行代码的实现
import cv2
from skimage.measure import compare_ssim
# 加载图像
img1 = cv2.imread('imgPred0.png')
img2 = cv2.imread('imgPred01.png')
SSIM = structural_similarity(img1, img2, multichannel=True)
print('SSIM:', SSIM)    # 输出
```

6. 像素精确度

像素精确度(Pixel Accuracy，PA)是最简单和最直观的衡量标准，是正确分类的像素数与总像素数的比率，其公式为

$$PA = \frac{\sum_i n_{ij}}{\sum_i t_i} \tag{2.41}$$

其中，n_{ij} 为将类别 i 预测为类别 j 的像素数量，t_i 为类别 i 的总像素数。

PA 的 Python 代码如下：

```python
import numpy as np
def Pixel_Accuracy(confusion_matrix):
    Acc = np.diag(confusion_matrix).sum() / confusion_matrix.sum()
return Acc
Pixel_Accuracy(matrix)
```

7. 平均像素精确度

平均像素精确度(Mean Pixel Accuracy，MPA)是对像素精度的更精确的确定，是将一个像素正确分类到一个类别的概率的平均值，其公式为

$$MPA = \frac{1}{n_d} \sum_i \frac{n_{ii}}{t_i} \tag{2.42}$$

在式(2.42)中，n_{ij} 为将 i 类预测为 j 类的像素数量，t_i 是 i 类像素总数，n_d 表示不同的类别。

MPA 的 Python 代码如下：

```python
import numpy as np
def Pixel_Accuracy_Class(confusion_matrix):
    Acc = np.diag(confusion_matrix) / confusion_matrix.sum(axis=1)
    Acc = np.nanmean(Acc)
    return Acc
Pixel_Accuracy_Class(matrix)
```

8. 平均交并比

TP(True Positives)指的是样本已经被分类为阳性样本，并且分类正确。TN(True Negatives)指的是样本已经被分类为阴性样本，并且分类正确。FP(False Positives)指的是样本已经被分类为阳性样本，但是分类不正确。FN(False Negatives)是指样本被归类为阴性样本，但却被错误地归类。

平均交并比(Mean Intersection over Union，MIoU)是一个标准的衡量标准，它计算两个集

合之间的交集和重叠度的比例，即在图像分割任务中，衡量真实标注集合与预测结果集合之间的重叠程度。这可以转化为 TP 与 TP、FN、FP 三者之和的比率。首先，对于每一个类，计算相交率和串联率，然后计算出平均值，其公式为

$$\text{MIoU} = \frac{1}{n_d} \sum_i \frac{n_{ii}}{t_i + \sum_j n_{ji} - n_{ii}} \tag{2.43}$$

式(2.43)中，n_{ij} 为将类别 i 预测为类别 j 的像素数量，t_i 为类别 i 总像素数，n_d 代表不同的类别。由于具有简单性和代表性，MIoU 是最常用的指标，大多数研究人员用它来展示图像质量评估结果。

MIoU 的 Python 代码如下：

```python
import numpy as np
def Mean_Intersection_over_Union(confusion_matrix):
    MIoU = np.diag(confusion_matrix) / (
                np.sum(confusion_matrix, axis=1) + np.sum(confusion_matrix, axis=0) -
                np.diag(confusion_matrix))
    MIoU = np.nanmean(MIoU)   # 跳过 0 值求 mean,shape:[21]
    return MIoU
```

9. 加权交并比

加权交并比(Frequency Weighted Intersection over Union，FWIoU)是在平均交并比的基础上改进的一种评价指标。该方法为每个类别分配不同的权重，旨在解决类别不平衡的问题，以确保在评估时能够合理反映每个类别的表现，其公式如下：

$$\text{FWIoU} = \frac{1}{\sum_k t_k} \sum_i \frac{t_i n_{ii}}{t_i + \sum_j n_{ji} - n_{ii}} \tag{2.44}$$

FWIoU 的 Python 代码如下：

```python
import numpy as np
def Frequency_Weighted_Intersection_over_Union(confusion_matrix):
    freq = np.sum(confusion_matrix, axis=1) / np.sum(confusion_matrix)
    iu = np.diag(confusion_matrix) / (
                np.sum(confusion_matrix, axis=1) + np.sum(confusion_matrix, axis=0) -
                np.diag(confusion_matrix))
    FWIoU = (freq[freq > 0] * iu[freq > 0]).sum()
    return FWIoU
```

本 章 小 结

为了快速学习本书的应用部分内容,本章介绍了相关的图像处理基础:图像增强、图像彩色化、图像分割、图像修复,让读者了解传统的经典方法,以便在利用深度学习进行图像处理时会有更好的理解。目前,图像处理主要分为空域处理和频域处理,频域处理能够在不损失图像信息特征的基础上,减少对计算资源的消耗。频域处理也是计算机视觉领域一种常见的处理方法,通过将数字图像映射到频域,既可以在不损失信息的前提下更快提取图像深度信息,又可以利用频域的优势关注图像上下文信息,实现局部信息和全局信息同时掌握。因此本章额外介绍了几种频域处理方法,旨在让读者了解传统的频域处理操作,并在之后的计算机视觉任务中能够减少对计算力的消耗。最后介绍了计算机视觉的主观、客观评价标准,以便帮助读者更快了解怎样提高实验效果。

参考文献及扩展阅读

[1] 李洪安,张敏,杜卓明,等. 一种基于分块特征的交互式图像色彩编辑方法[J]. 红外与激光工程,2019,48(12):1226003-1226003(6). DOI:10.3788/IRLA201948.1226003.

[2] 李洪安,郑峭雪,张婧,等. 结合 Pix2Pix 生成对抗网络的灰度图像着色方法[J]. 计算机辅助设计与图形学学报,2021,33(6),929-938. DOI:10.3724/SP.J.1089.2021.18596.

[3] LI H A,ZHANG M,YU Z H,et al. An improved pix2pix model based on Gabor filter for robust color image rendering[J]. Mathematical Biosciences and Engineering,2022,19(1),86-101. DOI:10.3934/mbe.2022004.

[4] 章毓晋. 图像处理和分析教程[M]. 2 版. 北京:人民邮电出版社,2016.

[5] LARSSON G,MAIRE M,SHAKHNAROVICH G. Learning representations for automatic colorization[C]. European Conference on Computer Vision,Springer International Publishing,2016:577-593.

[6] ZHANG R,ISOLA P,EFROS A A. Colorful image colorization[C]. European Conference on Computer Vision,Springer International Publishing,2016:649-666.

[7] IIZUKA S,SIMO-SERRA E,ISHIKAWA H. Let there be color:joint end-to-end learning of global and local image priors for automatic image colorization with simultaneous classification[J]. ACM Transactions on Graphics (ToG),2016,35(4):1-11.

[8] REINHARD E,ADHIKHMIN M,GOOCH B,et al. Color transfer between images[J]. IEEE Computer graphics and applications,2002,21(5):34-41.

[9] MUSIALSKI P,CUI M,YE J,et al. A framework for interactive image color editing[J]. The Visual Computer,2013,29(11):1173-1186.

[10] ROWEIS S T,SAUL L K. Nonlinear dimensionality reduction by locally linear embedding[J]. science,2000,290(5500):2323-2326.

[11] 陈国军,刘婧怡,黄莹莹. 矢量与栅格结合的分块平面区域几何划分算法[J]. 系统仿真学报,2016, 28(10):2460-2466.

[12] 刘嘉敏,陈烁,段勇,等. 基于多色彩标识的跟踪及交互方法[J]. 系统仿真学报,2014,26(12): 2928-2933.

[13] 张绚.数字图像修复技术的研究及其应用[D]. 济南:山东大学,2014.

[14] 张斐.大区域图像修复算法研究[D]. 南京:南京邮电大学,2013.

[15] 孙志军,薛磊,许阳明,等. 深度学习研究综述[J]. 计算机应用研究,2012,29(8):1-2.

[16] 赵德宇. 深度学习和深度强化学习综述[J]. 中国新通信,2019,21(15):174-175.

[17] JIN K H,YE J C. Annihilating filter-based low-rank hankel matrix approach for image inpainting[J]. IEEE Trans Image Process,2015,24(11):3498-3511.

[18] LU H Y,LIU Q,ZHANG M,et al. Gradient-based low rank method and its application in image inpainting[J]. Multimed Tools Appl,2018,77(5):5969-5993.

[19] LIU J Y,YANG S,FANG Y, et al. Structure-guided image inpainting using homography transformation[J]. IEEE Trans Multimed,2018,20(12):3252-3265.

[20] DING D,RAM S,RODRÍGUEZ JJ. Image inpainting using nonlocal texture matching and nonlinear Filtering[J]. IEEE Trans Image Process,2018,28(4):1705-1719.

[21] JIANG W. Rate-distortion optimized image compression based on image inpainting[J]. Multimed Tools Appl,2016,75(2):919-933.

[22] ZENG J X,FU X,LENG L,et al. Image inpainting algorithm based on saliency map and gray entropy [J]. Arabian J Sci Eng,2019,44(4):3549-3558.

[23] LI H D,LUO W,HUANG J. Localization of diffusion-based inpainting in digital images[J]. IEEE Trans Inf Forensics Secur,2017,12(12):3050-3064.

[24] JIN X,SU Y,ZOU L, et al. Sparsity-based image inpainting detection via canonical correlation analysis with low-rank constraints[J]. IEEE Access,2018,6:49967-49978.

[25] MO J C,ZHOU Y C. The research of image inpainting algorithm using self-adaptive group structure and sparse representation[C]//International Conference on Cluster Computingt,2018,22(1):1-9.

[26] 梁龙. 基于样本的图像修复算法在唐墓壁画上的应用[D]. 西安:西安建筑科技大学,2013.

[27] 王闪,吴秦.基于马尔可夫随机场模型的运动对象分割算法[J]. 传感器与微系统,2016,35(007): 113-115,119.

[28] LI H,LUO W,HUANG J. Localization of diffusion-based inpainting in digital images[J]. IEEE Transactions on Information Forensics and Security,2017,12(12):3050-3064.

[29] LI K,WEI Y,YANG Z,et al. Image inpainting algorithm based on TV model and evolutionary algorithm[J]. Soft Computing-A Fusion of Foundations,Methodologies and Applications,2016,20 (3):885-893.

[30] JIANG L,ZHANG Z. Research on image classification algorithm based on PyTorch[C]. Journal of Physics:Conference Series. IOP Publishing,2021,2010(1):012009.

[31] 黄玉萍,梁炜萱,肖祖环. 基于 TensorFlow 和 PyTorch 的深度学习框架对比分析[J]. 现代信息科技,2020,4(04):80-82.

[32] FLORENCIO F,VALENÇ T,MORENO E D,et al. Performance analysis of deep learning libraries:

智能图像处理

tensorflow and PyTorch[J]. J Comput Sci,2019,15(6):785-99.

[33]　ZHOU W Y,YANG G M,HU S M. Jittor-GAN:a fast-training generative adversarial network model zoo based on Jittor[J]. Computational Visual Media,2021,7(01):153-157.

[34]　LI H A,ZHANG M,YU K P,et al. A displacement estimated method for real time tissue ultrasound elastography[J]. Mobile Networks and Applications,2021,26(3):1-10.

[35]　陈守刚. 基于直方图均衡化的彩色图像增强研究[J]. 重庆三峡学院学报,2011,027(003):74-77.

[36]　董丽丽,丁畅,许文海. 基于直方图均衡化图像增强的两种改进方法[J]. 电子学报,2018,046(010):2367-2375.

[37]　刘德全,崔涛,杨雅宁. 局部对比度自适应直方图均衡化图像增强的算法研究[J]. 信息与电脑(理论版),2016,000(007):79-80.

[38]　谢晴. 基于空间域的图像增强方法的研究与实现[J]. 计算机光盘软件与应用,2013(01):215-216.

[39]　江丽. 基于Matlab空间域算法的图像增强技术的研究与应[J]. 电子设计工程,2016,024(022):131-133,137.

[40]　LI H A,FAN J W,ZHANG J,et al. Facial image segmentation based on Gabor filter[J]. Mathematical Problems in Engineering,2021(1):6620742.

[41]　杨永勇,林小竹. 彩色图像增强的几种方法研究比较[J]. 北京石油化工学院学报,2006(03):47-51.

[42]　LI H A,DU Z M,ZHANG J,et al. A retrieval method of medical 3D models based on sparse representation[J]. Journal of Medical Imaging and Health Informatics,vol. 2019,9(9):1988-1992.

[43]　LI H A,ZHANG M,YU K,et al. A new ultrasound elastography displacement estimation method for mobile telemedicine[C]//International Conference on Mobile Networks and Management. Springer,Cham,2020:284-297.

[44]　尹宝才,王文通,王立春. 深度学习研究综述[J]. 北京工业大学学报,2015,41(1):48-59.

[45]　冯宇旭,李裕梅. 深度学习优化器方法及学习率衰减方式综述[J]. Hans Journal of Data Mining,2018,8(4):186-200.

[46]　LI H A,LI Z L,DU Z M. A reconstruction method of compressed sensing 3D medical models based on the weighted 0-norm[J]. Journal of Medical Imaging and Health Informatics,2017,7(2):416-420.

[47]　LI H A,ZHANG M,YU Z H,et al. An improved pix2pix model based on Gabor filter for robust color image rendering[J]. Mathematical Biosciences and Engineering,2022,19(1):86-101.

第3章 网络模型基础

人工神经网络借鉴了生物神经细胞的功能，通过拟合函数来实现分类、预测等任务。然而，单一神经元的能力有限，不足以处理复杂的问题。因此，我们需要构建由多个神经元相互连接而成的网络，以协作完成更为复杂的任务。随着研究的深入，已经发展出许多经典的神经网络模型，包括卷积神经网络（CNN）、残差网络（Residual Network，ResNet）、循环神经网络（Recurrent Neural Network，RNN）、长短期记忆网络（LSTM）、门控循环单元（GRU）和生成对抗网络（Generative Adversarial Networks，GAN）。这些模型在模式识别、推荐系统、数据处理分析、知识工程、专家系统、机器人控制、图像生成等多个领域得到了广泛应用。本章将重点介绍几种神经网络模型，包括基于有监督学习的 CNN，以及基于无监督学习的变分自编码器（Variational Auto-Encoders，VAE）和 GAN 等，并对它们的优缺点和适用场景进行对比分析。特别是对于在计算机视觉任务中广泛使用的 GAN，我们将深入探讨其激活函数和损失函数，分析如何提高模型的稳定性。最后，我们将总结一些常见的深度学习框架，并对比分析它们各自的优势。这将帮助读者根据特定需求选择合适的框架，以提高开发效率和模型性能。

3.1 卷积神经网络

3.1.1 卷积神经网络概述

卷积神经网络的人工神经元可以对覆盖区域内的一部分周围单元作出反应，处理大型图像非常出色，尤其是通过调整大小、缩放和其他形式的变形来识别二维形状。卷积神经网络是一种有效的识别技术，已经引起了很多人的关注。近年来卷积神经网络已经渗透到许多科学领域中，尤其是在模式分类领域，因为它避免了复杂的图像预处理，可以直接通过原始图像进行分析与学习，因此被广泛使用。后来的研究人员对这个网络进行了完善，代表成果有亚历山大等人提出的"改进的认知机"，该研究结合了几种改进方法的优点，避免了耗时的错误回溯。

一般来说，CNN 的基本结构由两层组成，第一层是特征提取层，每个神经元的输入映射到前一层的局部接收区域，然后从该区域提取特征。除了局部特征外，还定义了它们相对于其他特征的相对位置。第二层是特征映射层，每个计算网络层由多个特征映射组成，每个特征映射是一个平面，所有神经元的权值相同。映射函数将以核函数为影响函数的Sigmoid函数作为卷积网络的激活函数。另外，由于神经网络在映射面上具有共同的权值，减少了网络中自由参数的数量。神经网络在每层卷积后都有一个计算层，用于局部平均和二次提取。

CNN 的卷积运算的原始公式如下：

$$\int_{-\infty}^{+\infty} f(\tau)g(x-\tau)\mathrm{d}\tau \tag{3.1}$$

式(3.1)中的 $f(\tau)$，$g(x-\tau)$ 是积分的连续函数。将连续卷积的概念推广到离散序列，即卷积过程的离散形式：

$$(f,\,g(x)) = \sum_{\tau=-n}^{n} f(\tau)g(x-\tau) \tag{3.2}$$

加入偏置的公式为

$$F(x)=(f,\,g(x))+b(x) \tag{3.3}$$

其中，$b(x)$ 是卷积运算产生的偏置。

卷积层利用卷积核计算特征图的特征值区域。卷积运算取输入数据，根据卷积核的大小计算对应关系。如图 3.1 所示，输入数据中的 4 个值 1、2、4、5 对应卷积核中的 0、1、2、3，将相应的 0、2、8、15 四个数字相加，得到特征值 25。其余位置对应的特征值可以通过变换卷积核得到。

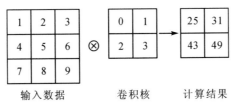

输入数据　　　　卷积核　　　计算结果

图 3.1　卷积计算

在图 3.1 中，输入的数据尺寸为 $3\times3\times1$，卷积核尺寸为 $2\times2\times1$。在转换输入数据后，图像的大小被调整。以下公式用于计算特征图的大小：

$$
\begin{aligned}
H_{\mathrm{out}} &= H - k_{\mathrm{h}} + 1\\
W_{\mathrm{out}} &= W - k_{\mathrm{w}} + 1
\end{aligned}
\tag{3.4}
$$

其中，k_{h} 和 k_{w} 代表卷积核的高和宽，H 和 H_{out} 分别为卷积运算前后特征图高度，W 和 W_{out} 分别为卷积运算前后特征图宽度。

CNN 主要用于二维模式识别，由于变换、缩放等变形形式具有不变性，因此这一功能主要由聚类层实现。由于神经网络的特征识别层是直接从训练数据中学习的，避免了明显的特征提取。另外，由于特征映射的同一区域内的神经元具有相同的权值，因此网络可以并行学习，这是卷积神经网络的主要特征，也是神经网络的连通性表现。卷积神经网络由于其独特的局部权值分布结构，在语音识别和图像处理中具有独特的优势。另外，由于权值的分布降低了网络的复杂度，特别是可以直接将具有多维输入向量的图像输入到网络中，从而避免了特征提取和分类过程中数据重建的复杂性。图 3.2 为构建卷积神经网络的一个例子。

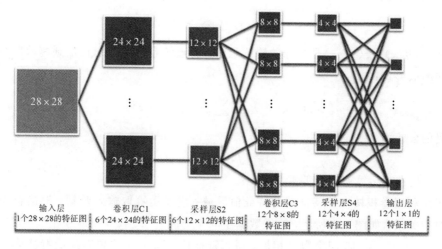

图 3.2　卷积神经网络结构图

3.1.2　CNN 发展史

1980 年，日本科学家 Kunihiko Fukushima 设计了一个名为"Neocognitron"的神经网络，它是基于生物体的视觉皮层。Neocognitron 是一个深度神经网络，是最早提出的深度学习算法之一，包含交替的 S 层和 C 层隐含层。S 层在感受野中提取图像特征，C 层从不同的感受野中接收相同的特征并作出反应。Neocognitron 中的 S 层和 C 层的组合能够提取和过滤特征，并部分执行卷积神经网络中卷积层和连接层的功能，因此也被称为连接层。传统神经网络中连接层的功能被认为是对传统神经网络的基础研究的启发。

第一个卷积神经网络是 Alexander Waibel 等人在 1987 年提出的，用于语音识别，其输入是一个预处理的语音信号，隐含层由两个一维卷积核组成，用于提取频域、翻译不变的特征。

1988 年，张伟提出了第一个二维卷积神经网络，即移位变异人工神经网络（Shift Invariance Artificial Neural Network，SIANN），并将其应用于医学图像识别。LeNet 也是最早的卷积神经网络之一，它主要包括两个卷积层和两个全连接层，共有 60 000 个学习参数，比 TDNN 和 SIANN 多得多，结构上与现代卷积神经网络接近。此外，LeCun 是第一个使用"卷积"一词来描述神经网络结构的人，因此该网络被称为"卷积神经网络"。

2006 年引入深度学习理论后，通过更新数值计算工具可以使卷积神经网络的表征学习能力得到改善。从 2012 年的 AlexNet 开始，由 GPU 计算集群支持的复杂卷积神经网络已经被反复用于大型 ImageNet 视觉识别任务，并在 ILSVRC(ImageNet Large Scale Visual Recognition Challenge)中助力多个获胜算法，AlexNet 使用 ReLU 作为激活函数，并验证了其对深层网络的影响超过了 Sigmoid，成功解决了深层网络中 Sigmoid 梯度的扩散问题；使用 Dropout、数据放大和其他技术来避免过度拟合；使用重叠的最大池化而不是平均池化来避免过度拟合；提出 LRN 层为局部神经元活动建立竞争机制，识别反应相对较高的数值，压制其他反馈较低的神经元，从而提高模型泛化能力，减少过拟合现象的产生。

这些改进使得网络层数得到进一步的加深。与 AlexNet 相比，经典的卷积神经网络 VGG-Net 只有更多的层数，没有引入任何特别的结构创新。GoogLeNet 的主要创新点是提出了 Inception 结构，可以看到其他卷积神经网络都在想办法让层数变深，然而，在 GoogLeNet 中，卷积核基于网状的理念进行了改进，将原来的线性卷积层转化为多级感知卷积层，使卷积核更适合于特征提取。全局平均连接层被用来取代最后一个完全连接层，去掉完全连接层可以显著减少参数数量，降低拥挤程度。

ResNet 通过引入残差连接使得模型层数进一步加深。DenseNet 提出了紧耦合的概念，即网络结构中的每两层都是直接相连的，每一层的输入都是之前所有层的输出的并集。紧耦合缓解了梯度消失的问题，改善了特征分散性，并大大减少了参数的数量。

从以上经典的 CNN 模型中，我们可以看到，其实 CNN 的设计主要还是集中在增加层数上。主要原因是卷积核只能提取局部特征，为了在不改变卷积核大小的情况下提取连续特征，只能增加模型中的层数，以加深卷积层次。

3.1.3　经典网络模型

1. LeNet-5 模型

LeNet-5 模型遵循 LeCun 学习策略，在原模型上增加了一个聚合层来过滤输入特征。LeNet-5 被认为是 CNN 的经典入门级神经网络模型，而它之所以能沿用这么久，并不是因为模型训练得有多好，而是因为该模型的结构几乎是最简单的深度学习神经网络模型。

LeNet-5 模型如图 3.3 所示，是一个具有 8 个深度层的卷积神经网络。卷积层可以改善初始信号特性，减少噪声。聚类层利用图像相关原理对图像进行采样，减少了参数的数量和对模型的过度拟合，同时保留了一些有用的信息。

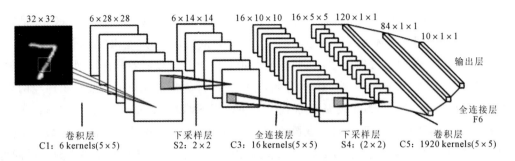

图 3.3 LeNet 网络模型框架

2. VGG 模型

在 2014 年的 ILSVRC 比赛中，VGG 模型的应用频率排在 GoogLeNet 之后，但在几个迁移学习任务中的表现超过了 GoogLeNet，是从图像中提取 CNN 特征的首选算法。缺点是参数数量为 140 M，需要更多内存。然而，这种模式的研究价值是不可否认的。

VGG 模型于 2014 年被 Simonyan 和 Zisserman 提出，VGG 模型中最受欢迎的为 VGG-16 模型。VGG-16 模型的参数如表 3.1 所示。

表 3.1　VGG-16 模型参数

结　构	输入大小	结　构	输入大小
Input(chanel=3)	224×224×3	Conv3-256	56×56×256
Conv3-64	224×224×64	Maxpool	28×28×256
Conv3-64	224×224×64	Conv3-512	14×14×512
Maxpool	112×112×64	Conv3-512	14×14×512
Conv3-128	112×112×128	Conv3-512	14×14×512
Conv3-128	112×112×128	Maxpool	7×7×512
Maxpool	56×56×128	FC1	1×1×4096
Conv3-256	56×56×256	FC2	1×1×4096
Conv3-256	56×56×256	Softmax	1000

VGG-16 网络主要分为三层，其中网络的第一层是有 13 层的卷积层，第二层则是连续三层的全连接层，其中全连接层的参数数量通过离散化减少，第三层是用于目标分类的 Softmax 分类器层。所有 ReLU 函数都被用作 VGG-16 模型的激活函数。

3. ResNet 模型

残差网络由微软研究院中四名华人提出，他们通过引入残差块的网络模块，在加深网络结构的同时使网络提取的特征更具效果。ResNet 基于 VGG 网络的结构，被修改为在其他单元中加入了跳跃机制。ResNet 的基本设计原则是，如果元素图的大小减半，元素图的数量就会增加一倍，从而保持网络层的复杂性。与传统网络相比，ResNet 在每两层之间引入了跳跃机制，从而确保了残差学习。

ResNet 模型的参数较少，因此识别率比 VGG 网络高。ResNet 网络采用了将每一层连接到另一层的想法，即在网络的各层中加入直接连接的通道，通过将数据映射到 ResNet 网络的其他层中，将其加入计算结果。随着层数的增加，这种跳跃连接可以在一定程度上缓解梯度消失或爆炸的问题。图 3.4 显示了 ResNet 网络的基本结构。

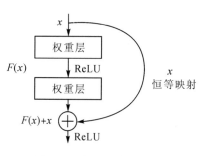

图 3.4　残差连接结构图

如图 3.4 所示，输入 x 进入第一层权重层后得到映射函数 $F(x)$；使用 ReLU 激活函数进入第二层权重层，同时，加入输入 x 的跳跃连接，最终得到映射函数 $F(x)+x$。这种结构的优势表现在能使浅层特征直接映射到深层，从而加深了网络层次之间的沟通。

ResNet 模型的模块定义 Python 代码如下：

```python
import torch. nn as nn
import math
import torch. utils. model_zoo as model_zoo
class ResNet(nn. Module):
    # 定义 ResNet 网络的类模块
    def __init__(self, block, layers, num_classes=1000):
        self. inplanes = 64
        super(ResNet, self). __init__()
        # 声明网络输入部分
        self. conv1 = nn. Conv2d(3, 64, kernel_size=7, stride=2, padding=3, bias=False)
        self. bn1 = nn. BatchNorm2d(64)
        self. relu = nn. ReLU(inplace=True)
        self. maxpool = nn. MaxPool2d(kernel_size=3, stride=2, padding=1)
        # 声明中间卷积部分
        self. layer1 = self. _make_layer(block, 64, layers[0])
        self. layer2 = self. _make_layer(block, 128, layers[1], stride=2)
        self. layer3 = self. _make_layer(block, 256, layers[2], stride=2)
        self. layer4 = self. _make_layer(block, 512, layers[3], stride=2)
        # 平均池化和全连接层的定义
        self. avgpool = nn. AvgPool2d(7, stride=1)
        self. fc = nn. Linear(512 * block. expansion, num_classes)
```

4. SPPNet 模型

空间金字塔池化网络(Spatial Pyramid Pooling Network,SPPNet)在 2014 年 ILSVRC 物体分类比赛中获得第三名,在物体检测比赛中获得第二名,与其他模型相比,其准确性仅有小幅提高,但在训练和测试时间上有明显改善(提高了 24～102 倍)。SPPNet 模型的引入不仅使网络在训练时忽略了图像大小,而且还略微提高了网络的识别精度。SPPNet 模型充分利用空间关系,从输入图像中提取特征,与以前的网络模型相比,降低了图像的大小。因此,得到的特征图大小均匀,可以很容易地转移到全连接层。图 3.5 说明了 SPPNet 模型的基本结构。

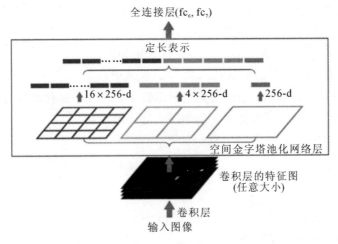

图 3.5　SPPNet 模型

SPPNet 模型的基本思想是在卷积后将一个特征图(任意大小)分成三个大小为 16、4 和 1 的特征图,对这三个特征图进行聚类操作,并将聚类后的特征合并为一个固定维度的输出。对于卷积和集群网络层,输入的大小并不影响计算,但全耦合层的参数与数据大小有很大关系,SPPNet 网络通过固定聚类数据的大小,完美解决了全耦合层数据对应的参数问题。

3.2　变分自编码器

3.2.1　变分自编码器概述

变分自编码器(VAE)作为深度生成模型的一种形式,是 Kingma 等人在 2014 年提出的基于变分贝叶斯(Variational Bayes,VB)推理的生成网络结构。VAE 一经提出,就迅速在深度生成模型领域得到了广泛的关注,与传统的自编码器用数值方法描述势空间不同,自编码器用概率描述势空间,在数据生成中有很大的应用价值。零和生成性对抗网络被认为是无监督学习领域最有价值的方法之一，在深度生成模型领域得到了越来越多的应用。

传统的自编码器模型主要由编码器（Encoder）和解码器（Decoder）两部分组成。如图3.6 所示，在该模型中，经过反复训练，输入数据最终被转换成一个编码向量，其中每个维度代表数据的一些学习特征，每个维度中的值代表该特征的性能。随后，解码器网络接收这些值并尝试重建原始输入。

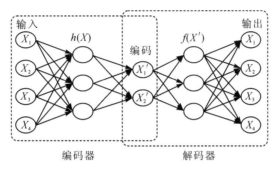

图 3.6　自编码器模型

举一个例子来加深对自编码器的理解，假设任何肖像画都可以由肤色、表情、发型和性别等多个特征的值唯一确定，在将肖像画输入自动编码器（如图 3.7 所示）后，将获得肤色和表情等特征值的向量 X'，然后解码器将根据这些特征的值重建原始输入的肖像画。

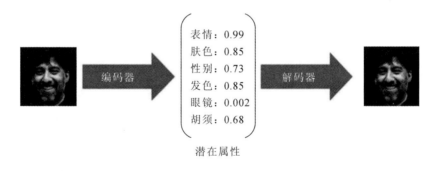

图 3.7　VAE 解码器

使用单个值来描述输入图像在潜在特征上的表现。但在实际情况中，可能更多时候倾向于将每个潜在特征表示为可能值的范围。例如输入蒙娜丽莎的照片，将微笑特征设定为特定的单值（相当于断定蒙娜丽莎笑了或者没笑）显然不如将微笑特征设定为某个取值范围（例如将微笑特征设定为 x 到 y 范围内的某个数，这个范围内既有数值可以表示蒙娜丽莎笑了又有数值可以表示蒙娜丽莎没笑）更合适。而变分自编码器便是用"取值的概率分布"代替原先的单值来描述对特征的观察的模型，如图 3.8 右半部分所示，经过变分自编码器的编码，每张图像的微笑特征不再是自编码器中的单值而是一个概率分布。

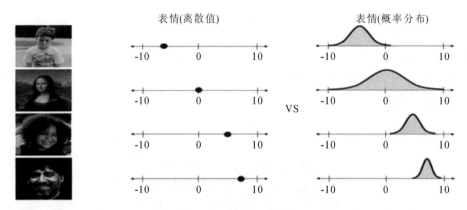

图 3.8 量化潜在特征

通过这种方式，将以概率分布表示给定输入的每个潜在特征。当从潜在状态解码时，将从每个潜在状态分布中随机采样，并生成一个向量作为解码器模型的输入（如图 3.9 所示）。

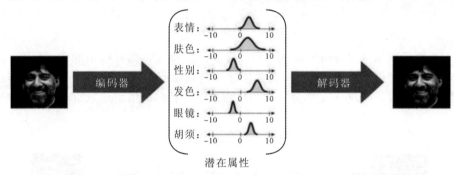

图 3.9 VAE 编码解码示意图

通过上述编码和解码过程，我们基本上实现了一个连续、平滑的势空间表示。对于所有具有潜在分布的样本，我们希望解码器模型能够准确地重建输入。因此，在潜在空间中彼此相邻的值应对应于非常相似的重建（如图 3.10 所示）。

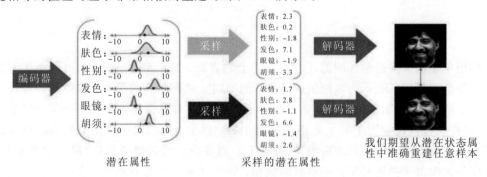

图 3.10 解码器对样本的重构

如图 3.11 所示是 VAE 的具体结构，与自动编码器由编码器与解码器两部分构成相似，VAE 使用两个神经网络建立两个概率密度分布模型：一个是根据生成的隐变量变分概率分布恢复原始数据的近似概率分布，称为生成网络；另一个用于原始输入数据的变分推理，生成隐变量的变分概率分布，称为推理网络。

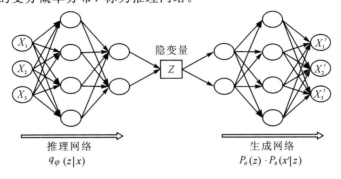

图 3.11 推理网络与生成网络

假设原始数据集为

$$X = \{x_i\}_{i=1}^N \tag{3.5}$$

每个数据样本 x_i 是随机生成的独立、连续或离散分布变量，并且生成的数据集是

$$X' = \{x'_i\}_{i=1}^N \tag{3.6}$$

假设过程产生隐藏变量 Z，即 Z 是决定 X 属性的神秘原因（特征）。可观测变量 X 是高维空间中的随机向量，不可观测变量 Z 是相对低维空间中的随机向量。生成模型可分为两个过程：

（1）推理网络，隐藏变量 Z 后验分布的近似推断过程：

$$q_\varphi(z|x) \tag{3.7}$$

（2）生成网络，生成变量 X' 的条件分布生成过程：

$$P_\theta(z)P_\theta(x'|z) \tag{3.8}$$

VAE 的"编码器"和"解码器"的输出是受参数约束的变量的概率密度分布，而不是特定的编码。虽然 VAE 的整体结构与 AE 相似，但其工作原理与 AE 完全不同。VAE 模块的 Python 主要代码如下：

```python
from torch import nn
import torch
import torch. nn. functional as F
class VAE(nn. Module):
    def __init__(self, input_dim=784, h_dim=400, z_dim=20):  # 调用父类初始化模块的 state
        super(VAE, self). __init__()
        self. input_dim = input_dim
```

```
        self. h_dim = h_dim
        self. z_dim = z_dim
        # 编码器：[b, input_dim] => [b, z_dim]
        self. fc1 = nn. Linear(input_dim, h_dim)    # 第一个全连接层
        self. fc2 = nn. Linear(h_dim, z_dim)    # mu
        self. fc3 = nn. Linear(h_dim, z_dim)    # log_var
        # 解码器：[b, z_dim] => [b, input_dim]
        self. fc4 = nn. Linear(z_dim, h_dim)
        self. fc5 = nn. Linear(h_dim, input_dim)
    def forward(self, x):
# 向前传播部分，在 model_name(inputs)时自动调用，x——训练模型的输入，形状为[b, batch_size, 1,
28, 28], return——训练模型的结果
        batch_size = x. shape[0]    # 每一批含有的样本的个数
        # flatten  [b, batch_size, 1, 28, 28] => [b, batch_size, 784]
        x = x. view(batch_size, self. input_dim)    # 一行代表一个样本
```

3.2.2　变分自编码器推导

变分自编码器学习隐藏变量(特征)Z的概率分布。因此，给定输入数据x，可变自动编码器的推理网络输出应为后验分布$p(z|x)$。但后验分布本身并不容易找到。因此，一些学者提出了另一个可扩展的分布来近似$p(z|x)$。通过深度网络学习到$q(z|x)$的参数可以逐步优化，使$p(z|x)$与$q(z|x)$非常类似，从而可以用来近似复杂的分布。

为了使q和p这两个分布尽可能地相似，我们可以最小化两个分布之间的 KL 散度，如式(3.9)，KL 散度的作用简单来说就是衡量两个分布之间的距离，值越小两者越相近，值越大两者差距越大。

$$\min KL(q(z|x) \parallel p(z|x)) \tag{3.9}$$

因为$q(z|x)$为分布函数，所以有$\sum_z (q|x) = 1$，所以

$$L = \log(p(x)) = \sum_z q(z|x)\log(p(x)) = \sum_z q(z|x)\ln\left(\frac{p(z,x)}{p(z|x)}\right) \tag{3.10}$$

因为 KL 散度是大于等于 0 的，所以$L \geqslant L^V$，L^V被称为L的变分下界。又因为$p(x)$是固定的，即L是一个定值，我们想要最小化p和q之间散度的话，便应使得L^V最大化，而

$$L^V = \sum_z q(z|x)\ln\left(\frac{p(x|z)p(z)}{q(z|x)}\right)$$

$$= \sum_z q(z|x)\ln\left(\frac{p(z)}{q(z|x)}\right) + \sum_z q(z|x)\ln(p(x|z))$$

$$= D_{KL}(q(z|x) \parallel p(z)) + E_{z \sim q(z|x)}(\ln(p(x|z))) \tag{3.11}$$

要最大化式(3.11)，也就是要最小化 $q(z|x)$ 和 $p(z)$ 的 KL 散度，同时最大化上式最后一个等号右边式子的第二项。因为 $q(z|x)$ 是利用一个深度网络来实现的，我们事先假设 Z 服从高斯分布，也就是要让推理网络(编码器)的输出尽可能地服从高斯分布。

已知 $p(z)$ 服从正态高斯分布 $p_\theta(z) = n(0, I)$：

$$q_\varphi(z|x) = N(Z; \mu_Z(x, \varphi), \sigma_z^2(X, \varphi)) \tag{3.12}$$

根据 KL 散度的定义，L^V 第一项(L_1)可以分解为以下几项：

$$L_1 = \int q_\varphi(z|x) \ln P(z) \mathrm{d}z - \int q_\varphi(z|x) \ln q_\varphi(z|x) \mathrm{d}z \tag{3.13}$$

然后分为两项分别进行求导：

$$
\begin{aligned}
\int q_\varphi(z|x) \ln q_\varphi(z|x) \mathrm{d}z &= \int N(z; \mu, \sigma^2) \ln N(z; \mu, \sigma^2) \mathrm{d}z \\
&= E_{Z \sim N(\mu, \sigma^2)} \left[\ln N(z; \mu, \sigma^2) \right] \\
&= E_{Z \sim N(\mu, \sigma^2)} \left[\ln N \left(\frac{1}{\sqrt{2\pi\sigma^2}} \mathrm{e}^{\frac{(z-\mu^2)^2}{2\sigma^2}} \right) \right] \\
&= -\frac{1}{2} \ln 2\pi - \frac{1}{2} \ln \sigma^2 - \frac{1}{2\sigma^2} E_{Z \sim N(\mu, \sigma^2)} \left[(z-\mu)^2 \right] \\
&= -\frac{1}{2} \ln 2\pi - \frac{1}{2} (\ln \sigma^2 + 1)
\end{aligned}
\tag{3.14}
$$

最后得出 L_1 的值：

$$L_1 = \frac{1}{2} \sum_{j=1}^{J} \left[1 + \ln((\sigma_j)^2) - (\mu_j)^2 - (\sigma_j)^2 \right] \tag{3.15}$$

我们的目的就是将式(3.15)最大化。接下来我们最大化 L^V 的第二项 L_2，关于 p 和 q 的分布如下：

$$
\begin{aligned}
q_\varphi(z|x) &= N(\mu(x, \varphi), \sigma^2(x, \varphi) \cdot I) \\
p_\theta(z|x) &= N(\mu(x, \theta), \sigma^2(x, \theta) \cdot I)
\end{aligned}
\tag{3.16}
$$

对数似然期望的求解将是一个非常复杂的过程，因此使用 MC 算法，可得

$$L_2 = E_{q(z|x)}(\ln(p(x|z))) \approx \frac{1}{L} \sum_{i=1}^{L} \ln p(x|z^{(l)}) \tag{3.17}$$

其中，$z^{(l)} \sim q(z|x)$。最后，根据上面假设的分布，我们不难计算出使得 L_2 取最大值时的 $q_\varphi(z|x)$。至此，推理网络部分推导完毕。

3.2.3 变分自编码器的应用

1. 图像生成

基于 Fashion-MNIST 数据集设计一个对比实验。编码器处理[28,28,1]大小的数据样本，将其编码为 50 维的潜在表示，然后输入解码器以生成新样本。图 3.12 是经典模型

VAE、SAVAE、VAE＋HF、β-VAE 和 VLAE 随机生成的样本图。图 3.12（a）显示了 Fashion-MNIST 数据集上几个模型随机生成的样本。

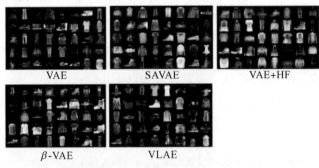

（a）模型随机生成的 Fashion-MNIST 样本图

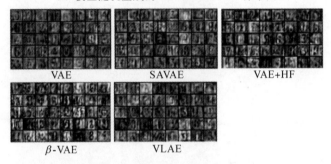

（b）模型随机生成的 SVHN 样本图

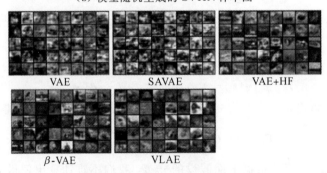

（c）模型随机生成的 CIFAR10 样本图

图 3.12　随机生成样本示意图

　　然后，基于 SVHN 数据集进行对比实验。编码器接收的数据样本量为[32，32，3]，其他参数设置和网络结构与上述模型一致。图 3.12(b)显示了 SVHN 数据集上每个模型的随机生成样本。最后，基于 CIFAR10 数据集进行对比实验。输入编码器的数据样本量同样是[32，32，3]，其他参数设置和网络结构同上。图 3.12(c)显示了 CIFAR10 数据集上每个模型的随机生成样本。

智能图像处理

2. 对抗变分拉普拉斯自编码器

VAE 有一个很大的问题，那就是解码生成的图像往往会产生模糊。这与 VAE 如何实现数据分布以及如何计算损失函数有关。VAE 中作为重构误差目标的平方误差属于元素测量。虽然元素测量非常简单，但它不适用于图像数据，因为它不能模拟人类视觉感知的属性。由于 GAN 生成的图像非常清晰且具有对峙过程，因此可以使用 GAN 中的判别器来测量样本的相似性，从而实现对抗变分拉普拉斯自编码器。

基于 MNIST 和 CelebA 数据集进行对比实验。编码器接收输入数据，将其编码为 20 维均值和协方差，然后与服从标准正态分布的噪声进行比较。重新参数化形成新的 20 维表示，将其放入解码器中生成新图像，然后使用判别器判断它是生成的假图像还是输入的真实图像。以下是 VAE、VLAE 和 VAE-GAN 模型随机生成的示例图。VAE、VLAE 和 VAE-GAN 模型使用相同的编解码器网络结构。每个模型生成的图像如图 3.13 所示。

模型生成图像

（a）对抗变分自编码器随机生成的 MNIST 样本图

（b）对抗变分自编码器随机生成的 CelebA 样本图

图 3.13 模型生成图像

3.3 GAN

3.3.1 GAN 概述

生成对抗网络是一种深度学习模型，是近年来复杂分布上无监督学习最具前景的方法之一。生成对抗网络模型通过框架中的生成模型（Generative Model）和判别模型（Discriminative Model)的互相博弈学习生成新的、与真实数据相似的数据样本。自从 Goodfellow 于 2014 年提出这个想法之后，生成对抗网络就成了深度学习领域内较热门的一个概念，很多学者认为 GAN 的出现将会大大推进 AI 向无监督学习方面发展。GAN 模型结构如图 3.14 所示。

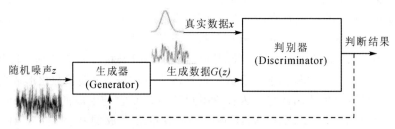

图 3.14　GAN 模型

生成对抗网络分三个部分：生成、判别和对抗。生成和判别指的是两个独立模块，其中生成器(Generator)负责生成新的数据样本，通常从一个简单的分布(如高斯分布或均匀分布)中采样噪声作为输入，然后转换成与真实数据相似的样本；判别器(Discriminator)是一个二分类器，其任务是区分生成器生成的假样本和真实数据集中的真实样本，通常它会给出一个概率，代表着内容的真实程度。生成器和判别器可以由各种神经网络构造，不管是擅长处理图像的 CNN 还是常见的全连接，只要能完成相应的功能就可以。对抗指的是 GAN 的交替训练过程，以图像生成为例，先让生成器产生一些假图像，和收集到的真图像一起交给判别器，让它学习区分两者，给真的高分，给假的低分。当判别器能够熟练判断现有的数据后，再让生成器以从判别器处获得高分为目标，不断生成更好的假图像，直到能骗过判别器，重复进行这一过程，直到判别器对任何图像的预测概率都接近 0.5，也就是无法分辨出图像的真假就停止训练。

训练 GAN 的最终目标是获得一个足够好用的生成器，也就是可以生成以假乱真的内容。GAN 的目标函数公式如式(3.18)所示，定义为 $V(D,G)$，其中 $D(x)$ 和 $G(z)$ 为生成网络和判别网络的损失函数；x 是一个真实图像，$P_{\text{data}}(X)$ 是真实数据集；z 是噪声数据，噪声数据符合 $P_z(z)$ 分布；E 为损失函数的数学期望。判别器想办法增加 V 的值，生成器想办法减少 V 的值，二者在相互对抗。

$$V(D, G) = E_{z \sim p_{\text{data}}(x)}\big[\log D(x)\big] + E_{z \sim p_z(z)}\big[\log(1 - D(G(z)))\big] \qquad (3.18)$$

基于 PyTorch 和生成对抗网络的部分 Python 代码如下所示。其中，生成器的功能是将一个输入噪声通过几次全连接层后转换为和初始定义的图像大小一样的维度，并且每经过一次全连接层后都使用了 Leaky ReLU 激活函数，在最后一次全连接层完成后使用了 Tanh 激活函数。判别器将定义图像大小的维度通过几次全连接层变为一个一维的数值，并且每经过一次全连接层后都使用了 Leaky ReLU 激活函数，最后再使用 Sigmoid 激活函数转换为一个 0 到 1 之间的数值,用来表示图像真假的概率。

```python
class Generator(nn. Module):
    def __init__(self):
        super(Generator, self).__init__()
        def block(in_feat, out_feat, normalize=True):
            # 三个参数分别是输入维度、输出维度和是否归一化,将输入噪声维度全连接为输出的维度
            layers = [nn. Linear(in_feat, out_feat)]  # 全连接,参数分别是输入维度、输出维度
            if normalize:
                layers. append(nn. BatchNorm1d(out_feat, 0.8))
                            # BatchNorm 是训练过程中使每一层神经网络的输入保持相同分布的方法
            layers. append(nn. LeakyReLU(0.2, inplace=True))  # 使用 Leaky ReLU 激活函数
            return layers
        self. model = nn. Sequential(
            * block(opt. latent_dim, 128, normalize=False),  # 100 维的输入噪声,输出为 128 维
            * block(128, 256),
            * block(256, 512),
            * block(512, 1024),
            nn. Linear(1024, int(np. prod(img_shape))),  # 将 1024 维全连接成定义的图像大小的维度
            nn. Tanh()  # 最后使用 Tanh 激活函数
        )
class Discriminator(nn. Module):
    def __init__(self):
        super(Discriminator, self).__init__()
        self. model = nn. Sequential(
            nn. Linear(int(np. prod(img_shape)), 512),  # 将定义的图像大小的维度全连接成 512 维
            nn. LeakyReLU(0.2, inplace=True),  # 使用 Leaky ReLU 激活函数进行原地操作
            nn. Linear(512, 256),
            nn. LeakyReLU(0.2, inplace=True),
            nn. Linear(256, 1),
            nn. Sigmoid(),  # 最后使用 Sigmoid 激活函数
        )
```

在 GAN 发展时期产生了许多经典的网络,如 CGAN(Conditional Generative Adversarial Network)、DCGAN、WGAN(Wasserstein Generative Adversarial Network)、StyleGAN、BigGAN、Pix2Pix、Age-cGAN、CycleGAN 等。下面讨论一些经典 GAN 模型。

1. CGAN

条件生成对抗网络是对原始 GAN 进行了一个改进,通过给原始 GAN 的生成器和判别器添加额外的条件信息(这里记为 y),作为输入层的一部分,从而实现条件生成模型。CGAN 的核心就是把条件信息加入生成器和判别器中。从图 3.15 中可以看出,CGAN 并没有改变 GAN 的网络模型,只改变了生成器和判别器中输入的数据。

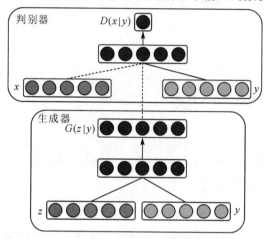

图 3.15 CGAN 网络模型

2. DCGAN

DCGAN 网络是 CNN 与 GAN 的一种结合,将卷积神经网络引入生成模型进行无监督训练,利用卷积网络强大的特征提取能力来提高生成网络的学习效果。这是第一次尝试将卷积神经网络加入 GAN 中,并且取得了很好的效果。在 DCGAN 中,判别器网络实际上就是一个 CNN,而生成器网络刚好和 CNN 相反,使用反卷积(也称转置卷积)进行上采样。生成器网络模型如图 3.16 所示。

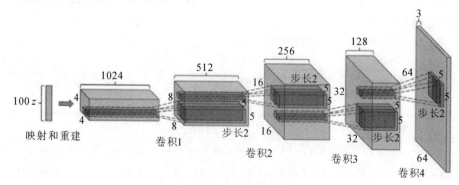

图 3.16 生成器网络模型

DCGAN 对卷积神经网络的结构进行了一些改变，以提高样本的数量和收敛的速度。这些改变有：取消池化层，在生成器中使用转置卷积进行上采样，而在判别器中使用带有步长的卷积来代替池化层；在生成器中，除了最后一层使用 Tanh 激活函数外，其他层都使用 ReLU 激活函数，而在判别器中，除了输出层外，所有层都使用 Leaky ReLU 激活函数；去掉全连接层，使网络变为全卷积网络，这有助于模型学习到更丰富的特征表示。图 3.16 是生成器网络模型，刚开始是一个 100 维的噪声图像，然后转为一个 $4\times4\times1024$ 的结构，反卷积完得到了 $8\times8\times512$ 的结构，一直到最后反卷积成一个 $5\times5\times3$ 的图像。

3. WGAN

用 GAN 生成一些内容的时候非常难以训练，有时会发生梯度消失和梯度爆炸等现象，且 GAN 生成的图像也没有想象中的那么稳定，会出现图像纹理细节恢复不好的问题，而 WGAN(Wasserstein GAN)是专门为了解决 GAN 训练不稳定提出的网络结构。WGAN 主要从损失函数的角度对 GAN 做了改进，加入了梯度惩罚项。在对 WGAN 的损失函数进行改进之后，即使在全连接层上也能得到很好的表现结果，不需要再小心平衡生成器和判别器的训练程度。

GAN 网络的重点在于均衡生成器与判别器，若判别器太强，损失函数没有再下降，生成器学习不到东西，生成图像的质量便不会再有提升，反之也是。WGAN 的模型如图 3.17 所示，WGAN 对 GAN 的改进主要有：在 WGAN 中，判别器不再进行二分类任务，而是变成一个回归任务，即估计输入样本来自真实数据分布的评分，因此最后一层不使用 Sigmoid 激活函数；生成器和判别器的 Loss 函数不需要取对数；每次更新判别器的参数之后把它们的绝对值截断到不超过一个固定的常数 C；不用基于动量的优化算法(比如 Adam)。

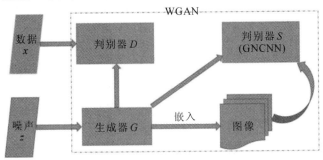

图 3.17　WGAN 模型

4. BigGAN

BigGAN 是由谷歌的一个实习生和 DeepMind 部门的两名研究人员在他们发表的论文 *Large Scale GAN Training for High Fidelity Natural Image Synthesis* 中提出的。

BigGAN通过增加参数量2～4倍,扩大 batch_size 8 倍,使 GAN 获得最大的性能提升,生成的图像足以以假乱真。这是 GAN 首次生成具有高保真度和低品种差距的图像。之前IS(Inception Score)指标的最高初始得分为 52.52,BigGAN 的初始得分为 166.3,它是当时最先进的技术,性能也提升了很多。此外,他们将初始距离 FID(是一种通过比较生成样本和真实样本在特征空间中的分布差异来衡量生成模型性能的指标)得分从 18.65 降低到9.6。这些都是令人印象非常深刻的结果。BigGAN 最重要的改进是对生成器的正交正则化。

3.3.2 CNN、VAE、GAN 模型对比

CNN、VAE、GAN 都可以进行图像处理;GAN 和 VAE 都可以由 CNN 组成;GAN 和VAE 生成数据的模式都用了随机噪声(如常用的就是高斯分布),在建模分布时,都需要度量噪声和训练数据的分布差异。它们的优缺点及适用场景如表 3.2 所示。

表 3.2 三种模型的优缺点及适用场景

模型	优点	缺点	适用场景
CNN	① 共享卷积核,处理高维数据无压力; ② 自动进行特征提取	① 需要调参,并且需要大量样本; ② 采用梯度下降算法很容易使训练结果收敛于局部最小值; ③ 池化层会丢失大量有价值信息,忽略局部与整体之间的关联性; ④ 无法知道每个卷积层提取的特征	自然语言处理、图像分类检索、视频处理、目标定位检测、人脸识别
VAE	① 直接比较重建图像和原始图像的差异; ② 保证生成能力	① 是有损的,与无损压缩算法不同; ② 没有使用对抗网络,所以会更趋向于产生模糊的图像	图像生成、音频合成
GAN	① 产生更清晰真实的样本; ② 无监督学习方式,广泛用在无监督学习和半监督学习	① 训练 GAN 需要达到纳什均衡; ② 不适合处理离散形式的数据; ③ 存在训练不稳定、梯度消失、模式崩溃的问题	图像风格迁移、图像合成、图像转换、图像修复

3.3.3 有监督学习与无监督学习

1. 概述

有监督学习是机器学习中的一个核心任务,它通过分析带有标签的训练数据集来学习一个函数,该函数能够对新的输入数据进行预测或分类。这些训练数据由一系列的训练样

本组成，每个样本包括一个输入对象（通常是一组特征向量）和一个对应的预期输出值，这个预期输出值也被称作标签或监督信号。

在有监督学习的过程中，算法的目标是识别输入数据和输出标签之间的映射关系，从而对未知数据做出准确的预测。该算法可以在标记不可见时正确确定类标记，利用已知特征或特定特征的样本作为训练集来构建数学模型（如模式识别判别、人工神经网络方法中的权重模型等），然后使用模型集来预测未知样本。常见的有监督学习算法有线性回归、BP神经网络算法、决策树、支持向量机、KNN等。

无监督学习是根据没有标签的输入数据集推测出新的结果。输入数据集由特征值组成，没有标记，对于类别未知的数据集，需要根据样本间的相似性对样本集进行分类，试图使类内差距最小化，类间差距最大化。对输入数据集学习或建立一个模型，推断出一个不确定的新结果。简而言之，在日常生活及实践应用中，很多情况下人们很难通过预先学习知道一个训练集的样本标签数量以及这些样本标签对应的类别，因而只能选择从一些训练过的不包含样本标签数据的训练集中开始进行学习以及分类器的设计。

常见的无监督学习算法有密度估计（density estimation）、异常检测（abnormly detection）、层次聚类、EM算法、K-Means算法（K均值算法）、DBSCAN算法等。

2. 不同点

（1）有无训练样本。有监督机器学习又被称为"有老师的学习"，所谓的老师就是标签。有监督学习的过程通过已知的训练样本来训练，得到一个最优的数学模型，再将这个模型应用在新的数据上，映射为输出结果。经过这样的过程后，模型就有了预知能力。而无监督机器学习被称为"没有老师的学习"，无监督相比于有监督，没有训练的过程。这听起来似乎有点不可思议，但是在我们自身认识世界的过程中也会用到无监督学习。比如我们去参观一个画展，我们对艺术一无所知，但是欣赏完多幅作品之后，我们也能把它们分成不同的派别。比如哪些更朦胧，哪些更写实。即使我们不知道什么叫作朦胧派和写实派，但是至少我们能把它们分为两个类。

（2）分类与聚类。有监督学习的数据集主要包括训练集和测试集。训练集用于根据样本标签训练模型，使模型学习输入与输出之间的映射关系，测试集则用于评估模型的最终性能。无监督学习没有训练集，只有一组数据，无监督机器学习的核心是聚类（将数据集合分成由类似的对象组成的多个类），聚类是最常见的无监督学习方法之一。聚类的方法包括将未标记的数据组织成类似的组，因此聚类是相似数据项的集合。此处的主要目标是发现数据点中的相似性，并将相似的数据点分组到一个聚类中。

（3）有无规律性。无监督学习没有训练集，只有一组数据，在这组数据中寻找规律，根据数据集中隐藏的规律对数据集进行划分，这种规律性并不一定要达到划分数据集的目的，也就是说不一定要"分类"。这一点使得无监督学习比有监督学习方法的用途要广。譬如分析一组数据的主分量，或分析数据集有什么特点，都可以归到无监督学习方法的范畴。有监督学习数据集包括训练集与测试集，根据训练集样本的标签将样本分类。

（4）同维与降维。有监督学习的维数由输入样本的维数确定，如果训练样本是 n 维向量，其特征也被认定为 n 维，即 $y=f(x_i)$ 或 $p(y|x_i)$，$i=n$，有监督学习通常不具有降维的能力。而无监督学习经常要参与深度学习，采用层聚类或者项聚类对特征进行提取，降维处理，使 $i<n$。在数据预处理中，经常会采用无监督学习，对数据进行压缩，比如主成分分析 PCA 或奇异值分解 SVD，之后这些数据可被用于深度神经网络或其他监督式学习算法。

（5）透明性与可解释性。有监督学习根据训练集的标签将样本分类，寻找能描述数据的统计值，但是不会说明为什么这样分类，这就是为什么有监督学习不具有透明性和可解释性。无监督学习首先通过聚类的方法对数据集进行聚类分析，通过聚类后，再将数据集分类，该方法会说明如何分类并且是根据什么情况或者什么关键点来分类的。因此，无监督学习具有透明性和可解释性。

（6）DataVisor 无监督学习独有的扩展性。对原有的 n 维训练集已经划分好类别，之后再增加一组数据，该数据集变成 $n+1$ 维。如果增加的这组数据具有很强的数据特征，那么将会影响原来的分类或者聚类，权重值几乎会全部改变。而 DataVisor 开发的无监督算法具有极强的扩展性，无论多加的这一维数据的权重有多高，都不影响原来的结果输出，原来的成果仍然可以保留，只需要对多增加的这一维数据做一次处理即可。

3. 应用

在图像领域之外，卷积神经网络和循环神经网络这两种成熟的结构也被广泛应用于分析和处理音频数据。由于音频信息本质上是一维的时间序列，它随时间的变化而传播，包含了丰富的时序信息。同时由于语言信息可以仅由单个英语字母或多个单词组合随机出现，因此语言数据信息也属于时间序列数据信息。这使得人类可以在其他更复杂的语言领域进行研究，比如无人驾驶领域也经常采用这种混合信息的神经网络结构。

聚类分析技术方法和异常数据检测技术方法也是最常见的一种无监督的数据学习方法，异常数据检测方法通常是指用来识别特定数据与特定数据之间有无显著差别或有无特殊的异常项、事件值或观测值差异等的技术方法。

在异常数据检测中，通常认为难以精确地识别所有异常的时间点或事件值，因为人们认为这些异常值之间可能存在或可疑地存在某种关系。异常数据检测技术广泛应用于多个领域，例如银行信用卡欺诈检测和医疗差错检测。这些应用不仅需要关注异常识别，也需要关注对未标记数据的组织和分类。聚类分析技术作为无监督学习的一种方法，通过将未标记的异常数据组织成具有相似特征的组别，揭示了数据的内在结构。聚类的基本过程是对具有相似性的多个数据项进行分组。其中的关键是识别数据点之间的相似性，并利用这种相似性将数据点分组。这种分组过程有助于我们更好地理解和分析数据集，尤其是在缺乏明确标签的情况下。

有监督学习预测算法的应用主要包括文本分类、垃圾邮件检测、天气预报、房价预测、股票价格趋势预测、人脸识别、签名识别、客户发现等。

无监督学习算法可以应用于一些实际业务，如恶意软件行为检测、在输入数据的过程中人为地进行错误信息的识别、进行准确的购物篮分析、欺诈行为的检测等。

3.4 激活函数

3.4.1 激活函数概述

神经网络中的每个神经元节点接收上一层神经元的输出值作为本神经元的输入值，并将输出值传递给下一层，输入层神经元节点会将输入属性值直接传递给下一层。在多层神经网络中，上层节点的输出和下层节点的输入之间存在函数关系，这个函数称为激活函数，如图 3.18 中 $Z^{[1]}$ 所示。

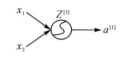

图 3.18　激活函数示意图

为提高深度学习训练后模型的表达能力，对神经元的输入进行加权求和后，常常使用激活函数来加入非线性因素。激活函数具有可微性、非线性、单调性和稳定性，常用的激活函数有 Sigmoid、Tanh、ReLU、Maxout 和 Softmax 等，如表 3.3 所示。

表 3.3　常用的激活函数

函数名	特　点
Sigmoid	Sigmoid 函数的计算涉及指数运算，因此在计算量大、输入值较大或较小的时候，函数的导数非常接近 0，在反向传播过程中，容易导致梯度消失问题；函数的导数涉及除法运算，这可能会进一步加剧梯度消失的问题
Tanh	Tanh 在特征相差较大时的效果很好，在循环过程中会不断扩大特征效果。与 Sigmoid 相比，Tanh 是 0 均值的，因此实际应用中 Tanh 会比 Sigmoid 更好
ReLU	收敛速度快，但是存在"僵死"情况，此时可以考虑使用 Leaky ReLU 等 ReLU 家族函数
Maxout	拟合性强，以上激活函数的优点几乎都具有，但是参数很多，训练不易
Softmax	主要用于各类别互斥的多分类，不适合用于回归进行多分类

3.4.2 激活函数对比

1. Sigmoid 函数

Sigmoid 函数取值范围为 $(0,1)$，它可以将一个实数映射到区间 $(0,1)$，可以用来做二分类,在特征相差不是特别大时效果比较好。该函数的目的是将数据压缩到0～1范围,如果数据接近负无穷大,那么数据将是0,如果数据接近正无穷大,那么这个数据将是1。Sigmoid函数的公式为

$$\sigma(x) = \frac{1}{1+e^{-x}} \tag{3.19}$$

Sigmoid 函数在 PyTorch 中有封装好的函数 "torch. nn. Sigmoid(input)",其中"input"为输入向量。Sigmoid 函数图形如图 3.19 所示,当然,Sigmoid 函数也存在一些缺点:

(1) 在处理绝对值比较大的数据时输出数据接近 1 或者 0,容易出现梯度消失和梯度饱和的问题。

(2) Sigmoid 函数的输出不以 0 为中心,这是不可取的,因为这会导致后一层神经元将上一层输出的非 0 均值信号作为输入。

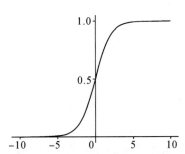

图 3.19 Sigmoid 激活函数图形

(3) 其解析式中含有幂运算,计算机求解时相对来讲比较耗时。激活函数计算量大,反向传播求误差梯度时,求导涉及除法。

2. Tanh 函数

Tanh 函数可以将元素的值变换到 -1～1 之间,当输入接近 0 时,Tanh 函数接近线性变换。Tanh 函数是 0 均值的,因此实际应用中 Tanh 函数会比 Sigmoid 函数更好,但是 Tanh 函数依然存在梯度消失问题,并且计算量依然很庞大,它的公式为

$$\text{Tanh}(x) = \frac{2}{1+e^{-2x}} + \frac{-1-e^{-2x}}{1+e^{-2x}} \tag{3.20}$$

Tanh 函数如图 3.20 所示,在特征相差明显时的效果会很好,在循环过程中会不断扩大特征效果。Tanh 函数解决了 Sigmoid 函数中心不在 0 的问题,但是仍然存在梯度消失和梯度饱和问题。现在主流的做法是在激活函数前多做一步批标准化(batch normalization),尽可能保证每一层网络的输入具有均值较小的、零中心的分布。Tanh 在 PyTorch 框架中有封装好的函数"torch. tanh(x)",其中"x"为输出向量。

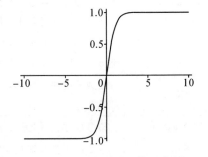

图 3.20 Tanh 激活函数示意图

3. ReLU 函数

实际应用中,ReLU 函数融合速度远比 Sigmoid 函数和 Tanh 函数快,并且其激活是单边的,即只对大于 0 的值有响应,避免了双边激活的计算冗余。但是 ReLU 函数不以 0 为

中心，当 $x<0$ 时没有梯度，方向传播不会更新，训练中面对过高的学习率时，会导致 ReLU 神经元"死亡"，在整个训练集中这些神经元都不会被激活。ReLU 激活函数的作用是输入信号小于 0 时，输出都是 0，输入信号大于 0 时，输出等于输入。ReLU 函数的公式为

$$f(x)=\max(0,x) \tag{3.21}$$

ReLU 函数在 PyTorch 框架中有封装好的函数"torch. nn. ReLU（inplace＝True）（x）"，"x"是输入向量。inplace如果设为 True，它会把输出直接覆盖到输入中，这样可以节省内存／显存。

ReLU 函数如图 3.21 所示，对比 Sigmoid 函数的主要变化是：单侧抑制，相对宽阔的兴奋边界，具有收敛速度快、导数计算速度快、不存在梯度消失问题的特点。但是 ReLU 函数可能会因为某一次的梯度更新较大使某一个神经元永久失去作用，导致数据多样化的丢失。并且 ReLU 函数的输出不是以 0 为中心。

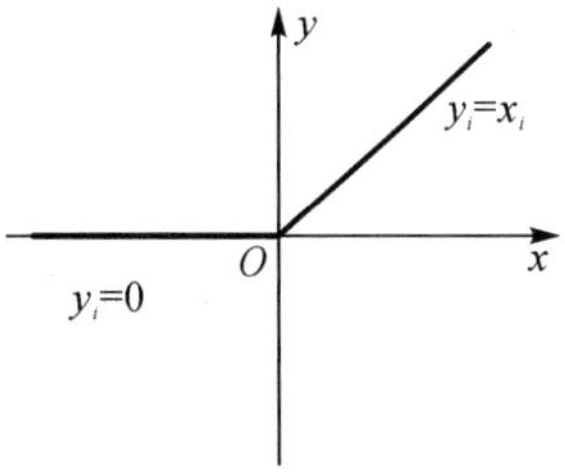

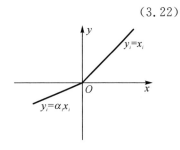

图 3.21　ReLU 激活函数示意图

4. Leaky ReLU 函数、PReLU 函数和 RReLU 函数

Leaky ReLU 函数、PReLU 函数和 RReLU 函数这三个激活函数都是 ReLU 函数的变体。Leaky ReLU 函数为

$$f(x)=\max(\alpha x,x) \tag{3.22}$$

Leaky ReLU 函数在 PyTorch 框架中有封装好的函数"torch. nn. LeakyReLU（negative _ slope ＝ 0. 01，inplace＝False）"，其中"negative_slope"控制负斜率的角度，inplace 如果设为 True，它会把输出直接覆盖到输入中，这样可以节省内存／显存。Leaky ReLU 激活函数如图3.22所示，Leaky ReLU 函数的目的是解决 ReLU 神经元"死亡"的问题，使负轴信息不会全部丢失，但是实际情况证明 Leaky ReLU 函数并不总是好于 ReLU 函数。另外，Leaky ReLU 函数中的 α 需要通过先验知识人工赋值。

图 3.22　Leaky ReLU 激活函数示意图

PReLU（Parametric ReLU）函数公式为

$$\mathrm{PReLU}(x_i)=\begin{cases}x_i, & x_i\geqslant0\\ \alpha_i x_i, & x_i<0\end{cases} \tag{3.23}$$

PReLU 函数在 PyTorch 框架中封装好的函数为"torch. nn. PReLU（num_parameters＝1，init＝0. 25，device＝None，dtype＝None）"，其中"num_parameters"表示要学习参数的数量，可以输入两种值，1 或者输入的通道数，默认是 1；init 表示参数的初始值，默认值为 0. 25。PReLU 函数是 Leaky ReLU 函数的一个变体，α_i 作为一个可学习的参数，会在训练的过程中进行更新。PReLU 函数图像如图 3.23 所示。

而 RReLU(随机纠正线性单元)函数如图 3.24 所示，公式为

$$\text{RReLU}(x_{ji}) = \begin{cases} x_{ji}, & x_{ji} \geqslant 0 \\ \alpha_{ji} x_{ji}, & x_{ji} < 0 \end{cases} \tag{3.24}$$

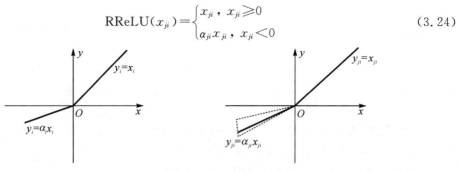

图 3.23 PReLU 函数示意图   图 3.24 RReLU 函数示意图

RReLU 函数在 PyTorch 框架中封装好的函数为"CLASStorch. nn. RReLU(lower = 0.125, upper = 0.3333333333333333, inplace=False)"，其中 lower 表示均匀分布的下界，默认是 1/8；upper 表示均匀分布的上界，默认值为 1/3。RReLU 函数也是 Leaky ReLU 函数的一个变体。在 RReLU 函数的训练中，负值的斜率是随机的，在之后的测试中就变成固定的了。RReLU 函数的亮点在于，在训练环节中，α_{ji} 是从一个均匀分布 $U(l, u)$ 中随机抽取的数值。

5. Maxout 函数

Maxout 函数可以看作是在深度学习网络中加入一层激活函数层，包含一个参数 k。相比 ReLU、Sigmoid 等函数，其特殊之处在于增加了 k 个神经元，然后输出激活值最大的值。Maxout 函数的拟合能力很强，可以拟合任意的凸函数，并且具有 ReLU 函数的所有优点，同时解决了 ReLU 函数神经元"死亡"的问题，但是 Maxout 函数整体参数的数量大。Maxout 函数的非线性计算公式为

$$f(\boldsymbol{x}) = \max(\boldsymbol{w}_1^\mathrm{T} \boldsymbol{x} + b_1, \boldsymbol{w}_2^\mathrm{T} \boldsymbol{x} + b_2) \tag{3.25}$$

Maxout 函数即 PyTorch 库的"torch. max(x1, x2)"，函数图像如图 3.25 所示，Maxout 函数具有 ReLU 函数计算简单的优点，同时又没有 ReLU 函数神经元容易失去效果的缺点。但是它会使每个神经元的参数量翻倍，导致整体参数数量增多。

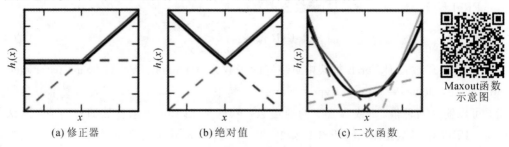

Maxout函数
示意图

(a) 修正器   (b) 绝对值   (c) 二次函数

图 3.25 Maxout 函数示意图

3.5　GAN 模型的稳定性方法

3.5.1　约束 Lipschitz 常数

1. Lipschitz 常数

对于在定义域 D 上的函数 $y = f(x)$，如果存在 $L \in \mathbf{R}$，且 $L > 0$，对任意 x_1、$x_2 \in D$，有

$$|f(x_1) - f(x_2)| \leqslant L |x_1 - x_2| \tag{3.26}$$

则称 L 为 $f(x)$ 在 D 上的 Lipschitz 常数。从这里可以看出，Lipschitz 常数并不是固定不变的，而是依据具体的函数而定。如果 $y = f(x)$ 在定义域 D 上可导，那么 L 就可以取 $f'(x)$ 的一个上界：

$$|f(x_1) - f(x_2)| = |f'(\xi)(x_1 - x_2)| \leqslant L |x_1 - x_2| \tag{3.27}$$

另外，函数导数有下界，其最小下界称为 Lipschitz 常数。在大规模问题中，Lipschitz 常数难以计算。为了解决这一难题，可以采用带有一个回溯步骤的加速梯度方法（例如 FISTA，即快速迭代收缩阈值算法）。

2. KL 散度

KL 散度用于衡量分布之间的差异程度，又称为相对熵、信息增益。概率分布 P_1 和 P_2 的 KL 散度为

$$\mathrm{KL}(P_1 \parallel P_2) = \int_x P_1(x) \ln(P_1 P_2) \mathrm{d}x \tag{3.28}$$

KL 散度可以认为是分布之间的"距离"，但这种理解仅是直观上的。实际上，KL 散度不满足距离的定义：首先，它不是对称的；其次，它不满足三角不等式。在高维空间中，如果两个分布不重叠或者重叠部分很少，则 KL 散度可能无法准确反映它们之间的"远近"。在这种情况下，KL 散度的值可能会趋近于一个固定常量，而不是随着分布间差异的变化而变化。这表明 KL 散度在衡量分布差异时存在一定的局限性。

3. JS 散度

JS 散度是相似度衡量指标。现有两个分布 P_1 和 P_2，其 JS 散度公式为

$$\mathrm{JS}(P_1 \parallel P_2) = \frac{1}{2} \mathrm{KL}\left(P_1 \left\| \frac{P_1 + P_2}{2}\right.\right) + \frac{1}{2} \mathrm{KL}\left(P_2 \left\| \frac{P_1 + P_2}{2}\right.\right) \tag{3.29}$$

由定义可以看出，JS 散度是对称的，可以用于衡量两种不同分布之间的差异。JS 散度用于生成对抗网络的数学推导上。

4. Wasserstein 距离

Wasserstein 距离又叫 Earth-Mover 距离（EM 距离），用于衡量两个分布之间的距离，公式为

$$W(P_1, P_2) = \inf\gamma : \Pi(P_1, P_2)E(x, y) : \gamma[\parallel x-y \parallel] \tag{3.30}$$

$\Pi(P_1, P_2)$ 是 P_1 和 P_2 分布组合起来的所有可能的联合分布的集合。对于每一个可能的联合分布 γ，可以从中采样 $(x, y) : \gamma$ 得到一对样本 x 和 y，并计算出这对样本的距离 $\parallel x-y \parallel$，所以可以计算在联合分布 γ 下，样本对距离的期望值 $E(x, y) : \gamma[\parallel x-y \parallel]$。在所有可能的联合分布中能够对这个期望值取到的下界 $\inf\gamma : \Pi(P_1, P_2)E(x, y) : \gamma[\parallel x-y \parallel]$ 就是 Wasserstein 距离。

直观上可以把 $E(x, y) : \gamma[\parallel x-y \parallel]$ 理解为在 γ 这个路径规划下把土堆 P_1 挪到土堆 P_2 所需要的消耗。而 Wasserstein 距离就是在最优路径规划下的最小消耗。所以 Wasserstein 距离又叫 Earth-Mover 距离。

Wasserstein 距离相比 KL 散度和 JS 散度的优势在于，即使两个分布的支撑集没有重叠或者重叠非常少，仍然能反映两个分布的远近。而 JS 散度在此情况下是常量，KL 散度可能无意义。根据 Kantorovich-Rubinstein 对偶原理，可以得到 Wasserstein 距离的等价形式：

$$W(P_1, P_2) = \sup \parallel f \parallel L \leqslant Ex \sim P_1[f(x)] - Ex \sim P_2[f(x)] \tag{3.31}$$

5. 增加惩罚项

在机器学习中，损失函数后面常常会附加一个额外的项，这个附加项被称为惩罚项，它的作用是对损失函数进行补充和调节。惩罚项主要用于正则化，以防止模型过拟合，并且提高模型的泛化能力。正则化通常分为两种类型：L_1 正则化和 L_2 正则化。

L_1 正则化是指计算权值向量中各个元素的绝对值之和，通常表示为 $\parallel w \parallel_1$。L_1 下则化可以产生稀疏权值矩阵，也可以用于特征选择，所以相当于只有少量参数决定结果，可以提高模型的抗噪能力，在实际应用中，可解释性也比较强。L_1 正则化的 Python 代码如下所示：

```
def regularization_loss(self, weight_list_l1, weight_list_l2):    # L₁ 正则化需要手动实现
    reg_loss = 0
    loss1, loss2 = 0, 0
    for name, w in weight_list_l1:
        loss1 += torch.sum(torch.abs(w))
    for name, w in weight_list_l2:
        loss2 += torch.sum(torch.pow(w, 2))
    reg_loss = self.weight_decay_l1 * loss1 + self.weight_decay_l2/2 * loss2
    return reg_loss
```

L_2 正则化是指计算权值向量中各元素的平方和，然后再求平方根，通常表示为 $\parallel w \parallel_2$。L_2 正则化可以防止过拟合（倾向于得到近似 0 的参数估计，几乎用到所有的变量），一定程度上 L_1 正则化也可以防止过拟合。L_2 正则化的 Python 代码如下所示：

智 能 图 像 处 理

optimizer= optim. Adam(model. parameters,lr=learning_rate,weight_decay= 0.01)
♯ L_2 正则化可以通过直接设置优化器来实现，lr 是学习率，weight_decay 是权值衰减，默认为 0.01

3.5.2 损失函数

1. 交叉熵损失

交叉熵损失(Mean Square Error，MSE)具有各点都连续光滑、方便求导、具有较为稳定的解的特点，但是交叉熵损失不是特别稳健，如图 3.26 所示。

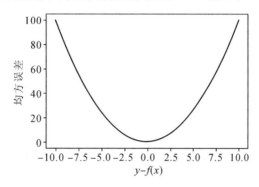

图 3.26　MSE 损失示意图

当函数的输入值距离中心值较远的时候，使用梯度下降法求解梯度很大，可能导致梯度爆炸。交叉熵损失可以调用"torch. nn. MSELoss(size_average＝None，reduce＝None，reduction ＝'mean')(x)"，其中，"x"是输入张量。交叉熵损失公式为

$$\mathrm{MSE} = \frac{\sum_{i=1}^{n} (y_i - y_i^p)^2}{n} \tag{3.32}$$

其中 y_i 和 y_i^p 分别表示标签值和预测的特征值，n 表示特征数量。

2. L_1 损失

L_1 损失即 L_1 损失函数，也被称为最小绝对值偏差或最小绝对值误差。总的来说，它是把目标值 Y_i 与估计值 $f(x_i)$ 的绝对差值的总和 S 最小化。L_1 损失可以调用"torch. nn. functional. l1_loss(input, target, size_average ＝ None, reduce ＝ None, reduction＝'mean')"，其中"input"是主要的输入张量，即我们想要评估的模型输出，"target"是目标张量，包含了每个输入元素对应的期望值。L_1 损失如图 3.27 所示，公式为

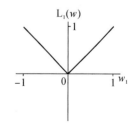

图 3.27　L_1 损失示意图

$$S = \sum_{i=1}^{n} |Y_i - f(x_i)| \tag{3.33}$$

Y_i 和 $f(x_i)$ 分别表示标签值和预测的特征值，n 表示特征数量。

3. L_2 损失

L_2 损失即 L_2 范数损失函数，也被称为最小平方误差。总的来说，它是把目标值 Y_i 与估计值 $f(x_i)$ 的差值的平方和 S 最小化，L_2 损失如图 3.28 所示，公式如下所示：

$$S = \sum_{i=1}^{n}(Y_i - f(x_i))^2 \tag{3.34}$$

其中 Y_i 和 $f(x_i)$ 分别表示标签值和预测的特征值，n 表示特征数量。

从 L_2 损失的图像可以看到，纵轴左侧图像上每一点的导数都不一样，离最低点越远，梯度越大，使用梯度下降法求解时梯度很大，可能导致梯度爆炸。L_1 损失一般用于简单的模型，但由于神经网络一般是解决复杂的问题，所以很少用 L_1 损失。例如对于 CNN 网络，一般使用的是 L_2 损失，因为 L_2 损失的收敛速度比 L_1 损失要快。L_2 损失可以调用"torch. nn. CrossEntropyLoss (weight＝None, size_average＝None, ignore_index＝－100, reduce＝None, reduction＝′mean′, label_smoothing＝0.0)(x)"，其中"weight"为手动调整权重参数，"x"为输入向量。

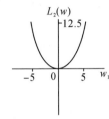

图 3.28　L_2 损失示意图

L_1 损失的鲁棒性比 L_2 损失强。概括起来就是 L_1 损失对异常点不太敏感，而 L_2 损失则会对异常点存在放大效果。因为 L_2 损失将误差平方化，当误差大于 1 时，误差会放大很多，所以使用 L_2 损失的模型会比使用 L_1 损失的模型对异常点更敏感。对于使用 L_2 损失的模型，如果一个样本是异常值，模型就需要调整以适应单个的异常值，这会牺牲许多其他正常的样本，因为这些正常样本的误差比单个异常值的误差小。如果异常值对研究很重要，最小均方误差则是更好的选择。但是 L_1 损失对 x(损失值)的导数为常数，在训练后期，x 较小时，若学习率不变，损失函数会在稳定值附近波动，很难收敛到更高的精度。除此之外，L_2 损失的稳定性比 L_1 损失好。概括起来就是对于新数据的调整，L_1 损失的变动很大，而 L_2 损失的整体变动不大。

4. 铰链损失

铰链损失函数(Hinge loss)的思想就是让那些未能正确分类的和正确分类的样本之间的距离足够远，如果这个距离达到一个阈值，此时未正确分类的误差就可以认为是 0，否则就要累积计算误差。铰链损失可以调用"torch. nn. HingeEmbeddingLoss(margin＝1.0, size_average＝None, reduce＝None, reduction ＝′mean′)(x)"，margin 的默认值为 1，"x"是输入向量。铰链损失如图 3.29 所示。

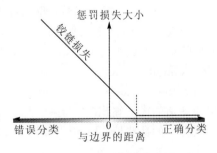

图 3.29　铰链损失示意图

假设 y 为标签值，$\hat{y}$ 为预测值，铰链损失公式如下所示：

$$l(y)=\max(0,1-y\times\hat{y}) \tag{3.35}$$

5. 感知损失

感知损失(Perceptual loss)是图像风格转换领域中提出的一种损失函数，它将图像生成问题视为一种变换问题。感知损失函数通常将输入图像和输出图像都送入另外一个已经训练好的网络中，如 VGG 网络，再计算两者在网络中的输入的 L_2 损失，用来评估输入图像和输出图像在视觉特征上的相似性。感知损失公式如下所示：

$$l_{\text{feat}}^{\varphi,j}(\hat{y},y)=\frac{1}{C_jH_jW_j}\parallel\phi_j(\hat{y})-\phi_j(y)\parallel_2^2 \tag{3.36}$$

其中，C_j、H_j、W_j 为特征图的通道数、长和宽，$\phi_j(y)$ 则表示 VGG 网络在第 j 层处理图像 y 时的激活情况。感知损失的 Python 代码如下所示：

```
class PerceptualLoss(torch. nn. Module):
  def __init__(self, weights=[1.0, 1.0, 1.0, 1.0, 1.0]):    ♯ 定义每一层的权重
    super(PerceptualLoss, self). __init__()
    self. vgg = models. vgg16(pretrained=True). features
    if torch. cuda. is_available():
      self. vgg=self. vgg. cuda()
  def perceptual_loss(self,real_img,generate_img,model):
    for name, layer in model. _modules. items():
        real_img=layer(real_img)    ♯ 利用 VGG 预训练权重将真实图像转译到高阶语义
        generate_img=layer(generate_img)    ♯ 利用 VGG 预训练权重将生成图像转译到高阶语义
    p_loss=torch. sum(torch. pow((generate_img-real_img), 2))/(real_img.
    size()[1] * real_img. size()[2] * real_img. size()[3])    ♯ 计算两者损失
    return p_loss
  def __call__(self, x_vgg, y_vgg):
    return self. perceptual_loss(x_vgg,y_vgg,self. vgg)
```

3.6　深度学习框架基础

3.6.1　Numpy

Numpy 即 Numeric Python，它是 Python 中科学计算的基本软件包，提供多维数组对象和基于多维数组的各种操作，包括统计、逻辑、数学、排序、傅里叶变换、矩阵运算、I/O、随机数生成等。Numpy 通常与 Science(Scientific Python)和 Matplotlib 一起使用，这种组合被广泛用于取代 MATLAB，是一种流行的技术计算平台。Travis Oliphant 在 meric

中结合了 Numaray 的特点（Numaray 是另一个性质相同的程序库）并添加了其他扩展开发了 Numpy。Numpy 是开源的，由许多合作者共同开发和维护。

    Numpy 的官方介绍是：一个强大的 n 维数组对象 ndarray，集成 C/C++和 Fortran 代码的工具包，以及实用的傅里叶变换、线性代数和随机数生成函数。在实际中，Numpy 提供了大量的相对成熟的函数库和操作，可以帮助程序员轻松地进行数值计算。此类数值计算广泛用于机器学习和图像处理。

    在机器学习模型中编写机器学习算法时，需要对矩阵进行各种数值计算。例如，矩阵乘法、换位、加法等。Numpy 为简单编码和快速计算提供了一个非常好的库。Numpy 数组主要用于存储机器学习模型的训练数据和参数。

    计算机中的图像表示为多维数字阵列，因此，在图像处理和计算机图像学领域，Numpy 已经成为最自然的选择。此外，Numpy 还提供了一些优秀的库函数来快速处理图像。例如，以特定角度旋转图像、镜像变换图像等。Numpy 对于执行各种数学任务非常有用，例如微分、插值、数值积分、外推等。因此，当涉及数学任务时，它是基于 Python 的 MATLAB 的快速替代品。

    Numpy 的优点：对于数值计算任务，使用 Numpy 比直接编写 Python 代码方便得多；Numpy 中的数组的存储效率和输入输出性能远远优于 Python 中等效的基本数据结构，其性能可以根据数组中的元素成比例地提高；Numpy 的大部分代码都是用 C 语言编写的，其底层算法在设计上具有优异的性能，这使得 Numpy 比纯 Python 代码效率更高。Numpy 的缺点：Numpy 虽然非常适合科学计算，但在其他领域并不突出；Numpy 数组的通用性不如 Python 的列表；Numpy 使用内存映射文件来实现最佳的数据读写性能，而内存大小限制了它对 TB 大文件的处理。Numpy 的核心：多维数组。Numpy 的代码简洁，减少了 Python 代码中的循环。底层实现是厚内核(c)+薄接口(Python)，以确保性能。Numpy 数组的基本操作主要有以下几个方面：

    (1) ndarray 数组对象的创建。现有数据通过 array()函数进行数组创建，具体方法为 "array(object, dtype=None, copy=True, subok=False, ndmin=0)"，其中 object 是数组或嵌套的数列；dtype 是数组元素的数据类型，可选；copy 表示是否需要复制，可选；subok 返回一个与基类类型一致的数组；ndmin 是指生成数组的最小维度。创建 ndarray 数组对象的代码如下：

```
import numpy as np
ary = np.array([1, 2, 3, 4, 5, 6])
print(type(ary))
# Output:<class 'numpy.ndarray'>
```

    (2) zeros()函数。zeros()函数返回输入形状和类型的零数组。zeros_like()函数返回与给定已知数组形状和类型相同的零数组。初始化参数需要创建具有常量或随机值的固定大小的矩阵。相关代码如下：

```
import numpy as np
x = np.zeros([2, 3])
print(x)
x = np.array([[1, 2, 3], [4, 5, 6]])
y = np.zeros_like(x)
print(y)
# Output：[[0 0 0]
          [0 0 0]]
```

（3）查看数组元素的类型。np.ndarray.dtype，Numpy 数字类型是 dtype（数据类型）对象的实例，所有对象都具有唯一的特征。这些类型可以是 np.bool_，np.float32 等。相关代码如下：

```
import numpy as np
a = np.array([1, 2, 3, 4, 5, 6])
print(a, a.dtype)
b = a.astype(float)
print(b, b.dtype)
# Output：[1 2 3 4 5 6] int64
```

（4）创建等差数列。np.arange(start, stop, step)，该函数返回一个带有起点和终点的固定步长排列，其中步长支持小数。np.arange()函数分为一个参数、两个参数和三个参数：当有一个参数时，参数值为终点，起点为默认值 0，步长为默认值 1；当有两个参数时，第一个参数是起点，第二个参数是终点，步长的默认值为 1；当有三个参数时，第一个参数是起点，第二个参数是终点，第三个参数是步长。创建等差数列的代码如下：

```
import numpy as np
a = np.arange(0, 5, 1)
b = np.arange(0, 10, 2)
print(a)
print(b)
# Output：[0 1 2 3 4]
[0 2 4 6 8]
```

3.6.2 PyTorch

Torch 是一个由大量机器学习算法支持的科学计算框架。它是一个张量操作库，类似于 Numpy。PyTorch 是一个基于 Torch 的 Python 开源机器学习库，用于自然语言处理等。通过反向求导技术，PyTorch 可以任意改变神经网络的行为，且无延迟，实现速度快。PyTorch 是一个基于动态图的深度学习库。动态图是指计算图同时构建和运行的过程，中间结果可以在过程中输出，对应 TensorFlow1.x。TF1.x 是一个静态图，即图的构造和操作是分离的，在操作过程中不能被干扰，给定输入，只能得到输出，不能得到中间过程。

张量(Tensor)是 PyTorch 的中心数据结构。计算机上最常见的表示方式是将张量中的每个元素连续地存储在内存中，并将每一行写入内存中。张量的表达式实际上是一个多维数组，张量的底层是用 C 或 C++实现的。张量不仅用于存储数据，而且还定义了数据的操作。张量和 Python List 最大的区别是张量使用一个连续的内存区域来存储数据，并且数据没有被封装。Python 列表中的每个数字类型都被封装到一个 PyObject 对象中，每个对象被独立分配内存，并被离散地存储在内存中，而张量中的值不经过封装就统一存储在连续存储器中。

下面简单地介绍几个应用 Torch 的例子：

torch.Tensor()是 Python 类，是默认张量类型 torch.FloatTensor()的别名，torch.Tensor([1,2])会调用 Tensor 类的构造函数__init__()，生成单精度浮点类型的张量。创建张量并打印的代码如下：

```
a = torch.Tensor([1,2])
print(a)
# Output:tensor([1.,2.])
```

torch.nn.Linear()用于设置网络中的全连接层，将输入特征大小转换为输出特征大小。torch.randn 用来生成随机数字且满足标准正态分布 N(0，1)。定义一个全连接层，并通过该层处理一批随机生成的数据，代码如下：

```
m = nn.Linear(20,30)   # 20 是输入样本的特征大小,30 是输出样本的特征大小
input = torch.randn(128,20)   # 随机生成 128 * 20 维的数据
output = m(input)
print(output.size())   # output.size()=(128,20) * (20,30)=(128,30)
# Output:torch.Size([128,30])
```

PyTorch 是一款强大的动态计算图模式的深度学习框架；无缝接入 Python 生态圈，能实现张量、变量与 Numpy 互转；在张量之上封装变量，方便构建神经网络；扩展性极好；

拥有富有活力的社区和背后大厂的支持。概括来说,PyTorch 有以下三方面特点:

(1) 简洁。PyTorch 的源码只有 TensorFlow 的十分之一左右,有着更直观的设计。

(2) 速度快。PyTorch 的灵活性不以速度为代价,在许多评测中,PyTorch 的速度表现胜过 TensorFlow 和 Keras 等框架。

(3) 灵活性强。PyTorch 的面向对象的接口设计来源于 Torch,而 Torch 的接口设计以灵活易用著称,不需要考虑太多关于框架本身的束缚。

3.6.3 Jittor

Jittor(计图)是一个基于实时编译和元算子的高性能深度学习框架,是清华大学计算机系胡事民院士团队研发的,具有我国自主知识产权的深度学习框架。Jittor 使用了创新的内部元算子和统一计算图的深度学习框架。元算子和 Numpy 一样容易使用,可以在 Numpy 之外进行更复杂、更高效的操作。统一计算图结合了静态计算图和动态计算图的许多优点,在易于使用的同时提供高性能优化。从元算子开发的深度学习模型可以实时自动优化,并在指定的硬件上运行,如 CPU 和 GPU。

深度学习采用的卷积神经网络是由算子(Operator)组成的一个计算网络。由于架构设计越来越精细以及不断扩充等原因,当前深度学习框架有多达 2000 种算子,系统复杂,优化和移植困难。Jittor 则将算子运算进一步分解,形成了更加底层的三类 20 余种元算子闭包,目前神经网络常用算子均可以使用元算子的组合进行表达。

另一方面,为了面向未来深度学习框架的发展趋势,Jittor 利用元算子组合表达的优势,提出对统一计算图进行优化,并从底层中创建一个动态计算框架。该架构支持多种编译器,实现实时编译和动态运行所有代码,确保分离实施和优化,并极大地提高应用开发的灵活性、知名度和可操作性。其次,在算子的设置上,团队将元算子的反向传播进行了闭包,即元算子的反向传播也是元算子,这样避免了重复开发。此外,Jittor 还支持计算任意高阶导数。下面简单地介绍几个 Jittor 的例子。

Var 是 Jittor 的基本数据类型,为了运算更加高效,Jittor 中的计算过程是异步的。这里用 rand 函数随机生成四个数然后进行相应的运算,数据类型是浮点型。采用 rand 函数随机生成 4 个数并进行运算的代码如下:

```
a = jittor.rand(4) * 2 - 1
print(a)
# Output: jittor.Var([ 0.5876564  0.740723  -0.667666  0.5371753], dtype=float32)
```

jittor.abs()是对生成的数进行取绝对值操作,jittor.float32()函数是将数转换为浮点型。下面代码的整体操作是先将给定的数转换为浮点型,然后再取绝对值。

```
jittor.abs(jittor.float32([-1, 0, 1]))
# Output: jittor.Var([1. 0. 1.], dtype=float32)
```

在下面的代码中，jittor. randint()有两个参数，第一个参数为 10，意思是生成 0～10 范围内的整数；第二个参数是 shape＝(2,3)，意思是生成一个形状为 2 行 3 列的矩阵。

```
x = jittor. randint(10, shape=(2,3))
print(x)
# Output：jittor. Var([[6 2 6]
                       [7 9 3]], dtype=int32)
```

Jittor 有如下特点：

（1）易用且可定制。用户只需要数行代码，就可定义新的算子和模型，在易用的同时，不丧失任何可定制性。

（2）实现与优化分离。用户可以通过前端接口专注于实现，而实现自动被后端优化，从而提升前端代码的可读性，以及后端优化的鲁棒性和可重用性。

（3）所有编译都是即时的。Jittor 的所有代码都是即时编译并且运行的，包括 Jittor 本身。用户可以随时对 Jittor 的所有代码进行修改，并且动态运行。

3.6.4　简易实例的实践与对照

在使用 PyTorch 框架和 Jittor 框架进行具体的案例对比之前，我们需要对两个框架的工作流程有一个基本的了解。PyTorch 和 Jittor 框架有着许多相似之处，包括数据加载、模型定义、模型训练和测试、模型的加载和保存等方面。

1. 实现自定义数据集

在使用深度学习框架进行实验时，对数据集的加载和处理是必不可少的，在 PyTorch 和 Jittor 中都为使用者提供了自定义数据加载接口。首先导入相关的库函数并定义自定义数据集类，然后继承父类并对其中的方法进行重写即可。

1）PyTorch 方法

在 PyTorch 中实现自定义数据集的加载必须继承 torch. utils. data 中的 Dataset 父类，并对其中的__getitem__()和__len__()方法进行覆写。__len__()方法主要计算加载数据集的大小，而__getitem__()主要用于从计算机存储位置读取数据对象并返回。PyTorch 中实现自定义数据集加载的代码如下：

```
class YourDataset(torch. utils. data. Dataset)：  # 需要继承 torch. utils. data. Dataset
    def __init__(self)：
        # TODO
        # 初始化数据集路径或文件名称
        pass
    def __len__(self)：
```

```
    ♯ 将返回值 0 修改为数据集的大小
    return 0
def __getitem__(self, index):
    ♯ TODO
    ♯ 1.读取一个数据对象（例如，Numpy 数据对象或者 PIL 图像）
    ♯ 2.对数据进行预处理（例如，使用 Transform 对数据进行旋转、裁剪等）
    ♯ 3. 返回一个数据对象（例如，Numpy 数据对象或者 PIL 图像）
    return None
```

2）Jittor 方法

在 Jittor 中实现自定义数据的加载必须继承 jittor. dataset 中的 Dataset 父类，并对其中的__getitem__()方法进行覆写。与 PyTorch 不同的是，在 Jittor 中没用__len__()方法，因此需要调用父类的 set_attrs()数据集的大小进行设置。在 Jittor 中实现自定义数据加载的代码如下：

```
class YourDataset(jittor. dataset. Dataset)：
    def __init__(self)：
        super(). __init__()
        self. set_attrs(total_len＝0)    ♯ 将数据总长度修改为自定义数据集大小
    def __getitem__(self, index)：
        ♯ TODO
        ♯ 1.读取一个数据对象（例如，Numpy 数据对象或者 PIL 图像）
        ♯ 2.对数据进行预处理（例如，使用 Transform 对数据进行旋转、裁剪等）
        ♯ 3. 返回一个数据对象（例如，Numpy 数据对象或者 PIL 图像）
        return None
```

2. 实现自定义模型

在 PyTorch 和 Jittor 中包含了大量的已实现的神经网络模型，包括语义分割、可微渲染、医学图像分割、实例分割、点云和遥感检测等多种模型，当然我们也可以使用框架中的基本模块自定义网络结构。以 AlexNet 为例，使用 PyTorch 和 Jittor 对该网络进行定义，其中绝大部分的模块都相同，但在一些特有函数中存在细微差异。

1）PyTorch 方法

在使用 PyTorch 实现自定义网络结构时，必须继承 torch. nn 中的 Module 父类，并对__init__ ()和 forward()方法进行覆写。__init__()方法主要对网络结构进行定义，而 forward()方法主要对模型执行流程进行定义。使用 PyTorch 实现自定义网络结构的代码如下：

第 3 章 网络模型基础

105

```
from torch import nn
class AlexNet(nn.Module):
    # 模型定义，利用PyTorch库函数实现AlexNet结构
    def __init__(self, num_classes=1000):
        super(AlexNet, self).__init__()
        # 定义特征提取模块
        self.features = nn.Sequential(
            nn.Conv2d(3, 64, kernel_size=11, stride=4, padding=2),
            nn.ReLU(inplace=True),
            nn.MaxPool2d(kernel_size=3, stride=2),
            nn.Conv2d(64, 192, kernel_size=5, padding=2),
            nn.ReLU(inplace=True),
            nn.MaxPool2d(kernel_size=3, stride=2),
            nn.Conv2d(192, 384, kernel_size=3, padding=1),
            nn.ReLU(inplace=True),
            nn.Conv2d(384, 256, kernel_size=3, padding=1),
            nn.ReLU(inplace=True),
            nn.Conv2d(256, 256, kernel_size=3, padding=1),
            nn.ReLU(inplace=True),
            nn.MaxPool2d(kernel_size=3, stride=2),
        )
        # 定义分类器
        self.classifier = nn.Sequential(
            nn.Dropout(),
            nn.Linear(256 * 6 * 6, 4096),
            nn.ReLU(inplace=True),
            nn.Dropout(),
            nn.Linear(4096, 4096),
            nn.ReLU(inplace=True),
            nn.Linear(4096, num_classes),
        )
    # 定义执行过程，将设计的模块按照指定的顺序执行
    def forward(self, x):
        x = self.features(x)
        x = torch.flatten(x, 1)
        x = self.classifier(x)
        return x
```

2) Jittor 方法

在使用 Jittor 实现自定义网络结构时，必须继承 jittor. nn 中的 Module 父类，并对 __init__()和 execute（）方法进行覆写。__init__()方法主要对网络结构进行定义，而 execute（）方法主要对模型执行流程进行定义。

使用 Jittor 实现自定义网络结构的代码如下：

```
import jittor as jt
from jittor import nn
class AlexNet(nn. Module)：
    # 模型定义，利用 jittor 库函数实现 AlexNet 结构
    def __init__(self, num_classes＝1000)：
        super(AlexNet，self). __init__()
        # 定义特征提取模块
        self. features ＝ nn. Sequential(
            nn. Conv(3, 64, 11, stride＝4, padding＝2),
            nn. ReLU(),
            nn. Pool(3, stride＝2, op＝'maximum'),
            nn. Conv(64, 192, 5, padding＝2), nn. ReLU(),
            nn. Pool(3, stride＝2, op＝'maximum'),
            nn. Conv(192, 384, 3, padding＝1),
            nn. ReLU(),
            nn. Conv(384, 256, 3, padding＝1),
            nn. ReLU(),
            nn. Conv(256, 256, 3, padding＝1),
            nn. ReLU(),
            nn. Pool(3, stride＝2, op＝'maximum'))
        # 定义分类器
        self. classifier ＝ nn. Sequential(
            nn. Dropout(),
            nn. Linear(((256 * 6) * 6), 4096),
            nn. ReLU(),
            nn. Dropout(),
            nn. Linear(4096, 4096),
            nn. ReLU(),
            nn. Linear(4096, num_classes)
            )
        # 定义执行过程，将设计的模块按照指定的顺序执行
```

```
def execute(self, x):
    x = self.features(x)
    x = jt.flatten(x, start_dim=1)
    x = self.classifier(x)
    return x
```

3. 实例对比

相对于 Jittor 框架，PyTorch 的发行时间更早，所包含的神经网络模块和基本方法也更多。而 Jittor 框架使用创新的元算子和统一计算图的深度学习框架，并且超越 Numpy 能够实现更复杂、更高效的操作。这两种深度学习框架都可以用于神经网络的设计，并在不同的平台和硬件设备上运行，如 Windows 系统和 Linux 系统，CPU 和 GPU。

随着深度学习的快速发展，神经网络在图像处理方面有了重要的研究突破，尤其是基于 GAN 的网络模型。在 PyTorch 和 Jittor 函数库中实现了大量经典论文中的网络，图 3.30 展示了自 GAN 提出后的各类网络模型，它们分别可以用在不同的研究领域中。

GAN	Year	Cites	Title
GAN	2014	18575	Generative Adversarial Networks
Deep Convolutional GAN	2015	6186	Unsupervised Representation Learning with Deep Convolutional Generative Adversarial Networks
Pix2Pix	2017	5161	Unpaired Image-to-Image Translation with Conditional Adversarial Networks
CycleGAN	2017	4678	Unpaired Image-to-Image Translation using Cycle-Consistent Adversarial Networks
Wasserstein GAN	2017	4276	Wasserstein GAN
Conditional GAN	2014	3217	Conditional Generative Adversarial Nets
Wasserstein GAN GP	2017	2822	Improved Training of Wasserstein GANs
Wasserstein GAN DIV	2017	2822	Wasserstein Divergence for GANs
InfoGAN	2016	1826	InfoGAN: Interpretable Representation Learning by Information Maximizing Generative Adversarial Nets
Context Encoder	2016	1712	Context Encoders: Feature Learning by Inpainting
Least Squares GAN	2017	1312	Least Squares Generative Adversarial Networks
Adversarial Autoencoder	2015	1193	Adversarial Autoencoders
Auxiliary Classifier GAN	2017	1152	Conditional Image Synthesis With Auxiliary Classifier GANs
UNIT	2017	971	Unsupervised Image-to-Image Translation Networks
StarGAN	2018	869	StarGAN: Unified Generative Adversarial Networks for Multi-Domain Image-to-Image Translation
Coupled GAN	2016	802	Coupled Generative Adversarial Networks
Energy-Based GAN	2016	734	Energy-based Generative Adversarial Network
BEGAN	2017	693	BEGAN: Boundary Equilibrium Generative Adversarial Networks
PixelDA	2017	670	Unsupervised Pixel-Level Domain Adaptation with Generative Adversarial Networks
BicycleGAN	2017	457	Toward Multimodal Image-to-Image Translation
Enhanced Super-Resolution GAN	2018	365	ESRGAN: Enhanced Super-Resolution Generative Adversarial Networks
Relativistic GAN	2018	184	The relativistic discriminator: a key element missing from standard GAN
DRAGAN	2017	122	On Convergence and Stability of GANs
Boundary-Seeking GAN	2017	88	Boundary-Seeking Generative Adversarial Networks
Context-Conditional GAN	2016	75	Semi-Supervised Learning with Context-Conditional Generative Adversarial Networks
Cluster GAN	2019	36	ClusterGAN: Latent Space Clustering in Generative Adversarial Networks
Semi-Supervised GAN	2018	17	Semi-Supervised Generative Adversarial Network
Softmax GAN	2017	11	Softmax GAN

图 3.30　基于 GAN 的神经网络模型

我们分别使用 PyTorch 和 Jittor 两种深度学习框架对经典的基于 GAN 的神经网络模型进行实现，假设 PyTorch 的训练时间需要 100 个小时，计算 Jittor 对应的 GAN 训练所需的时间。从图 3.31 中可以看出，在这些 GAN 中，使用 Jittor 框架所需要的时间更短。其中加速最快的 GAN 只需 35 小时即可运行完成，所有 GAN 模型的平均运行时间为 57 小时。

智能图像处理

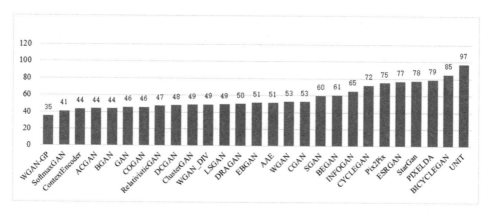

图 3.31　各种 GAN 模型在 Jittor 框架下的训练时间（当 PyTorch 训练时间为 100 小时）

使用 GitHub 上公开的各类 GAN 模型对 Jittor 和 PyTorch 框架进行性能比较，图 3.32 展示了经典 GAN 模型在 Jittor 框架与 PyTorch 框架上的加速比。从图中可以看出 Jittor 相对于 PyTorch 的性能更好，这些 GAN 模型的最高加速比达到了 283%，平均加速比为 185%。

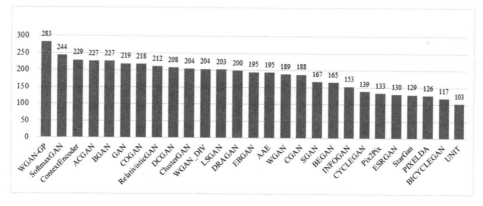

图 3.32　Jittor 与 PyTorch 在 GAN 模型上的性能对比

本 章 小 结

首先，本章介绍了卷积神经网络、变分自编码器、生成对抗网络的相关经典神经网络模型，这三种模型是当前计算机视觉领域比较常用的模型，了解经典模型结构可以更加快速地掌握最新论文的模型和源码。本章在对比优缺点的基础上分析三种模型的适用场景，介绍了激活函数的定义、函数图像以及如何使用，并分析了每个激活函数的优缺点。其次，在计算机视觉领域中，图像生成、图像翻译、风格转换任务主要以生成对抗网络模型为主，所以介绍了如何解决该网络目前存在的稳定性问题，包含如何约束 Lipschitz 常数——KL散度、JS 散度、Wasserstein 距离和惩罚项，以及使用各种损失函数——交叉熵损失、L_1 损失、L_2 损失、铰链损失、感知损失等。最后，本章以简单的例子介绍 Numpy、PyTorch 和 Jittor 工具库，使用简单案例对比两个深度学习框架的优缺点。

参考文献及扩展阅读

[1] LI H A, WANG G Y, HUA Q Z, et al. An image watermark removal method for secure IoT applications based on federated learning[J]. Expert systems, 2022, 40(5): e13036. DOI: 10. 1111/exsy. 13036.

[2] LI H A, FAN J W, HUA Q Z, et al. Biomedical sensor image segmentation algorithm based on improved fully convolutional network Measurement[J]. Measurement, 2022, 197: 111307. DOI: 10. 1016/j. measurement. 2022. 111307.

[3] LI H A, HU L Q, HUA Q Z, et al. Image inpainting based on contextual coherent attention GAN[J]. Journal of Circuits, Systems and Computers, 2022, 31 (11): 2250209. DOI: 10. 1142/S0218126622502097.

[4] 李洪安，郑峭雪，张婧，等. 结合 Pix2Pix 生成对抗网络的灰度图像着色方法[J]. 计算机辅助设计与图形学学报，2021, 33(6): 929-938.

[5] 邹丹冰. 基于生成对抗网络的无监督医学影像分割算法研究[D]. 武汉: 武汉大学，2021.

[6] 王格格. 基于生成对抗网络的半监督及无监督域适应分类研究[D]. 成都: 四川师范大学，2020.

[7] 艾文杰. 基于生成对抗网络的人脸超分辨率算法研究[D]. 成都: 电子科技大学，2021.

[8] 王博文. 生成对抗网络的改进及其应用研究[D]. 成都: 电子科技大学，2021.

[9] 王磊. 基于生成对抗网络的异源图像迁移与增强研究[D]. 成都: 电子科技大学，2021.

[10] ZHAO T, WANG Y, LI G, et al. A model-based reinforcement learning method based on conditional generative adversarial networks[J]. Pattern Recognition Letters, 2021, 152: 18-25.

[11] CRESWELL A, WHITE T, DUMOULIN V, et al. Generative adversarial networks: an overview[J]. IEEE Signal Processing Magazine, 2018, 35(1): 53-65.

[12] GOODFELLOW I, POUGET-ABADIE J, MIRZA M, et al. Generative adversarial networks[J]. Communications of the ACM, 2020, 63(11): 139-144.

[13] 徐毅，董晴，戴鑫，等. ELM 优化的深度自编码分类算法[J]. 计算机科学与探索，2018, 12(5): 820-827.

[14] 贾文娟，张煜东. 自编码器理论与方法综述[J]. 计算机系统应用，2018, 27(5): 1-9.

[15] 刘帆. 深度自编码器理论及其应用研究[D]. 无锡: 江南大学，2018.

[16] 吕铄，蔡恒，冯瑞. 基于改进损失函数的 YOLOv3 网络[J]. 计算机系统应用，2019, 28(02): 1-7.

[17] LI H A, ZHENG Q X, YAN W J, et al. Image super-resolution reconstruction for secure data

transmission in internet of things environment[J]. Mathematical Biosciences and Engineering, 2021, 18(5):6652-6671.

[18] LI K, WEI Y, YANG Z, et al. Image inpainting algorithm based on TV model and evolutionary algorithm[J]. Soft Computing-A Fusion of Foundations, Methodologies and Applications, 2016, 20 (3):885-893.

[19] WEERASEKERA C S, DHARMASIRI T, GARG R, et al. Just-in-time reconstruction: inpainting sparse maps using single view depth predictors as priors[C]. 2018 IEEE International Conference on Robotics and Automation (ICRA), IEEE, 2018:4977-4984.

[20] ZHAO J, CHEN Z, ZHANG L, et al. Unsupervised learnable sinogram inpainting network (SIN) for limited angle CT reconstruction[EB/OL]. arXiv, (2018-11-09) [2025-01-12]. https://arxiv.org/abs/1811.03911.

[21] CHANG Y L, LIU Z Y, HSU W. VORNet: spatio-temporally consistent video inpainting for object removal[C]. Proceedings of the IEEE/CVF conference on computer vision and pattern recognition workshops, 2019:1-8.

[22] ZHAO Y, PRICE B, COHEN S, et al. Guided image inpainting: replacing an image region by pulling content from another image [C]. IEEE winter conference on applications of computer vision (WACV), 2019:1514-1523.

[23] SU Y Z, LIU T J, LIU K H, et al. Image inpainting for random areas using dense context features [C]. IEEE International Conference on Image Processing (ICIP), IEEE, 2019:4679-4683.

[24] MA Y, LIU X, BAI S, et al. Coarse-to-fine image inpainting via region-wise convolutions and non-local correlation[C]. Twenty-Eighth International Joint Conference on Artificial Intelligence IJCAI-19, 2019:3123-3129.

[25] ISOLA P, ZHU J Y, ZHOU T H, et al. Image-to-image translation with conditional adversarial networks[C]. Proceedings of the IEEE conference on computer vision and pattern recognition, 2017:1125-1134.

[26] 李占利,孙志浩,李洪安,等. 图卷积网络下牙齿种子点自动选取[J]. 中国图象图形学报, 2020, 25 (07):1481-1489.

[27] ZHU J Y, PARK T, ISOLA P, et al. Unpaired image-to-image translation using cycle-consistent adversarial networks[C]. Proceedings of the IEEE international conference on computer vision, 2017:2223-2232.

[28] ARJOVSKY M, CHINTALA S, BOTTOU L. Wasserstein generative adversarial networks[C]. International conference on machine learning, PMLR, 2017:214-223.

[29] GULRAJANI I, AHMED F, ARJOVSKY M, et al. Improved training of wasserstein gans[C]. Advances in neural information processing systems, 2017:5767-5777.

[30] ZHANG H, GOODFELLOW I, METAXAS D, et al. Self-attention generative adversarial networks [C]. International conference on machine learning, PMLR, 2019:7354-7363.

第 3 章 网络模型基础

[31] SU J W,CHU H K,HUANG J B. Instance-aware image colorization[C]. Proceedings of the IEEE/ CVF Conference on Computer Vision and Pattern Recognition,2020:7968-7977.

[32] WU Y,WANG X,LI Y,et al. Towards vivid and diverse image colorization with generative color prior[C]. Proceedings of the IEEE/CVF International Conference on Computer Vision,2021: 14377-14386.

[33] LI H A,ZHANG M,YU Z H,et al. An improved pix2pix model based on Gabor filter for robust color image rendering[J]. Mathematical Biosciences and Engineering,2022,19(1):86-101.

[34] NOH H,HONG S,HAN B. Learning deconvolution network for semantic segmentation[C]. Proceedings of the IEEE International Conference on Computer Vision. Los Alamitos: IEEE Computer Society Press,2015:1520-1528.

[35] AGUSTSSON E,TIMOFTE R. Ntire 2017 challenge on single image super-resolution:Dataset and study[C]. Proceedings of the IEEE conference on computer vision and pattern recognition workshops,2017:126-135.

智
能
图
像
处
理

本章介绍计算机视觉的相关知识，包括训练模型时的影响因素、用于学习权重的三种注意力机制和一些学习方法（例如强化学习、马尔可夫决策、元学习、迁移学习、终身学习等），旨在拓展计算机视觉的相关知识，帮助读者利用相关学习方法结合研究方向解决实际问题。

4.1 模型训练影响因素

由于深度学习的参数数量巨大，并且模型参数存在着随机性和偶然性，因此深度学习的模型训练受到诸多因素的影响，例如优化器、批量大小（batchsize）、学习率等都会影响模型参数的训练过程。不同的优化器通过特定的梯度更新规则，解决模型参数在更新的过程中产生的梯度更新速度慢、梯度爆炸、梯度消失等问题。通过控制模型一次性计算的数据量的大小，调整模型训练中需要训练的参数量，可以为模型调整合适的批量大小，加快模型的训练和学习速度。学习率影响模型收敛速度的方式是通过影响梯度更新步长来实现的，提高学习率可以加快模型的训练速度，但是也有可能出现梯度爆炸或者梯度消失的风险。

4.1.1 优化器

1. 批量梯度下降

批量梯度下降（Batch Gradient Descent，BGD），顾名思义就是计算在参数 θ 下整个数据集的损失，并将该损失应用于梯度更新。换句话说，我们计算整个数据集的梯度只用进行一次更新，每次迭代都需要把所有的样本全部输入，这样做的好处是每次迭代都顾及了全部的样本。同样显而易见的是，BGD这种方法十分缓慢，对于无法一次性加载进内存的数据集是不适宜的，且无法投放新的数据对模型进行在线更新。BGD的基本策略可以理解为一个盲人下山，虽然过程显得很曲折，但是他总能下到山底。

BGD采用整个训练集的数据来计算损失函数对参数的梯度：

$$\theta = \theta - \eta \times \nabla_\theta J(\theta) \tag{4.1}$$

其中 θ 是损失，η 表示学习率，$J(\theta)$ 表示反向传播梯度。

相比较其他的优化器，BGD 的迭代次数较少，并且在凸函数上能保证收敛到全局最优点。但 BGD 优化器也具有很多缺点：

（1）该方法需要在每轮迭代中计算所有样本的梯度，当数据集非常大时，计算资源消耗显著增加，计算成本大、迭代速度慢。

（2）在使用 BGD 优化器时，初始点的选择没有确定的方法。对于"凸问题"，任意初始点都能获得最优解，但是对于"非凸问题"，只有在最优点的邻域内才能获得最优解，否则只是局部最小，会导致陷入局部最优。

目前 BGD 优化器在 PyTorch 中已经被弃用，一般使用随机梯度下降法代替 BGD。

2. 随机梯度下降

随机梯度下降（Stochastic Gradient Descent，SGD）是针对每一个训练样本和标签进行参数更新的优化器。BGD 是一次性计算所有数据的梯度，这在数据集非常大的情况下会导致数据集可能有类似的样本，所以 BGD 在梯度计算中会有多余的样本。而 SGD 则是在每次更新时更新每个样本的梯度，即每次只更新一个样本，所以没有多余的样本，而且速度更快，可以增加新的样本。SGD 的计算公式如下：

$$\theta = \theta - \eta \times \nabla_\theta J(\theta; x^{(i)}; y^{(i)}) \tag{4.2}$$

其中 θ 是损失，η 表示学习率，$J(\theta; x^{(i)}; y^{(i)})$ 表示反向传播梯度。

虽然 SGD 需要走很多步，但是对梯度的要求很低。一些关于引入噪声的理论和实践工作表明，只要噪声不是太大，SGD 就能很好地收敛。当 SGD 应用于大型数据集时，训练速度很快。例如，我们每次从一百万个数据点的样本中抽取几百个数据点，计算 SGD 的斜率并更新模型参数。这比标准的梯度下降法要快得多，梯度下降法运行整个样本并为每个输入样本更新一次参数。另外，如果我们慢慢降低学习率，会发现 SGD 的收敛行为与 BGD 相同，可以收敛到局部最小值，但 SGD 的振荡可以帮助它跳到更好的局部最小值，即 SGD 优化器几乎会收敛到非凸函数的局部最小值和凸函数的全局最小值。

同样，SGD 优化器也有它的缺点。由于 SGD 仅对单个样本进行更新，单个样本间的方差较大且不能代表所有样本，所以 SGD 的每次迭代不一定是朝着整体最优的方向前进，且可能每次优化的方向相差非常大。另外，SGD 更新比较频繁，导致 SGD 的损失函数会存在振荡的情况。

PyTorch 封装中的 SGD 优化器代码如下所示：

```
torch. optim. SGD(params,lr=<required,parameter>,momentum=0,dampening=0,weight_decay=0,
nesterov=False)
#  params (iterable)——待优化参数的 iterable 或者是定义了参数组的 dict.
```

```
# lr (float)——学习率
# momentum (float，可选)——动量因子(默认为 0，通常设置为 0.9、0.8)
# dampening (float，可选)——动量的抑制因子(默认为 0)
# weight_decay (float，可选)——权重衰减(L₂ 惩罚)(默认为 0)
# nesterov (bool，可选)——使用 Nesterov 动量(默认为 False)
```

3. RMSprop

Adagrad(自适应学习率的梯度下降算法)是 2011 年提出的一种优化器算法，使用迭代次数和累积梯度来自动降低学习率，以便在首次运行迭代时学习率很高，足以迅速收敛。然后逐渐降低速率，对参数进行微调，使模型能够持续找到最佳点。RMSprop 方法被称为均方根法，是 Geoffrey Hinton 提出的一种自适应学习率方法，它和矩量法一样，可以加速下降梯度。RMSprop 本质上与 Adagrad 类似，但增加了迭代衰减，旨在解决 Adagrad 系统学习率突然下降的问题。RMSprop 优化器的梯度更新规则如下所示：

$$E\left[g^2\right]_t = \gamma E\left[g^2\right]_{t-1} + \eta g_t^2 \tag{4.3}$$

其中 $E\left[g^2\right]_t$ 表示下一次更新的损失结果，g_t^2 表示反向传播梯度。

超参数设定值：Hinton 建议设定 γ 的值为 0.9，学习率 η 的值为 0.001。

在 RMSprop 中，梯度累积不是简单的前 $t-1$ 次迭代梯度的平方和，而是加入了衰减因子 α 后的结果。简单理解就是学习率除以前 $t-1$ 次迭代的梯度的加权平方和，而且 RMSprop 在 Adagrad 基础上添加了衰减因子，能够在学习率更新过程中权衡过去与当前的梯度信息，减轻了因梯度不断累积导致学习率大幅降低的影响，防止学习过早结束。

PyTorch 封装中的 RMSprop 优化器代码如下所示：

```
torch.optim.RMSprop(params，lr=0.01，alpha=0.99，eps=1e−08，weight_decay=0，momentum=0，
centered=False)
# params (iterable)——待优化参数的 iterable 或者是定义了参数组的 dict.
# lr (float)——学习率
# momentum (float，可选)——动量因子(默认为 0，通常设置为 0.9、0.8)
# weight_decay (float，可选)——权重衰减(L₂ 惩罚)(默认为 0)
```

4. Adam

Adam 优化器于 2015 年提出，是 SGD 方法的一个扩展，可以取代经典的随机梯度下降法，更有效地更新网络权重。从本质上讲，它解决了以前在梯度下降背景下的一些问题，如小样本、自适应学习率、倾向于卡在梯度上的小点等，是另一种计算每个参数的自适应学

习率的方法。Adam 吸收了 Adagrad 和动量梯度下降算法的优点，既能适应稀疏梯度（即自然语言和计算机视觉问题），又能缓解梯度振荡的问题。除了像 RMSprop 那样需要计算历史平方梯度 v_t 的指数衰减平均值，类似于动量，Adam 同时还保存历史梯度 m_t 的指数衰减平均值。m_t 和 v_t 的表达式分别如式(4.4)和式(4.5)所示。

$$m_t = \beta_1 m_{t-1} + (1-\beta_1) g_t \tag{4.4}$$

$$v_t = \beta_2 v_{t-1} + (1-\beta_2) g_t^2 \tag{4.5}$$

如果 m_t 和 v_t 被初始化为零向量，它们就会偏向于 0，在这种情况下，需要进行偏差校正，通过计算偏差校正后的 m_t 和 v_t 来抵消偏差。计算公式为

$$\hat{m}_t = \frac{m_t}{1-\beta_1^t} \tag{4.6}$$

$$\hat{v}_t = \frac{v_t}{1-\beta_2^t} \tag{4.7}$$

梯度更新规则如下：

$$\theta_{t+1} = \theta_t - \frac{\eta}{\sqrt{\hat{v}_t + \varepsilon}} \hat{m}_t \tag{4.8}$$

超参数设定值：$\beta_1 = 0.9$，$\beta_2 = 0.999$，$\varepsilon = 10e-8$。

Adam 算法与传统的随机梯度下降算法不同。随机梯度下降法在更新所有权重时保持一个单一的学习率，训练过程中的学习率并不改变。相比之下，Adam 算法通过对随机梯度的一阶矩估计和二阶矩估计，为不同的参数设计独立的适应性学习率。事实上，在这种情况下，RMSprop、Adadelta 和 Adam 都是比较类似的优化算法，在类似的情况下表现非常好。然而，当梯度变得稀疏时，偏差校正使 Adam 算法比 RMSprop 算法更快、更好。在实践中，Adam 已被证明优于其他自适应学习方法。PyTorch 封装中的 Adam 优化器代码如下所示：

```
torch.optim.Adam(params，lr=0.001，betas=(0.9, 0.999)，eps=1e−08，weight_decay=0，amsgrad=False)
# params(iterable)——可用于迭代优化的参数或者定义参数组的 dicts
# lr (float, optional)——学习率(默认为 1e-3)，更新梯度的时候使用
# betas (Tuple[float, float], optional)——用于计算梯度的平均值以及平方方值(默认为(0.9, 0.999))
# eps (float, optional)——为了提高数值稳定性而添加到分母的一个项(默认为 1e-8)
# weight_decay (float, optional)——用于权重衰减的一个惩罚参数(默认为 0)，在更新参数时，将其加
   在损失函数中使用
```

4.1.2 其他因素

1. 批量大小

批量大小表示在训练神经网络模型过程中，向网络中一次性输入数据的大小，通常使用 batchsize 或 batch_size 进行表示。在最初训练神经网络模型时，一般是将所有的数据样本一次性集中输入，并通过计算所有样本的平均损失值对网络参数进行一次更新。随着数据集的不断扩大，使用一次性训练的方法占用内存空间过大，对计算机的计算性能要求过高，因此提出 batchsize，使用分批次输入数据样本的方式多次迭代优化网络参数。

使用分批输入数据样本的方式对网络进行训练，相当于人为地将数据的分布情况进行了改变，这导致使用分批学习的方法与一次性训练方法得到的优化网络模型存在差异。因此使用不同的批量大小对网络训练存在一定的影响，批量大小与网络的收敛存在相对的比例关系。因为一个批次的数据样本只代表了整体数据中的一部分，因此 batchsize 越小，数据的代表性越差，一个批次中的随机性越高，网络越不易收敛。batchsize 越大，越能够代表整体数据的特征，梯度下降方向越准确，因此收敛速度越快、迭代次数越少。

然而并不是 batchsize 越大，网络训练的效果就能越好。较大的 batchsize 容易使梯度始终向单一方向下降，陷入局部最优，并且当 batchsize 增大到一定程度时，每一个批次产生的权值更新(即梯度下降方向)基本不变。因此，理论上存在一个最合适的 batchsize 值，使得训练能够收敛最快或者收敛效果最好，一般在内存空间足够的情况下，批量大小从 128 开始调整。

2. 学习率

学习率作为监督学习以及深度学习中重要的超参数，决定着目标函数能否收敛到某个最小值以及何时收敛到最小值。在深度学习中，通常采用误差反向传播算法来优化网络中的参数，以此模拟样本的输出。而学习率就是用来控制误差大小的一个参数量，合适的学习率能够使目标函数在合适的时间内收敛到局部最小值。

学习率的大小对网络的优化效果和优化时间起到了关键的作用，学习率过大，可能会使损失函数直接越过全局最优点，使得损失振动幅度较大，模型难以收敛。学习率过小，损失函数的变化速度很慢，并且容易陷入局部最优值，导致过拟合。因此，学习率通常不设定为一个固定值，在网络训练的初期通常将学习率设置为一个较大值(0.01~0.001)，随着网络训练的次数增加，学习率不断减小，直至模型收敛。

以 PyTorch 为例，在训练网络模型过程中可以采用不同的方法对学习率进行设置，较为常见的学习率衰减方法有指数衰减、固定步长衰减、多步长衰减和余弦退火衰减等，相关算法学习率变化过程如图 4.1 所示。

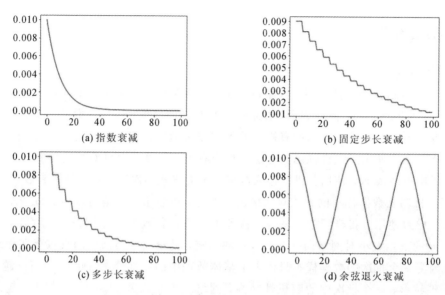

(a) 指数衰减

(b) 固定步长衰减

(c) 多步长衰减

(d) 余弦退火衰减

图 4.1　常见学习率衰减方法

3. 剪枝

神经网络以其强大的学习和拟合能力被广泛应用于多个领域，但是随着深度学习的发展，网络模型的结构也越来越复杂，因此网络结构所占用的空间和计算资源变得更多。而神经网络剪枝则是针对该问题的一种解决方法。已有研究表明，在神经网络模型中有大量的冗余神经元和权重，只有 5%～10% 的权重参与了主要计算，并对最终结果产生影响。因此对不重要的网络结构进行裁剪既可以减小网络体积，又可以提高网络运行的效率，剪枝效果如图 4.2 所示。

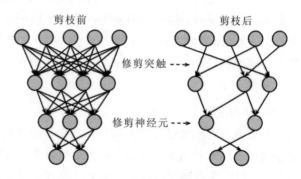

图 4.2　神经网络剪枝

剪枝技术按照细粒度的不同可分为结构性剪枝和非结构性剪枝。结构性剪枝剪除的基本单元为神经元，在相同的实验条件下，剪枝后的模型能够实现加快推理速度和减少存储空间，但是剪枝颗粒度较大，往往会对压缩后模型的精度产生较大的影响；非结构性剪枝剪除的基本单元为单个权重，经过剪枝后的模型精度损失更小，但最终会产生稀疏的权重矩阵，需要下层硬件以及计算库有良好的支持才能实现推理加速与存储优势。

4. 正则化

在神经网络训练过程中，由于对某一类数据的倾向、数据集分布不合理、网络复杂度过高等因素，会导致网络模型的过拟合。而正则化则是通过给模型增加"规则、限制"，使模型具有较强的泛化能力，防止过拟合。

在深度学习中常见的正则化方法有添加惩罚项、数据增强、dropout 和批量正则化等。最直接的正则化是在损失函数中加入惩罚项，比如 L_2 正则化，又称权重衰减。L_2 正则化关注的是权重平方和的平方根，是要网络中的权重接近 0 但不等于 0；而在 L_1 正则化中，关注的是权重的绝对值，权重可能被压缩成 0。数据增强是一种通过变换训练数据来提升模型泛化能力的技术。例如在计算机视觉中常用图像旋转、翻转或裁剪等方式增强数据；在自然语言处理中可通过同义词替换、句子重组或随机插入等方式进行数据增强。其核心在于增加数据多样性，减少模型对训练数据的过拟合，从而提高模型在未见过的数据上的鲁棒性和性能。dropout 则是在网络中随机丢失一些神经元之间的连接，类似于在训练过程中将整体网络拆分成不同的弱分类器，而在测试中将所有的弱分类器集成在一起，从而提高泛化能力。该方法也仅适用于网络层数较多、网络结构复杂的模型。批量正则化是将卷积神经网络的每层之间加上将神经元的权重调成标准正态分布的正则化层。这样可以让每一层的训练都从相似的起点出发，从而改善网络的梯度，提高网络训练的速度。

4.2 注意力机制

注意力模型已经成为神经网络中一个非常重要的研究方向，被广泛应用于人工智能相关领域，如自然语言处理、统计学习、语音识别和计算机视觉。注意力机制的灵感可以从人类环境的生理感知中找到。例如，我们的视觉系统通常会选择图像的一部分进行重点分析。同样，许多语言和视觉任务中不仅包含与所研究的任务密切相关的信息，还包含一些不相关的信息。在图像注解任务中，一些局部信息可能与下一个注解的词有更密切的关系。注意力机制包含了这种关系，使得模型能够动态地关注输入数据的某些部分，从而更有效地执行任务。

4.2.1 自注意力机制

计算机视觉中注意力机制的基本思想是：系统学会了注意，即忽略不相关的信息，专注于关键信息。在如今的深度学习世界里，建立能够处理注意力机制的神经网络显得更加重要。一方面，这种神经网络可以自己学习注意力机制，另一方面，注意力机制可以帮助我们理解神经网络所看到的世界。近年来，关于将深度学习与视觉注意力机制相结合的研究工作大多集中在使用掩码来模拟注意力机制。掩码的原理是：一个注意力机制是由另一个人创造的，掩码是一个新的权重层，它可以识别图像数据中的关键特征，通过学习和训练，让深度学习网络学习在每张新图像中应该关注哪些区域，即注意力的形成。这个概念已经演变成两种不同的注意类型，即软注意机制和强注意机制。软注意机制的一个关键特征是它更注重区域或通道，而且软注意机制是确定性的，可以在学习后直接由网络产生。一个关键点：软注意机制是微观的。软注意机制更注重于点，即图像中的任何一点都能引起注意，而强注意机制是一个随机的预测过程，更强调动态变化。

图 4.3 是自注意力机制的基本结构，feature maps 是由基本的深度卷积网络得到的特征图，通常情况下，从最终的 ResNet 中去除两个下采样层，得到的特征图是原始输入图像的 1/8 大小。自注意力机制结构的本质可以描述为从查询到系列（键-值）对的映射。由于卷积核的感知领域是局部的，只有在积累了许多层次之后，图像的不同部分才能相互关联。

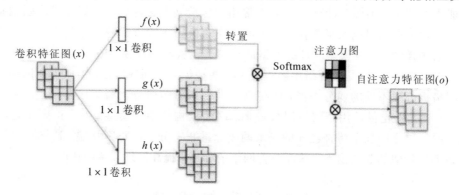

图 4.3　自注意力机制模型

计算时通常分为三步：

（1）计算查询（Query）和各个键（Key）之间的相似性，以获得权重。

（2）使用 Softmax 函数将这些权重归一。

（3）对权重和相应的关键值进行加权求和，得到最终的注意力。

4.2.2　通道注意力

卷积网络的每一层都有几个卷积核，每个卷积核都对应着一个特征通道。与空间注意机制相比，通道注意机制涉及卷积通道之间的资源分配，而且分配的粒度比前者高一个层次。通道注意模块的主要目的是研究不同通道的特征图之间的关系。每一层的每个通道的特征图作为一个特征检测器，告诉模型应该使用通道注意模块更多地关注哪些特征及功能。同时使用 average-pooling 和 max-pooling 聚合空间维度特征，产生两个空间维度描述符。随后经 MLP(fc＋ReLU＋fc)＋Sigmoid 层，为每个通道产生权重，最后将权重与原始特征图相乘。

通道注意力允许将资源分配给每个卷积通道，并对每个通道的重要性进行建模。其整体实现简单而有效，因为它能够在处理不同任务时对功能进行优化。在现有的通道注意方法中，Squeeze-and-Excitation Network(SENet)和卷积网络是最典型的探索性方法。其中，SENet 是一个动态且自适应地重新分配和调节通道维度特征的模块。

后来的研究通过引入更复杂的通道依赖关系或增加更多的空间维度来改进 SENet，但

智能图像处理

这不可避免地增加了模型的复杂度。SENet 使用的降维操作在预测通道注意力时效率较低，因此 Wang Q L 等人提出了高效通道注意力网络（Efficient Channel Attention Network，ECA-Net）来解决这个问题。ECA-Net 是一个网络模块，它采用局部通道交互策略，无须降维。这样可以显著降低模型的复杂性，同时保留网络的性能。ECA-Net 可以轻松插入和部署，显著减少参数计算，同时几乎不损失准确性，因此在当前的深度学习研究中得到了广泛应用。

4.2.3 空间注意力

空间注意力的本质在于识别目标并为其分配适当的权重，从而使模型能够关注特征图上更重要的位置。一幅图像中的各个部分对任务的贡献不同，但只有那些与任务相关的部分需要被更多关注。空间注意力使神经网络能够识别关键信息，并将原始图像中的空间信息转换到不同的空间，以保留最相关的信息。这种机制在许多现有方法中被广泛使用，例如谷歌 DeepMind 提出的空间变换网络（Spatial Transformer Network，STN）。STN 能够学习输入数据的形状，从而进行适合任务的预处理，它是一个基于空间的注意力模型，网络结构如图 4.4 所示。

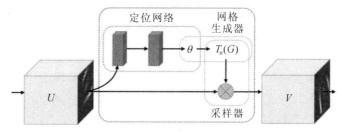

图 4.4　STN 网络模型

在这个例子中，一个定位网络被用来生成仿生变换的系数。输入是一个 $C \times H \times W$ 维的图像，输出是空间变换系数，其大小取决于要学习的变换类型。或者在仿生变换的情况下，输出是一个六维矢量，该网络效果图如图 4.5 所示。

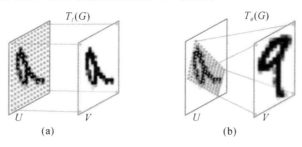

图 4.5　STN 网络效果图

首先定位到目标的位置，然后进行旋转等操作，使得输入样本更加容易学习。这是一种一步调整的解决方案，还有很多迭代调整的方案。在大多数情况下，感兴趣的区域只是图像的一小部分，因此，空间注意的目的是寻找目标并进行一些转换或获得权重。

4.3 学习方法

近年来，随着深度学习在图像识别领域取得巨大突破，掀起了以神经网络为基础的深度学习研究热潮。目前在神经网络的学习中，机器学习和深度学习的理论与方法已被广泛应用于解决多个领域的复杂问题，其中最典型的就是计算机视觉。根据强调侧面的不同，学习方法可以分为强化学习、元学习、迁移学习等。一种学习方法描述现实的能力越强，解决问题就越精准，但它的表达能力是有限制的。当现实中存在很多变数的时候，当前学习方法就会缺乏反馈，这时候就会演化出新的学习方法以用来解决问题。

4.3.1 强化学习

1. 概述

强化学习(Reinforcement Learning，RL)，也被称为反应式学习、评价式学习或增强式学习，它是一种用于描述和解决问题的范式和方法。在解决问题的过程中，智能代理学习策略，通过与环境的互动实现效用最大化或实现特定目标。强化学习以"试错"的方式与环境互动，目的是使情报奖励最大化。受到行为科学的启发，在心理学中，强化学习理论特别强调在线学习，寻求保持探索和利用之间的平衡。与引导式学习和无监督式学习不同的是，强化学习不需要事先呈现数据。

在强化学习中，环境提供的强化信号是对行为质量的评估(通常是一个标度信号)，而不是告诉强化学习系统(Reinforcement Learning System，RLS)如何产生良好行为的指标。由于外部环境提供的信息很少，RLS 必须从自己的经验中学习。通过这种方式，RLS 获得了评估业绩的环境知识，并根据环境改进行动计划。

代理人的目标是找到最佳策略，使每个离散状态下的预期折扣最大化，奖励也最大化。在强化学习中，学习被看作是一个最初的评价过程。在这个过程中，代理人选择一个在环境中使用的行动。当环境接受这个行动时，状态迅速变化，产生一个强化信号(奖励或惩罚)并反馈给代理人。然后代理人根据强化信号和环境的当前状态选择下一个行动，其原则是正强化(奖励)的概率增大。所选择的行动不仅实时影响到强化物的价值，而且还影响到下一时刻的环境状态和强化物的最终价值。强化学习系统的目的是动态调整参数，使强化信号最大化。

整个强化学习系统由五部分组成：智能体(Agent)、状态(State)、奖赏(Reward)、动作(Action)和环境(Environment)，如图 4.6 所示。代理人是强化学习系统的核心，它检测环境的状态，并根据环境提供的强化信号学习选择适当的行动，以使长期奖励值最大化。环境接收代理人执行的一系列行动，对其进行评估，并将其转化为代理人可衡量的奖励，而不是告诉代理人如何学习这些行动。奖励是一个可量化的标量反馈信号，环境向代理人提供该信号，以评估代理人在特定时间步骤中的活动表现如何。状态指的是关于代理人所处环境的信息，包括智能体用来做出行动选择的所有信息。

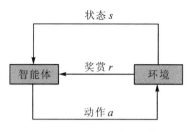

图 4.6 强化学习的系统模型

强化学习系统中强化学习的目标是动态调整参数以达到最大的强化信号。一旦知道了梯度 r/a 的信息，就可以使用监督学习算法。由于强化信号 r 没有明确地用代理人产生的行动 a 来描述功能，所以梯度信息 r/a 是不可用的。因此，强化学习需要一些随机单元，代理人通过这些单元搜索可能的行动空间并找到正确的行动。

2. 网络模型

每个代理人由两个神经网络模块组成——行动网络和评估网络。图 4.7 是强化学习网络模型。行动网络是基于当前的状态，确定给定环境中接下来要采取的最佳行动。在评估强化网络信号时，行动网络输出节点的搜索可以有效地随机进行，大大提高了选择良好行为的概率，形成整个在线行动网络。使用环境模型网络对环境进行建模，并使用评估网络根据当前状态和模拟环境预测标量值的外部强化信号，进而可以通过单步和多步行动网络预测当前应用于环境的行动强化信号，为行动网络提供候选行动的预强化信号和额外的奖惩信息(内部强化信号)，以减少不确定性并提高学习率。

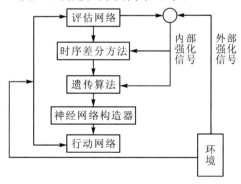

图 4.7 强化学习的网络模型

强化学习使用 TD 方法来预测时间序列差异，并使用反向传播 BP 算法来学习评估网络，同时对行动网络进行遗传操作，将内部强化信号作为行动网络的强化函数。强化学习网络的工作分为两部分——正向信号计算和遗传增强计算。在正向信号计算中，评估网络采用时序差分方法，通过评估网络对环境进行建模，从而实现对外部增益信号的多步骤预测。评估网络为业务网络提供更有效的内部增益信号，以开展更多相关活动。内部强化信号允许业务网络和评估网络在每一步进行学习，而不必等待外部强化信号，这大大提高了两个网络的学习速度。

3. 应用

RL 在游戏领域的应用引起了广泛的关注，并取得了极大的成功，最典型的就是人尽皆知的 AlphaGo Zero。通过强化学习，AlphaGo Zero 能够从零开始自己学习围棋游戏。经过 40 天的训练，AlphaGo Zero 的表现超过了世界排名第一的围棋高手柯洁。该模型仅包含一个神经网络，且只将黑白棋子作为输入特征。由于网络单一，采用简单的树搜索算法来评估位置移动和样本移动，且不需要任何蒙特卡洛展开。

在新闻推荐领域，用户的偏好不是静态的，也不可能根据用户反馈和偏好向用户推荐信息。这种基于强化学习的系统可以动态地跟踪读者的反馈并更新建议。构建信息系统需要获取新闻特征、读者特征和上下文特征。其中，新闻特征包括但不限于内容、标题和发布者；读者特征是指读者与内容的交互方式，如点击和共享；上下文特征包括新闻的时间和新鲜度等。然后根据用户行为定义奖励函数，训练 RL 模型。

在图像领域，传统的图像分析过程从图像分割开始，假定感兴趣的对象从背景图像中准确提取出来，然后是特征提取和特征检测。整个过程是一个开放的循环，公共变量是默认值。如图 4.8 所示，传统图像分析中的图像分割变量是固定的，与图像识别算法无关。传统的图像分析有以下缺点：

（1）图像分割必须能够在一开始就将目标区域与背景分开，才能使后续处理令人满意。

（2）传统的图像分割缺乏语义信息，不适合现实图像的复杂环境。

（3）传统的图像分析缺乏对图像分割反馈的评价。

为了弥补这些缺陷，我们创建了一个基于强化学习的封闭式图像分析框架，与传统的开放机制形成对比。这个框架能够智能地选择图像分割变量，以获得最佳分割变量。如图 4.9 所示，识别算法确定的相似性通过强化学习反馈到图像分割中，独立获得新的分割变量，而提取的图像特征则为图像分割提供语义环境。

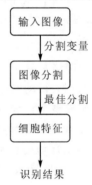

图 4.8　传统的图像分析流程

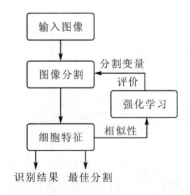

图 4.9　基于强化学习的图像分析流程

具体来说，利用强化学习进行图像分析的优点有以下几点：

（1）图像分割能够根据识别算法的结果自动调整变量，以便进一步进行智能处理。

（2）框架中的图像特征为图像分割提供了语义环境，以匹配图像的具体背景。

（3）通过强化学习，用图像特征相似性来评估图像分割。

血细胞图像的智能分割可以通过强化学习来实现，其中识别算法的结果被用于分割，以评估分割的效果。同时，血细胞特征为图像分割提供了一个语义环境，从而解决了细胞图像的复杂性和多样性问题。

4.3.2 马尔可夫决策

在概率论和数理统计中，马尔可夫链（Markov Chain，MC）是具有马尔可夫特性的随机过程，存在于离散指数集和状态空间。适用于连续指数集的马尔可夫链被称为马尔可夫过程，但有时也被当作马尔可夫链的子集，即连续时间马尔可夫链（CTMC），对应于离散时间马尔可夫链。因此，马尔可夫链是一个相对宽泛的概念。

马尔可夫链可以用转移矩阵和转移图来定义。马尔可夫链还可以是周期性的、递归的、可积分的和遍历的。不可约正态循环马氏链是具有唯一平稳分布的严格平稳马氏链。遍历马尔可夫链的极限分布收敛于其平稳分布。

马尔可夫决策过程（Markov Decision Process，MDP）是一个用于顺序决策的数学模型。它被用来模拟在系统状态具有马尔可夫特征的环境中可以实现的随机政策和结果。MDP由一组相互作用的对象构建，包括状态、行动、战略和奖励等要素。在 MDP 模拟中，智能体验者感知系统的当前状态，并根据策略对环境采取行动，从而改变环境的状态并获得反馈。随着时间的推移，积累的反馈被称为奖励。

MDP 的理论基础是马尔可夫链，这就是为什么它也被称为行为的马尔可夫模型。根据时间步长是否离散，MDP 被分为连续时间 MDP 和离散时间 MDP。此外，还有几种 MDP 的变体，包括部分可观察的马尔可夫决策过程、有限马尔可夫决策过程和模糊马尔可夫决策过程。

由 MDP 的定义可知，其包含一组交互对象，即智能体和环境。

（1）智能体：MDP 中的机器学习代理。它可以检测外部环境的状态，作出决定，对环境采取行动，并通过环境的反馈来调整决定。

（2）环境：MDP 模型中代理之外的所有内容的集合。它的状态会因代理的行为而改变，代理可以完全或部分感知到上述变化。在每个决策之后，环境可能会反馈给代理相应的奖励。

设 $\{X(t), t \in T\}$ 为一随机过程，其状态空间为 E，若对任意的 $t_1 < t_2 < \wedge < t_n < t$，任意的 $x_1, x_2, \wedge, x_n, x \in E$，在已知变量 $X(t_1) = x_1, \wedge, X(t_n) = x_n$ 的情况下，随机变量 $X(t)$ 的条件分布函数只和 $X(t_n) = x_n$ 有关，而与 $X(t_1) = x_1, \wedge, X(t_{n-1}) = x_{n-1}$ 都无关，则有条件分布函数满足公式

$$F(x, t | x_n, x_{n-1}, \wedge, x_2, x_1, t_n, t_{n-1}, \wedge, t_2, t_1) = F(x, t | x_n, t_n) \qquad (4.9)$$

即有

$$P\{X(t) \leqslant x | X(t_n) = x_n, \wedge, X(t_1) = x_1\} = P\{X(t) \leqslant x | X(t_n) = x_n\} \qquad (4.10)$$

公式(4.10)可以用来解释：对于一个随机过程来说，在当前状态和所有过去状态下，其未来状态的条件概率分布只取决于当前状态。换句话说，如果当前状态是给定的，它的条件与以前的状态无关，那么随机过程是具有马尔可夫特征的，也就是说，不存在事后的记忆或回忆。

若 $X(t)$ 为离散型随机变量，则公式(4.10)也可表示为

$$P\{X(t) \leqslant x | X(t_n) = x_n, \cdots, X(t_1) = x_1\} = P\{X(t) = x | X(t_n) = x_n\} \qquad (4.11)$$

若随机过程$\{X(t), t \in T\}$满足马尔可夫性，便称为马尔可夫过程。

根据 MDP 的五个要素，可以用五个再分配$\{T, S, A(i), p(\cdot | i, a), r(i, a)\}$来表示 MDP。五个再分配中每个元素的含义如下：

(1) 决策周期 T。执行行动的瞬间被称为决策时间，用 T 表示决策时间的所有时刻的集合。在离散时间 MDP 中，每两个相邻的决策时间被称为一个决策周期。

(2) 状态集 S。状态是对系统在每个决策瞬间的描述。我们用集合 S 表示，也称为状态空间。

(3) 行动集 $A(i)$。在任意决策时刻，决策者在某一特定决策瞬间观察到的状态 $i \in S$，都可以从该状态的可用行动集 $A(i)$ 中选取行动 a，其中 $A(i)$ 也是行动空间。

(4) 概率分布 $p(\cdot | i, a)$。在任意给定的决策瞬间，在状态 i 采取行动 $a \in A(i)$ 之后，系统将以一定的概率 $p(j | i, a)$ 转移到状态 j。系统在下一个决策瞬间所处的状态由概率分布决定，通常假设

$$\sum_{j \in S} p(j | i, a) = 1 \qquad (4.12)$$

(5) 报酬 $r(i, a)$。在任意一个决策点，在状态 i 采取行动 $a \in A(i)$ 之后，决策者将获得报酬 $r(i, a)$。$r(i, a)$ 是定义在 $i \in S$ 和 $a \in A(i)$ 上的实值函数，可以用成本或者可靠度等描述。

基于对上述要素的解释，MDP 可以被解释为：决策者在决策时间 t 观察系统的状态。根据观察到的状态 $i \in S$，决策者对系统进行操作 $a \in A(i)$，有两种结果，第一种是系统按照一定的状态转换概率 $p(j | i, a)$ 转换到某个状态 j，第二种是决策者得到奖励 $r(i, a)$。当系统过渡到新的状态 j 时，决策者做出新的决定，这种情况一直持续到做出最后一个决定。在 MDP 中，状态转换的概率和收益只取决于当前状态和决策者选择的行动，而不取决于过去的历史。

MDP 可以表示为一个逻辑上类似于马尔可夫链转移图的图形模型。MDP 的图形模型包含状态节点和行动节点，其中从状态到行动的边由策略定义，从行动到状态的边由动态

环境的一个成员定义。每个状态都会返回一个奖励，除了初始状态(如图 4.10 所示)。

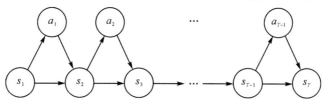

图 4.10　MDP 的图形模型表示

作为一种强化学习模型，MDP 可以应用于许多实际的强化学习问题，包括自动驾驶系统、人机交互系统和自动控制的导航系统。MDP 也可以作为一个模型来建立类似游戏的强化学习系统，如国际象棋和围棋的人工智能系统。

4.3.3　元学习

元学习(Meta Learning)是近几年最火爆的学习方法之一，基于元学习展开的研究课题多种多样。深度学习训练模型特别需要性能优越的计算硬件，尤其是人为调超参数时，更需要大量的计算。另外，当某个任务下用大量数据训练的模型切换到另一个任务后，需要重新训练，这样非常耗时耗力。工业界一般拥有大量的 GPU 可以承担起这样的计算成本，但是学术界因为经费有限承担不起这样的消耗，而元学习可以有效缓解大量调参和任务切换模型重新训练带来的计算成本问题。

元算子是一个基本的 Jittor 概念，由重新定义的运算符、重新定义的简化运算符和初级水平运算符组成。从广义上讲，算子可以是任何函数，甚至是幂和平方，但在某些情况下，我们用一个符号来代替运算。所以在不混淆的情况下，当看到运算符时，我们甚至不认为它与加、减、乘、除等基本运算的符号有什么不同，只是它可以对单一对象进行操作。简而言之，算子是一种映射、一种关系、一种转换。

元学习期望模型能够学习调整，在获得现有知识的基础上快速学习新的任务。机器学习是先人为调参，之后直接训练特定任务下的深度模型。元学习则是先通过其他的任务训练出一个较好的超参数，然后再对特定任务进行训练。

在机器学习中，训练单元是优化模型的样本数据。数据可以被分为三类：训练集、测试集和验证集。元学习分为两个阶段：阶段一是训练任务训练；阶段二是测试任务训练。训练单位是任务，一般有两个任务：① 训练任务(Train Tasks)，亦称跨任务(Across Tasks)；② 测试任务(Test Task)，亦称单任务(Within Task)。训练任务要准备许多子任务来进行学习，目的是学习出一个较好的超参数，测试任务是利用训练任务学习出的超参数对特定任务进行训练。对于训练任务，每个任务的数据被分成支持集和查询集；对于测试任务，数据被分成训练集和测试集。元学习的目的就是让函数在训练任务中自动训练出先验知识，再利用这个先验知识在测试任务中训练出特定任务下模型中的参数。

一个常见的机器学习任务是从训练数据中提取一个模型，然后用测试数据来验证它。我们通常只关注模型在这项任务中的表现如何。而元学习解决了机器能否通过学习各种任务来学习的问题，即学会学习，重点不再是模型在某一特定任务中的表现，而是其从不同任务中学习的能力。如果一台机器学习了 100 个任务，它通常会把第 101 项任务学得更好。例如，一台已经学习过图像分类、语音识别和推荐排序等任务的机器，可能会根据之前学习过的内容，更好地学习文本分类。

一个典型的机器学习任务涉及学习一个模式 f，从输入 x 产生一个结果 y。而元学习涉及学习 F，可以用来学习不同任务的 f，如图 4.11 所示。元学习有两个优点：第一，元学习使学习更有效率。当一个模型学会了更多的任务，它就更容易学会其他任务。第二，对于样本数量相对较少的任务，更需要高效的学习，从而提高准确性和收敛率。元学习是小样本学习的一个比较好的解决方案。

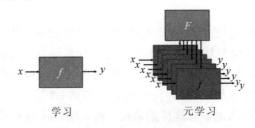

学习　　　　　　　　　元学习

图 4.11　元学习模型

训练神经网络时，一般先预处理数据集，接着选择网络结构、设置超参数、初始化参数，然后选择优化器、定义损失函数，最后梯度下降更新参数。

对数据进行预处理的时候，数据增强会增加模型的鲁棒性，一般的数据增强方式比较死板，只是对图像进行旋转、颜色变换、伸缩变换等。元学习可以自动地、多样化地为数据进行增强，相关的代表作为 DADA。DADA 模型是一个开创性的框架，旨在解决语义分割中的无监督域适应问题。该模型由 Valeo. Ai 团队研发，并在 2019 年的国际计算机视觉大会(ICCV)上发表。DADA 展示了如何通过充分利用源领域的密集深度信息，显著提升目标领域上的模型性能。该框架在 SYNTHIA 至 Cityscapes 的基准测试中取得了 43.1% 的优异成绩，证实了其在处理复杂合成到真实世界转换时的卓越表现。

神经网络训练过程中很重要的一环就是优化器的选取，优化器会在优化参数时对梯度的走向有很重要的影响。熟知的优化器有 Adam、RMSprop、SGD 和 NAG 等，元学习可以帮我们在训练特定任务前选择一个好的优化器。

通过元学习，可以学到模型参数(Model parameters)、模型架构(Model architecture)和模型超参数(Model hyperparameter)。模型参数包括模型的初始化参数、嵌入、特征表达等；模型架构可以通过网络架构搜索得到，比如几层网络、每层内部如何设计等；模型超参数包括学习率和优化器等。

元学习的优点：基于相似性的预测思想简单；任务量少时，网络不需要进行特定任务的调整，预测速度快；系统内部有动态的灵活性，有更广泛的适用性。缺点：数据量大时效果差；面对差异大的任务需要重新设计网络结构；当训练和测试任务距离远时，无法把新任务信息吸收到网络权值中，需要重新训练编码过程；任务量大时，计算昂贵，且对标签的依赖强。

基于元学习的方法可以分为以下几种：

（1）基于记忆的方法。由于学习是基于过去的经验，因此可以通过向神经网络添加记忆来学习。

（2）基于梯度的预测方法。机器学习的目标是实现快速学习，而快速学习的关键是神经网络的梯度下降必须准确和快速。因而神经网络可以利用以前的梯度预测任务进行学习，如果梯度预测准确，就可以在新任务上快速学习。

（3）使用注意机制。训练注意力模型，使其在面对新任务时能够集中于最重要的部分。

（4）借用长期记忆（LSTM）的方法。LSTM 内部更新与梯度下降更新非常相似，它利用 LSTM 结构来训练神经网络更新机制，输入当前网络参数，直接输出新参数进行更新。

（5）面向损失的呼应元学习方法。元学习可以用在监督学习中，也可以用在增强学习中，即在以前的输入函数中加入一些外部信息。

（6）适用于监督学习和增强学习的基础模型学习方法。这种方法局限于监督学习或增强学习，但基础模型学习方法会产生一个更通用的模型。

（7）利用 WaveNet 的方法。WaveNet 的网络每次都利用之前的数据，将 WavaNet 网络思想应用在元学习中，即充分利用以往的数据。

（8）预测损失的方法。为了使学习更快，除了更好的梯度外，还必须有更好的损失。可以建立一个模型，根据过去的任务来学习预测损失。

4.3.4　迁移学习

1. 迁移学习概述

在我们的学科背景（如人工智能和机器学习）下，迁移学习是一种思想和学习的方式。迁移学习的重点是为现有问题储存一个解决方案模型，并将其应用于其他不同但相关的问题。例如，用来识别车辆的知识（或模型）也可用于提高卡车识别技能。计算机科学中的迁移学习在概念上与心理学中经常提到的迁移学习有关，然而，这两个领域之间的学术联系是非常有限的。这里我们所说的迁移学习的关键是找到新问题和原问题之间的相似性，以实现知识的顺利迁移。

迁移学习的产生背景主要有以下几点：

（1）大数据和小标注之间的反差。我们生活在一个大数据时代，每分钟都会产生大量的数据，但是这些数据缺乏完善的数据标注，而机器学习模型的训练和更新都依赖于数据的标注，目前只有很少的数据被标注和利用，这给机器学习和深度学习的模型训练与更新带来了挑战。

（2）大数据与弱计算之间的矛盾。海量的数据需要强计算能力的设备进行存储和计算，强计算能力通常是非常昂贵的。此外，使用海量数据来训练模型是非常耗时的，这就导致了大数据与弱计算之间的矛盾。

（3）通用模型与定制化需求的冲突。机器学习的目标是建立最通用的模型，以满足不同用户、不同设备、不同环境的不同需求，这就要求模型具有高度的通用性。但在实践中，通用模型无法满足定制化、差异化的需求，导致模型与定制化需求的冲突。

（4）特定应用的需求。现实中往往存在着一些特定的应用，比如推荐系统的冷启动问题，这就需要我们尽可能利用已有的模型或知识来解决问题。

迁移学习比传统的学习方法有更高的起点，与没有使用迁移学习的情况相比，使用迁移学习有以下三点优势：

（1）在微调之前，使用迁移学习的源模型的初始性能高于不使用迁移学习时的性能。

（2）在训练的过程中，使用迁移学习时，源模型提升的速率比不使用迁移学习时快。

（3）使用迁移学习时，训练得到的模型的收敛性能比不使用迁移学习时更好。

2. 迁移学习的基本方法

1）基于样本迁移

基于样本的迁移学习方法按照一定的规则重新利用数据样本，形成迁移学习的权重。简单地说，它涉及重复使用权重，在源域中找到与目标域相似的数据，并调整这些数据的权重，使新数据与目标域的数据相匹配。

图 4.12 显示了基于样本的迁移学习方法。在源域中，有不同类型的动物，如狗、鸟和猫，而在目标域中，只有一个类别，即狗。为了增加与目标域的相似度，可以人为地增加源域中属于狗类的样本的权重。这种方法的优点是简单而容易实现，缺点是权重和相似度的选择取决于经验，而且源域和目标域之间的数据分布往往不同。

源域（图像）　　　　　　　　　　　　　　　　目标域（图像）

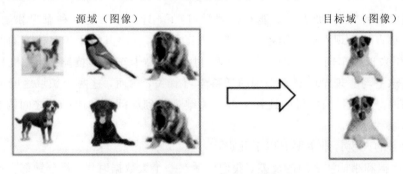

图 4.12　基于样本的迁移学习方法示意图

在迁移学习中，通常源域和目标域的概率分布是不同的，也是未知的。由于实例的维度和数量通常非常大，所以不能直接估计总和。出于这个原因，许多研究工作都集中在估计源域和目标域分布的比例上。估计的比例就是样本权重。这些方法通常假定源域和目标域的条件概率分布是相同的。

具体来说，上海交通大学的戴文渊等人提出了 TrAdaboost 方法，利用 AdaBoost 迁移学习的思想，增加对目标分类任务有利的例子的权重，减少对目标分类任务不利的例子的权重，并根据 PAC 理论确定模型的泛化误差的上限。2006 年，Huang J 等人提出了内核平均匹配（Kernel Mean Matching，KMM）方法，用于估计概率分布，以尽可能接近加权的源域和目标域。在最近的一项研究中，香港科技大学的 Tan B 等人扩展了典范迁移学习方法的应用场景，提出了利用联合矩阵分解和深度神经网络的瞬时迁移学习（Transitive Transfer Learning，TTL）与远域迁移学习（Distant Domain Transfer Learning，DDTL）方法，将迁移学习应用于多个领域的知识共享，并取得了良好的效果。

2）基于特征迁移

假设源域和目标域包含一些共同的跨域特征，通过特征变换将源域和目标域的特征变换到同一个特征空间，使源域和目标域的数据在特征空间中具有相同的数据分布，然后进行传统的机器学习。根据特征的同质性和异质性，可以进一步分为同质性迁移学习和异质性迁移学习。图 4.13 以图示方式说明了两种基于特征的迁移学习方法。它们的优点是适用于大多数模型，并具有更好的性能，缺点是容易出现过度拟合。

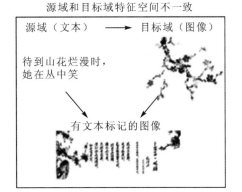

图 4.13　基于特征的迁移学习方法示意图

基于函数的迁移学习方法是迁移学习领域中最流行的方法，这类方法通常意味着源域和目标域之间的一些交叉融合。香港科技大学的 Pan S J 等人提出的转移成分分析（Transfer Component Analysis，TCA）方法是其中的一个典型方法。这种方法的实质是利用最大平均差异（Maximum Mean Discrepancy，MMD）指标，使不同数据域的数据分布差异最小化。加州大学伯克利分校的 Blitzer 等人提出了基于结构对应的学习方法（Structural

Corresponding Learning，SCL），该方法通过映射将一个空间的一些特征转化为所有其他空间的轴，然后将机器学习算法应用于这些特征，进行分类预测。清华大学的龙明生等人提出了一种迁移联合匹配（Tranfer Joint Matching，TJM）方法，该方法在最小化分布距离的同时加入了实例选择，有机地结合了实例和特征迁移学习方法。来自澳大利亚伍伦贡大学的 Zhang J 等人提出为源域和目标域训练不同的转换矩阵，以实现迁移学习的目标。

3）基于模型迁移

假设源域和目标域有共同的模型参数，这就意味着之前用大量数据在源域训练的模型被用来预测目标域。例如，如果我们用几千万张图像来训练一个好的图像识别系统，那么当我们在图像领域遇到一个新的问题时，就不需要再找几千万张图像来训练，只需要把原来训练好的模型迁移到一个新的领域，仅用几万张图像就可以达到同样高的精度。这种迁移方法假定源域和目标域数据可共享一些模型参数。其优点是可以利用模型之间的相似性，缺点是模型参数不容易收敛。图 4.14 以图形方式说明了基于模型的迁移学习方法的主要思想。

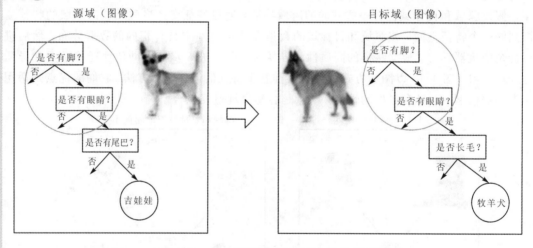

图 4.14　基于模型的迁移学习方法示意图

中国科学院计算机工程研究所提出了 TransEMDT 方法。该方法首先使用决策树为已经标记的数据生成一个稳健的识别模型，然后使用 K-Means 聚类技术为未标记的数据找到最优化的校准参数。西安邮电大学的邓万宇等人使用超越学习机做了类似的工作。Pan S J 等香港科技大学研究人员使用 HMM 来研究 Wi-Fi 的不同分布的室内定位，而 Wi-Fi 在不同的设施、时间和空间中是动态变化的。还有一部分研究人员以 SVM 作为参考向量机进行了高级研究。

4）基于关系迁移

假设两个域是相似的，它们之间有一些相似性，把源域的逻辑网络关系应用到迁移的目标域，比如把传播的生物病毒迁移到传播的计算机病毒。图 4.15 以图示方式说明了不同领域之间的相似性关系。

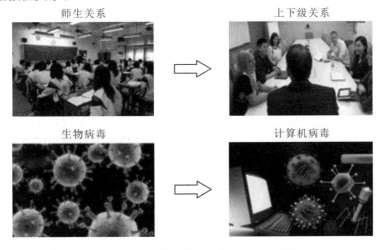

师生关系　　　　　　　　　上下级关系

生物病毒　　　　　　　　　计算机病毒

图 4.15　基于关系的迁移学习方法示意图

3. 迁移学习的应用

迁移学习是机器学习的重要分支，迁移学习的应用领域包括计算机视觉、文本分类、行为识别、自然语言处理、舆情分析等。

在计算机视觉中，迁移学习被称为领域适应，领域适应有很多应用，如图像分类。文本数据具有特定的领域属性，因此，一个领域的分类器不能直接应用于另一个领域。例如，在有电影评论文本的数据集上训练的分类器不能直接用于预测书评，这需要一个过渡。随着各种智能设备应用的迅速兴起，我们将可以随时随地通过检测装置在用户不同部位的传感器，来深入研究用户的使用行为。用户习惯不同、环境要求不同、所处空间位置不同、设备功能配置不同等都会间接导致时间序列数据的时空分布方式发生变化。

4.3.5　终身机器学习

终身机器学习算法的灵感来自人脑的学习机制。我们知道，人类的大脑能够不断学习。当我们面临一项新的任务时，能够在大脑的记忆中搜索与处理该任务有关的经验，即知识的储存，并将这些知识转移到学习新的任务上。学习一项新任务后，有关新任务的知识会储存在我们的大脑中，旧的知识储存也会被刷新，这样大脑的知识就变得更加完整。这样的机制使我们的大脑能够应对不断变化的环境，处理日益复杂的任务，以适应社会的变化。终身机器学习算法是基于人脑的终身学习机制。

细数机器学习处理的问题，概括地讲，可以分为如下几大类：

（1）计算机视觉（CV）：目标分类（Object classification）、目标检测（Object detection）、

目标分割（Object segmentation）、风格转换（Style transfer）、图像去噪（Denoising）、图像生成（Image generation）、目标跟踪（Image caption）。

（2）语音（Speech）：语音识别（Speech recognition）、语音合成（Speech synthesis）。

（3）自然语言处理（NLP）：机器翻译（Machine translation）、文本分类（Text classification）、表情识别（Facial expression recognition）。

目前针对各个大类的不同子类问题，都会设计不同的网络结构和不同的损失，采用不同的数据集处理。这使得机器学习"偏科严重"。比如前几年人尽皆知的AlphaGo，虽然它是一个"围棋天才"，但是一旦让它去下象棋，它就不行了。换句话说，目前的人工智能只能处理给定的任务，换一个任务就无能为力，这距离我们想达到的通用智能实在相差甚远。反观人脑，在人不断成长的过程中，它可以学习各种各样的技能。不仅会下棋，还会踢球、辩论等，而人的大脑只有一个（相当于自始至终只有一个网络）。虽然随着时间的流逝，以前学习的东西会渐渐淡忘，但这丝毫不影响人脑在不断学习、胜任一个又一个任务中表现出它的强大。

因此，我们是否可以只用一个网络结构（注意，这里的网络结构并非固定的，也许要随着任务的需要而自行扩展）在不同的任务上分别训练，使得该网络能够胜任所有的任务？这就是"Life-long learning"所要研究的课题。终身机器学习的特点和设置对需要定期学习和预测新任务的广泛的实际问题很有用，如图像识别、自主机器人和自动化机器。在基于网络结构的网络模型所使用的图像数据集中，新的图像不断被用户添加，新的对象需要被反复检查，以确保它们没有被添加到旧的列表中。例如，在自主机器人领域，机器人的任务是探索和检测水下或太空中的新环境，如何在不同相关环境中进行导航的知识可用于机器学习。

在机器的计算能力不断提高和数据不断增加的环境下，终身学习可以说既是未来的一个重要研究方向，也是机器学习发展的一个必然趋势。Life-long learning又称Continuous Learning、Never ending learning、Incremental learning。在终身学习中有一个名词叫作Knowledge retention(but not intransigence) and knowledge transfer，知识保留（但不妥协）及知识迁移。这意味着以前学到的知识需要能够促进下一个任务Task 2的学习，如图4.16

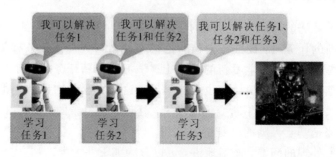

图 4.16　终身学习图解

所示。学完 Task 2 之后，不仅要很好地处理 Task 2，同时在 Task 1 上不能有明显的下降，最好处理 Task 1 的性能也能够有所提升或者保持。图 4.17 是一个终身学习遗忘的例子，微弱的学习遗忘(Little forgetting)是允许的。

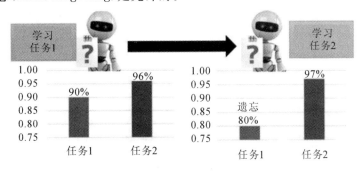

图 4.17　终身学习遗忘实例

最典型的终身学习算法是基于多任务神经网络的终身学习和基于任务聚类的终身学习。

Daniel L. Silver 等人提出了一种基于多任务学习的知识整合的终身学习算法。受心理学研究的启发，他们在框架中使用了两层多任务学习网络：一个学习网络用于短期学习，使用任务重复来选择性地转移过去学到的知识；另一个学习网络用于长期知识整合，使用任务重复来克服稳定-可塑性问题(Stability-plasticity problem)。

使用连接网络来整合不同任务的知识的想法与哺乳动物大脑皮层中用来整合新知识而不丢失以前的知识的机制相似。多任务神经网络是整合特定领域知识的自然选择。它可以整合多个领域的知识，任务可以共享中间的神经网络表征，任务共享的程度可以用来有效评估任务的相关性。任务复制是系统的一个重要组成部分。在成功的任务学习之后，系统会存储其假设表征。存储的假设表征可用于生成虚拟训练数据，当收到新的训练任务时，可用于练习以前的任务。在这个共享表征神经网络中，知识可以通过重复以前的任务转移到新的任务中。同样，通过使用任务训练来提取以前任务的准确度函数，同时使假设表征适应新的任务，关于新任务的知识可以被整合到一个大的领域知识网络中，而不会丢失关于当前任务的知识。

Thrun 等人提出了基于终身机器学习算法的任务聚类(TC)算法。TC 算法将学习任务聚类为相关的任务类别。当收到一个新的学习任务时，TC 算法将该任务归入最相关的任务群，然后有选择地将知识重新分配到这个任务群中。TC 算法可以分为最近邻变化、调整距离矩阵、任务迁移矩阵、任务聚类和任务层次结构及选择地迁移到新任务 5 个步骤。

迁移学习和终身学习之间是有区别的，迁移学习只考虑在当前任务上的效果；而终身学习需要考虑在所有任务上的效果。针对终身学习的评价一般有三个指标，分别是 Accuracy、Backward transfer 和 Forward transfer。

（1）Accuracy：表征 N 个任务学完后总体的性能。

（2）Backward transfer：表征 N 个任务学完后，总体遗忘的程度；通常为负数，值越大越好。

（3）Forward transfer：表征 N 个任务学完后，总体学习的程度；通常为正数，值越大越好。

本 章 小 结

本章首先介绍了训练神经网络模型时的影响因素，例如优化器 BGD、SGD、Adam、RMSprop 等，以及其他因素 Batch_size、dropout、剪枝、正则化等。其次介绍了三种注意力机制：自注意力机制、通道注意力和空间注意力，它们分别通过不同的方式学习权重。最后介绍了几种学习方法，用于拓展相关知识领域，例如，强化学习也可以应用到图像彩色化、图像修复领域中，提高算法的效率。

参考文献及扩展阅读

［1］ LI H A,FAN J W, HUA Q Z, et al. Biomedical sensor image segmentation algorithm based on improved fully convolutional network Measurement[J]. Measurement,2022, 197:111307. DOI:10. 1016/j. measurement. 2022. 111307.

［2］ LI H A,WANG G Y, GAO K, et al. A gated convolution and self-attention based pyramid image inpainting network[J]. Journal of Circuits, Systems and Computers, 2022, 31(11):2250208 (18 pages). DOI:10. 1142/S0218126622502085.

［3］ 程留.基于强化学习和计算机仿真的交通信号调度[D]. 大连:大连理工大学, 2021.

［4］ 戴小雪.深度强化学习在期货交易决策中的应用研究[D]. 北京:北方工业大学, 2021.

［5］ SZEPESVARI C. Algorithms for reinforcement learning［M］. San Rafael:Morgan & Claypool Publishers,2010.

［6］ KAELBLING L P, LITTMAN M L, MOORE A W. Reinforcement learning:a survey[J]. Journal of artificial intelligence research, 1996, 4:237-285.

［7］ KOBER J, BAGNELL J A, PETERS J. Reinforcement learning in robotics:a survey［J］. The International Journal of Robotics Research, 2013, 32(11):1238-1274.

［8］ 尹宝才,王文通, 王立春. 深度学习研究综述[J]. 北京工业大学学报, 2015, 41(1):48-59.

［9］ 冯宇旭,李裕梅. 深度学习优化器方法及学习率衰减方式综述[J]. 数据挖掘, 2018, 8(4):186-200.

［10］ PARISI G I, KEMKER R, PART J L, et al. Continual lifelong learning with neural networks:a review[J]. Neural Networks, 2019, 113:54-71.

［11］ PARISI G I, TANI J, WEBER C, et al. Lifelong learning of human actions with deep neural network self-organization[J]. Neural Networks, 2017, 96:137-149.

[12] THRUN S. Lifelong learning algorithms[M]. //THRUN S. Learning to learn. Boston: Springer, 1998:181-209.

[13] TEIXEIRA, PAULO, FONSECA, et al. Predictive maintenance model for ballast tamping[J]. Journal of Transportation Engineering, 2016, 142(4):1-9.

[14] KUHN K D, MADANAT S M. Model uncertainty and the management of a system of infrastructure facilities[J]. Transportation Research Part C, 2005, 13(5):391-404.

[15] CARNAHAN J V. Analytical framework for optimizing pavement maintenance[J]. Journal of Transportation Engineering, 1988, 114(3):307-322.

[16] 李裕奇, 刘赪. 随机过程习题解答[M]. 3 版. 北京:国防工业出版社, 2014.

[17] 刘磊, 石志国, 宿浩茹, 等. 基于高阶马可夫随机场的图像分割[J]. 计算机研究与发展, 2013, 50(9):1933-1942.

[18] WANG H, PENG X, XIAO X, et al. BSLIC: SLIC superpixels based on boundary term[J]. Symmetry, 2017, 9(3):18-31.

[19] LI H A, LI Z L, ZHANG J, et al. Image edge detection based on complex ridgelet transform[J]. Journal of Information & Computational Science, 2015, 12(1):31-39.

[20] 刘仲民, 王阳, 李战明, 等. 基于简单线性迭代聚类和快速最近邻区域合并的图像分割算法[J]. 吉林大学学报(工学版), 2018, 48(6):1931-1937.

[21] 廖苗, 李阳, 赵于前, 等. 一种新的图像超像素分割方法[J]. 电子与信息学报, 2020, 42(2): 364-370.

[22] JIE H, LI S, GANG S, et al. Squeeze-and-excitation networks[J]. IEEE Transactions on Pattern Analysis and Machine Intelligence, 2020, 42(8):2011-2023.

[23] WANG Q L, WU B G, ZHU P F, et al. ECA-Net:efficient channel attention for deep convolutional neural networks[C]. 2020 IEEE/CVF Conference on Computer Vision and Pattern Recognition (CVPR), 2020:11531-11539.

[24] LI H A, ZHANG M, YU Z H, et al. An improved pix2pix model based on Gabor filter for robust color image rendering[J]. Mathematical Biosciences and Engineering, 2022, 19(1): 86-101.

[25] 李洪安, 郑峭雪, 张婧, 等. 结合 Pix2Pix 生成对抗网络的灰度图像着色方法[J]. 计算机辅助设计与图形学学报, 2021, 33(6):929-938.

[26] 李占利, 邢金莎, 靳红梅, 等. 基于 EMD 和时序注意力机制的明渠流量预测模型[J]. 高技术通讯, 2022, 32(2):122-130.

[27] SRIVASTAVA N, HINTON G, KRIZHEVSKY A, et al. Dropout:a simple way to prevent neural networks from overfitting[J]. The journal of machine learning research, 2014, 15(1):1929-1958.

[28] WAGER S, WANG S, LIANG P S. Dropout training as adaptive regularization[J]. Advances in neural information processing systems, 2013, 26:351-359.

[29] DU Z M, LI H A, FAN X Y. In color constancy:data mattered more than network[J]. Machine Vision and Applications, 2021, 32:1-9. https://DOI. org/10.1007/s00138-021-01190-w.

[30] IOFFE S, SZEGEDY C. Batch normalization: accelerating deep network training by reducing internal covariate shift[C]. Proceedings of the 32nd International Conference on International Conference on Machine Learning, 2015, 37:448-456.

[31] JACOBS R A. Increasedrates of convergence through learning rate adaptation[J]. Neural networks, 1988, 1(4):295-307.

[32] YU X H, CHEN G A,CHENG S X. Dynamic learning rate optimization of the backpropagation algorithm[J]. IEEE Transactions on Neural Networks, 1995, 6(3):669-677.

[33] RADIUK P M. Impact of training set batch size on the performance of convolutional neural networks for diverse datasets[J]. Information Technology and Management Science, 2017, 20(1):20-24.

[34] JAMAL A M M, SARKER B R, MONDAL S. Optimal manufacturing batch size with rework process at a single-stage production system[J]. Computers & industrial engineering, 2004, 47(1):77-89.

[35] 戴文渊. 基于实例和特征的迁移学习算法研究[D]. 上海:上海交通大学, 2009.

[36] 邓万宇, 张莎莎, 刘光达, 等. 极限学习机中隐含层节点选择研究[J]. 信息技术, 2018, 42(08):1-3, 7.

[37] PAN S J, TSANG I W, KWOK J T, et al. Domain adaptation via transfer component analysis[J]. IEEE transactions on neural networks, 2010, 22(2):199-210.

[38] HUANG J, GRETTON A, BORGWARDT K, et al. Correcting sample selection bias by unlabeled data[C]. Proceedings of the 19th International Conference on Neural Information Processing Systems, 2006:601-608.

[39] TAN B, SONG Y, ZHONG E, et al. Transitive transfer learning[C]. Proceedings of the 21th ACM SIGKDD International Conference on Knowledge Discovery and Data Mining, 2015:1155-1164.

[40] TAN B,ZHANG Y, PAN S, et al. Distant domain transfer learning[C]. Proceedings of the AAAI conference on artificial intelligence, 2017, 31(1):2604-2610.

[41] PAN S J, ZHENG V W, YANG Q, et al. Transfer learning for wifi-based indoor localization[C]. In AAAI workshop technical report, 2008,8:43-48.

[42] LONG M, WANG J, DING G, et al, Transfer joint matching for unsupervised domain adaptation [C]. Proceedings of the IEEE conference on computer vision and pattern recognition, 2014:1410-1417.

[43] ZHANG J, LI W, OGUNBONA P, et al. Recent advances in transfer learning for cross-dataset visual recognition: a problem-oriented perspective[J]. ACM Computing Surveys (CSUR), 2019, 52 (1): 1-38.

[44] SILVER D L, MASON G, ELJABU L. Consolidation using sweep task rehearsal: overcoming the stability-plasticity problem[C]. Advances in Artificial Intelligence: 28th Canadian Conference on Artificial Intelligence, Canadian AI 2015, 2015: 307-322.

智
能
图
像
处
理

第二部分　智能图像处理技术应用

第5章 图像彩色化

数字图像处理是通过计算机对图像进行去除噪声、增强、复原、分割、提取特征等处理的方法和技术。图像彩色化作为数字图像处理中图像增强技术的方法之一，将单色图像转化为指定彩色分布的图像，可以提高人眼对图像的分辨能力，使人获得更好的视觉效果。传统的图像彩色化方法人工成本高，不能自动智能地对大量图像进行彩色化。随着深度学习的发展，基于深度神经网络模型的图像彩色化逐渐有了进展，但由于卷积神经网络模型中的上采样导致图像部分特征丢失，目前图像彩色化主要采用基于无监督学习的生成对抗网络实现。本章在回顾图像彩色化的原理、发展历程以及算法流程，讲述图像彩色化的当前发展趋势的基础上，以彩色化算法效率和网络模型为切入点，引导读者深入理解 U-Net 网络、损失函数、多尺度感知网络、频域分析等，分析可改进点及其代码，了解基于生成对抗网络的图像彩色化的发展趋势，以期对生成对抗网络、图像彩色化、图像风格迁移等相关领域的初学者有一定的启发。

5.1 基于生成对抗网络的图像彩色化

生成对抗网络模型由于其能够近似任意的数据分布，在图像生成、数据增强等方面有着广泛的应用，例如超分辨率任务、语义分割、图像修复、图像风格迁移等。同时，为了避免卷积神经网络中上采样导致的部分特征信息丢失等问题，当前主要采用 GAN 模型实现图像彩色化。GAN 与卷积神经网络的不同之处在于其是无监督学习，不需要对数据进行标记，只需要自身结构达到纳什均衡即可。随着深度学习的发展，GAN 模型不断改进，真实图像也可以作为模型输入，并不断衍生出了多种不同的 GAN 模型。基于 GAN 的图像着色方法可以自动为图像着色，使图像获得用户所需的颜色，但是 GAN 模型的不稳定导致着色后的图像存在边界模糊、细节不清晰等问题，因此目前主要通过改善 GAN 模型的稳定性、转换特征提取方法来提高图像彩色化的准确度。

5.1.1 图像彩色化概述

图像彩色化是图像处理的一个重要分支，也是计算机视觉的一个研究热点。将灰度图像渲染成彩色图像，可以帮助读者更快地掌握图像中包含的深层信息。近年来，随着计算机视觉以及相关软硬件技术的迅速发展，如何有效地利用高质量的图像数据对已有图像进行彩色化，并改善现有方法存在的细节问题已成为研究的热点，目前常规着色方法分为基于颜色传递的方法和基于颜色迁移的方法。

　　基于颜色传递的图像彩色化方法，是指通过用户使用颜色点或者颜色线条在灰度图像的目标区域进行标记，利用颜色扩散的方式将指定的颜色渲染到整个图像当中，如图5.1所示。最常见的基于颜色传递的图像彩色化方法是 Welsh 提出的基于匹配采样点的图像彩色化方法。

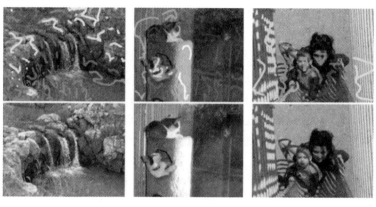

基于颜色传递的图像彩色化方法示意图

图 5.1　基于颜色传递的图像彩色化方法示意图

　　基于颜色迁移的图像彩色化方法是指给定一张彩色的参考图像，根据目标图像与参考图像之间的语义相关性和结构特征等信息，将参考图像的颜色迁移到目标图像上，从而使目标图像拥有与参考图像一致的颜色，如图5.2所示。最常见的方法是 Li B 提出的融合局部和全局优化的方法，该方法在局部范围内使用参考图像的匹配尺度，当匹配误差和尺度空间的变化达到最小时，生成最终的彩色图像。

基于颜色迁移的图像彩色化方法示意图

图 5.2　基于颜色迁移的图像彩色化方法示意图

　　基于颜色传递的彩色化方法使用颜色标记的方式，操作简单，用户可以直接在目标图像上涂鸦，具有很好的可交互性和可控性。基于颜色迁移的图像彩色化方法将参考图像的颜色信息应用到目标图像上，使得目标图像获得参考图像的颜色特征，同时保留目标图像的形状。用户不必纠结如何去构建每个彩色化物体的颜色信息，只需要寻找一个类似的彩色图像就可以达到图像彩色化的目的，因此提高了用户的可操作性。无论是基于颜色传递的图像彩色化，还是基于颜色迁移的图像彩色化，都具有一定的局限性，不仅对参考图像的选择要求较高，而且不能自动渲染大量图像。而基于深度学习的图像彩色化，利用神经网络和相应数据集训练出模型，便可根据模型来彩色化图像，整个过程是全自动的，提高了图像彩色化的效率，不需要人为的干预。

利用基于深度学习的图像彩色化算法得到的图像颜色是从大量彩色图像中学习得到的，更具有一般性和自然性。基于深度学习的图像彩色化方法的大致流程是先输入亮度图像，再根据图像的亮度信息提取特征并进行颜色预测，最后将亮度信息和色度信息融合得到彩色图像，如图 5.3 所示。基于卷积神经网络的图像彩色化方法是指使用卷积神经网络为灰度图像的每个像素分配颜色，这种方法通过训练模型来识别图像中的特征和上下文信息，从而实现对灰度图像的有效彩色化。徐中辉分离 Lab 颜色空间图像的亮度和色度信息，利用卷积神经网络提取图像特征，再通过融合算法重新组合特征，然后根据图像重建算法恢复原始分辨率，并输出 ab 颜色分量通道，最后结合亮度通道得到彩色图像。Larsson 等人使用卷积网络并将图像亮度作为输入，通过多尺度特征融合技术（超列模型）分解出图像的色度与饱和度，进而实现图像的色彩渲染。Iizuka 等人利用卷积神经网络中的融合层将图像的低维特征和全局特征结合，以此生成图像颜色。Zhang R 等人基于卷积神经网络设计了一个损失函数来处理彩色化的多模不确定性，维持了颜色的多样性。

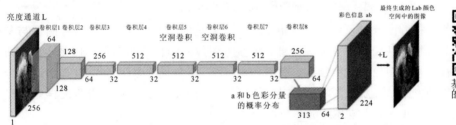

基于深度学习的图像彩色化算法示意图

图 5.3　基于深度学习的图像彩色化算法示意图

基于深度学习的图像彩色化算法需要花费大量的时间对图像彩色化网络进行训练，对于不同神经网络模型，网络越复杂、训练样本越庞大，花费的时间就越多。这类算法对图像的彩色化是完全由数据驱动的，在图像彩色化的过程中不需要人工干预，极大地降低了对灰度图像进行彩色化的人为要求。但同时彩色化效果是用户无法控制的，彩色化结果也受图像类别影响，对不在训练样本类别中的图像彩色化效果不理想，图像彩色化结果可控性不强。

因此可以将传统方法和深度学习方法结合，利用传统方法的可控性渲染想要的颜色。Sangkloy P 将基于涂鸦和深度学习的方法进行结合，在卷积神经网络中使用带有颜色线条的图像进行训练，通过优化函数不断调整网络参数来提高渲染能力。He M 结合基于参考图像和卷积神经网络的方法，将与目标图像在语义结构和内容上一致的参考图像颜色选择性地迁移到目标图像上。但是上述方法基于卷积神经网络提取灰度图像的特征信息时，为了一致化图像大小采取了上采样操作,导致图像的部分信息损失,所构建的网络模型无法很好地捕捉和理解图像的深度复杂特征,渲染的效果也相对受限。而基于生成对抗网络的图像色彩渲染能很好地模拟数据分布特性和对抗训练方式,在一定程度上解决了该问题。因此,随着深度学习、计算机视觉的迅速发展,如何基于生成对抗网络实现图像色彩渲染,并改善现有方法存在的颜色越界、边界模糊等细节问题具有重大的意义。

5.1.2 基于生成对抗网络的图像彩色化模型

深度学习的方法因为性能优异、对图像颜色值进行预测的过程简单、可以学习大规模数据规律等特点被广泛应用于图像彩色化问题中。生成对抗网络基于无监督学习,不需要对数据进行标记,其学习的目的是使自身结构达到纳什均衡。并且 GAN 模型由于其能够近似任意的数据分布,在图像生成、数据增强等方面有着广泛的应用,例如超分辨率任务、语义分割、图像修复、图像风格迁移等。使用生成对抗网络进行图像彩色化时,生成器网络根据输入图像的亮度信息生成图像的彩色分量,将亮度信息和色度信息结合产生一张彩色图像,然后再将彩色图像输入判别器网络进行鉴别,通过生成器和判别器之间的相互博弈最终达到优化效果,生成对抗网络工作过程如图 5.4 所示。

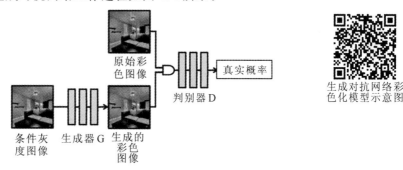

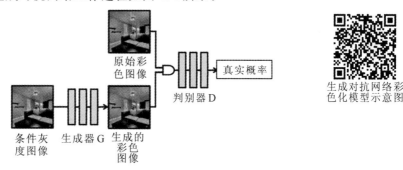

图 5.4　生成对抗网络彩色化模型示意图

Goodfellow 等提出了 GAN 模型,Mirza 等人在此基础上提出条件生成对抗网络 CGAN,CGAN 模型通过引入额外的信息,如类标签或来自其他模态的数据,作为条件输入来调控生成器和判别器的工作。Isola 等人改进 CGAN 模型,提出的 Pix2Pix 模型具有强大的图像转换功能,可以学习灰度图像与彩色图像之间的映射关系,以实现彩色化。Zhu J Y 等人提出一种基于非对齐数据集的 CycleGAN 模型,能够较好地实现风格迁移。

基于 GAN 的图像渲染方法虽然能够自动化渲染图像,但是存在边界模糊、细节不清晰等问题,且 GAN 模型的不稳定导致渲染的图像质量不高。常见的解决方案有两种:其一,针对约束 Lipschitz 常数的方法。例如 Arjovsky 等人指出使用 Wasserstein 距离改善 GAN 模型中 JS 散度的缺陷。在其实现过程中,直接使用判别器的原始神经网络输出代替原本的 Sigmoid 交叉熵损失函数。Gulrajani 等人在此基础上提出加入惩罚项,使得 GAN

 生成对抗网络彩色化模型示意图

的训练更加稳定。在其实现过程中，惩罚项作为一个额外的正则化项由参数加权并添加到损失函数中，旨在增强 1-Lipschitz 连续性。Zhang B 等人在生成器和判别器中分别加入了谱范数归一化，该正则化器在算子空间中加强了神经网络的 Lipschitz 连续性；同时使用自注意力机制关注图像特征的远程依赖性，生成更高质量的图像。其二，设计一定的损失函数来最小化两个分布之间差异的方法。例如交叉熵损失函数、最小二乘损失函数、铰链形式的对抗损失等，解决梯度消失、梯度爆炸的问题以加强模型的稳定性。因此研究 GAN 模型在图像彩色化领域的应用具有重大的意义，仍是计算机视觉方向的一个重要问题。

当前，许多人将 U-Net 结合 Skip Connection 作为基础结构设计 GAN 模型的生成器，Python 代码如下所示：

```
unet_block = UnetSkipConnectionBlock(ngf * 4, ngf * 8, input_nc＝None, submodule＝unet_block, norm_
layer＝norm_layer)   ♯ 定义并调用 UnetSkipConnectionBlock
class UnetSkipConnectionBlock(nn. Module)：
def __init__(self, outer_nc, inner_nc, input_nc＝None, submodule＝None, outermost＝False,
innermost＝False, norm_layer＝nn. BatchNorm2d, use_dropout＝False)：   ♯ 初始化
  super(UnetSkipConnectionBlock, self).__init__()
  self. outermost = outermost
  if type(norm_layer) == functools. partial：
      use_bias = norm_layer. func == nn. InstanceNorm2d    ♯ InstanceNorm2d 归一化
  else：
      use_bias = norm_layer == nn. InstanceNorm2d
  if input_nc is None：
      input_nc = outer_nc
  downconv = nn. Conv2d(input_nc, inner_nc, kernel_size＝4, stride＝2, padding＝1, bias＝use_bias)
                                                                           ♯ 卷积层
  downrelu = nn. LeakyReLU(0. 2, True)    ♯ 激活函数
  downnorm = norm_layer(inner_nc)
  uprelu = nn. ReLU(True)
  upnorm = norm_layer(outer_nc)
  if outermost：
      upconv＝nn. ConvTranspose2d(inner_nc * 2,outer_nc, kernel_size＝4, stride＝2, padding＝1)
      down = [downconv]
      up = [uprelu, upconv, nn. Tanh()]
      model = down + [submodule] + up
  elif innermost：
      upconv＝nn. ConvTranspose2d(inner_nc,outer_nc,kernel_size＝4,stride＝2,padding＝1, bias＝
      use_bias)
```

```
        down = [downrelu, downconv]
        up = [uprelu, upconv, upnorm]
        model = down + up
    else:
        upconv = nn. ConvTranspose2d(inner_nc * 2, outer_nc, kernel_size=4, stride=2, padding=1,
        bias=use_bias)
        down = [downrelu, downconv, downnorm]
        up = [uprelu, upconv, upnorm]
        if use_dropout:
            model = down + [submodule] + up + [nn. Dropout(0.5)]
        else:
            model = down + [submodule] + up
    self. model = nn. Sequential( * model)
def forward(self, x):
    if self. outermost:
        return self. model(x)
    else:    # add skip connections
        return torch. cat([x, self. model(x)], 1)
```

5.2　基于 U-Net 网络和改进损失函数的图像彩色化方法

　　U-Net 结构输入指定图像通过编码-解码结构生成目标图像。在此基础上增加跳跃连接，可以加强深度神经网络中的参数传递和误差反馈。而深度学习中的损失函数主要用于评价预测样本和真实样本不一样的程度，通常情况下，损失函数值越低，模型性能越好。原始的 GAN 模型通过 Sigmoid 函数将判别器神经网络输出归一化到[0，1]区间，测量出概率的交叉熵损失，以此最小化模型分布和目标分布之间的 JS 差异，实现 GAN 模型的极小极大博弈。在此之后，许多学者使用正则化器或损失函数，最小化模型分布和目标分布之间的差异，并确保 GAN 模型训练的稳定性，提升模型的性能。因此本节以 U-Net 结构和改进损失函数为切入点改善图像彩色化效果，基于 U-Net 结构的 GAN 网络相比其他网络稳定性更强，通过改进损失函数也能在一定程度上最小化两个分布之间的差异，解决梯度消失、梯度爆炸的问题以加强模型的稳定性。

5.2.1　结合 Pix2Pix 生成对抗网络的灰度图像着色方法

　　生成对抗网络在图像生成和图像增强方面有着良好的应用，因此将生成对抗网络用于图像彩色化也可以达到良好的效果。本节介绍的方法参考了 Pix2Pix 网络中的 Patch 判别器结构，并改进了生成器网络，使得网络能够提取更多灰度图像特征信息。在网络损失函数的使用上进行了对比，采用不同的损失函数以指导整体网络的优化，避免梯度爆炸和梯度消失问题。最后我们在数据集上进行了测试，实验结果证明我们改进的方法能获得更好的彩色化效果。

1. Pix2Pix 网络

Pix2Pix 网络模型由 Isola 等人于 2018 年提出，由 U-Net 网络和 PatchGAN 网络组成。向生成器网络 U-Net 中输入一个草图便能生成一个与之对应的高质量图像，判别器网络 PatchGAN 对生成图像和真实图像进行判断。将该模型应用到图像着色中，生成器网络根据输入的灰度图像信息，提取图像中的特征信息并输出彩色图像。Pix2Pix 是 GAN 模型中的一种特殊结构，其独特之处在于它的判别器与普通的判别器不同。Pix2Pix 网络判别器的输出结果为 N×N 的特征图像，而普通判别器则输出一个用于判断真假的布尔值。与大多数的 GAN 模型类似，同样采用生成对抗损失作为模型的优化目标函数，损失函数定义如下：

$$L(G, D) = E[\ln D(x, y)] + E[\ln(1 - D(y, G(x, z)))] \tag{5.1}$$

其中，$E(\cdot)$ 表示数据分布的期望值，x 表示 Lab 颜色空间下的输入灰度信息，y 表示真实彩色图像，z 表示随机噪声。生成器和判别器在相互对抗过程中进行优化，最小化生成对抗损失来产生彩色图像，即 $G^* = \arg\min_G \max_D L(G, D)$。

2. 改进 U-Net 结构

2015 年，Ronneberger O 等人针对医学影像中的图像分割问题提出了 U-Net 网络。随着深度学习的发展，U-Net 也被广泛应用于其他的计算机视觉和图像处理任务中。在本节中，为了充分提取灰度图像中的特征信息，我们在 Pix2Pix 的基础上对 U-Net 进行了改进，增加了网络的深度，如图 5.5 所示。

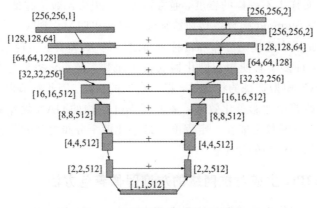

图 5.5　改进 U-Net 结构示意图

使用 PyTorch 框架对改进的网络结构进行实现，使用卷积和反卷积操作及批量归一化或实例归一化方法对网络特征进行正则处理，关键代码如下：

```
class UNetUp(nn.Module)：  # 定义上采样模块
    def __init__(self, in_channels, out_channels, norm='Instance', dila=0, bia=False, drop=0.0):
        super(UNetUp, self).__init__()
# in_channels——输入图像通道数量；out_channels——输出特征图像通道数量；norm——对图像进行
  正则化，默认为 True；dila——空洞卷积，默认不使用；bia——偏置，默认不使用；drop——对神经
  元进行裁剪，默认为 0.0
        layers = [    # 转置卷积层（反卷积），卷积核为 out_channels×4×4，步长为 2
            nn.ReLU(True),
            nn.ConvTranspose2d(in_channels, out_channels, 2, 2, 1, dilation=dila, bias=bia,)]
        if norm == 'Instance'：   # 正则化
            layers.append(nn.InstanceNorm2d(out_channels))
        elif norm == 'Batch'：
            layers.append(nn.BatchNorm2d(out_channels))
        if drop：   # 剪枝
            layers.append(nn.Dropout(drop))
        self.net = nn.Sequential(*layers)    # 生成具体网络结构
    def forward(self, x, skip_x)：    # x——网络直接输入；skip_x——跳接输入
    x = self.net(x)   # 上采样
    x = torch.cat([x, skip_x], dim=1)   # 特征融合，增加图像的特征数量，不改变特征图大小
    return x
```

相比传统的 U-Net 结构，我们通过增加 4 个下采样层和 4 个上采样层提高网络的深度。为了增加网络的感受视野，便于计算和适应图像分辨率大小，我们使用 4×4 的卷积核替代了原来 3×3 的卷积核。在下采样阶段，需要不断缩小图像的大小，获得更高级的语义特征信息，我们将每次的卷积步长设置为 2。同时，为了避免因不同尺寸的输入图像带来的不一致性问题，我们将填充像素设置为 1。最后，利用改进后的网络对图像进行深层次特征提取工作，同时为了避免在进行池化操作过程中丢失图像的特征信息，去掉了最大池化操作。

因为每经过一次下采样卷积，图像的尺寸就会缩小为原来的 1/2，在经过 8 个下采样后将图像压缩为尺寸大小为 1、通道数量为 512 的特征图像。上采样是根据提取的特征信息恢复图像的颜色信息，并且不能改变原始图像的大小。因此，为了保持图像在分辨率大小上的一致性，我们使用 8 个反卷积操作对特征进行处理，最后输出通道数为 2 的颜色信息。通过跳跃连接将每次上采样后的图像特征和上下采样层提取的特征进行融合，具体网络参数如表 5.1 所示。

第 5 章 图像彩色化

147

表 5.1　U-Net 结构参数

卷积层	卷积核大小	步长	反卷积层	卷积核大小	步长
1	[4, 4, 1, 64]	2	9	[4, 4, 512, 512]	2
2	[4, 4, 64, 128]	2	10	[4, 4, 1024, 512]	2
3	[4, 4, 128, 256]	2	11	[4, 4, 1024, 512]	2
4	[4, 4, 256, 512]	2	12	[4, 4, 1024, 512]	2
5	[4, 4, 512, 512]	2	13	[4, 4, 1024, 256]	2
6	[4, 4, 512, 512]	2	14	[4, 4, 512, 128]	2
7	[4, 4, 512, 512]	2	15	[4, 4, 256, 64]	2
8	[4, 4, 512, 512]	2	16	[4, 4, 128, 2]	2

3. 损失函数对比

为了使生成对抗网络尽可能产生与真实图像相同的颜色信息，Pix2Pix 模型增加了 L_1 损失对生成器网络进一步约束。然而在图像彩色化任务当中，L_1 损失函数仍然会出现颜色溢出和着色效果模糊的问题。因此，本节采用 Smooth L_1 损失函数作为新的约束目标，并且分析不同损失函数对图像着色质量的影响，Smooth L_1 损失函数计算公式如下：

$$loss = \begin{cases} \dfrac{1}{2}[Y(i, j) - f(i, j)], & |Y(i, j) - f(i, j)| < 1 \\ |Y(i, j) - f(i, j)| - \dfrac{1}{2}, & |Y(i, j) - f(i, j)| \geqslant 1 \end{cases} \tag{5.2}$$

其中，Y 表示真实彩色图像，f 表示生成彩色图像，(i, j) 表示像素点。Smooth L_1 损失是对 L_1 损失的改进，当真实彩色图像 Y 与生成彩色图像 f 在像素点 (i, j) 处的差值较小时，函数的斜率不同，从而梯度也不相同。L_1 损失的梯度值始终保持不变，在神经网络训练的过程中，无论真实值与预测值之间的差距如何变化，都采用同样的更新策略，因此模型训练不稳定。L_1 损失函数和 Smooth L_1 损失函数图像如图 5.6 所示。

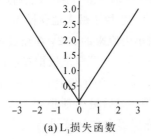
(a) L_1 损失函数

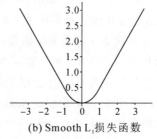
(b) Smooth L_1 损失函数

图 5.6　损失函数图像

4. 实验与分析

使用公开 summer2winter 图像数据集进行实验，该数据集包括 1540 张分辨率为 256×256 的彩色 RGB 图像，按照 8:2 的比例划分为训练数据集和测试数据集。在实验中，本节将彩色图像从 RGB 颜色空间转变到 Lab 颜色空间，并将亮度信息和颜色信息分离。所有实验均在同一台设备上完成，使用 64 位 Windows 10 操作系统、处理器为 Intel Core i7-7500U CPU @ 2.70 GHz & 2.90 GHz、显卡为 NVIDIA GeForce 940MX，搭载 Python 3.7.3、PyTorch 1.1.0、CUDA 9.0 的电脑运行。

为了验证本节改进后的网络模型可以取得更好的彩色化效果，将本节算法和原始 Pix2Pix 方法进行对比，图 5.7 显示了比较结果。由于本节改进的模型具有更加深层次的结构，能更好地提取图像中的深层特征信息，因而在相同的测试图像下得到了更好的着色效果。相比 Pix2Pix 模型，改进着色模型的着色结果减少了大面积的黄色误着色区域，着色结果更加接近真实图像。

图像着色效果对比

(a)灰度图像　　　(b)Pix2Pix模型方法　　　(c)本节方法　　　(d)真实图像

图 5.7　图像着色效果对比

为了更加客观地反映不同模型的图像着色质量，我们采用峰值信噪比(PSNR)、结构相似性(SSIM)和余弦相似度(CS)指标对生成图像进行评估。Pix2Pix 模型和本节方法在上述三种评价指标下的实验结果如表 5.2～表 5.4 所示。

表 5.2　不同模型及损失函数的 PSNR 指标

网络模型及损失函数	最大值/dB	最小值/dB	平均值/dB	>30dB/%
Pix2Pix 方法	29.408	11.085	23.024	0.000
本节方法	35.469	9.827	24.362	8.737

表 5.3　不同模型及损失函数的 SSIM 指标

网络模型及损失函数	最大值/%	最小值/%	平均值/%	>90%/%
Pix2Pix 方法	92.238	52.554	82.150	2.912
本节方法	98.239	73.796	92.379	78.964

表 5.4　不同模型及损失函数的 CS 指标

网络模型及损失函数	最大值	最小值	平均值	中值
Pix2Pix 方法	30.116	3.192	10.154	9.358
本节方法	28.988	0.981	9.817	9.096

从表 5.2 可以看出，本节方法的 PSNR 最大值和平均值较高，相比 Pix2Pix 模型分别提高 6.061 dB 和 1.338 dB。在 PSNR 大于 30 dB 的情况下，本节改进的着色模型占比更高。从表 5.3 中可以看出，本节方法在 SSIM 指标上明显优于 Pix2Pix 模型，相比 Pix2Pix 模型，最大值、最小值和平均值分别提高 6.001%、21.242% 和 10.229%。因为我们使用了 Smooth L_1 函数作为生成器损失，它可以更好地优化网络模型，因此可以提高生成图像与真实图像的结构相似性，获得更加接近真实图像的生成彩色图像。从表 5.4 中可以看出，本节提出的改进图像着色模型所得到的角度误差值更小，说明模型对灰度图像所对应的像素颜色值预测更加精确。

综上所述，本节提出的改进 U-Net 结构可以在更深层次提取图像的特征信息。本节提出的灰度图像着色方法在提高图像质量和保持图像结构信息方面取得了更好的性能表现。

5.2.2　基于 Gabor 滤波器的 Pix2Pix 图像色彩渲染

这里我们提出的基于 Gabor 滤波器的 Pix2Pix 图像色彩渲染方法主要由三部分组成，如图 5.8 所示。首先，为了解决传统方法的局限性，引入用于图像转换的 Pix2Pix 模型。该模型可以学习输入图像与彩色图像之间的映射关系，从而对输入图像实现色彩渲染。其次，针对 Gabor 滤波器的多方向/多尺度选择特性，提取图像 6 尺度 4 方向的纹理特征集作为输入进行训练与验证，其中使用尺度为 7、方向为 0° 的纹理图进行训练的效果最佳。最后，虽然 Pix2Pix 模型解决了 GAN 模型存在的一些问题，但仍然有在大规模图像数据集上训练时不稳定的问题。所以 Pix2Pix 模型使用了 LSGAN 的最小二乘损失函数，并增加了类似 WGAN_GP 的惩罚项。

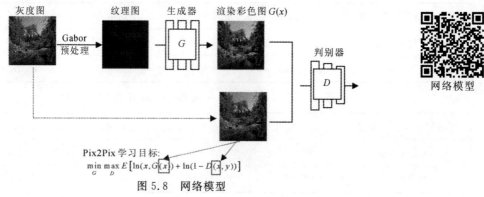

图 5.8　网络模型

1. Gabor 滤波器

Gabor 滤波器能够在空域和频域同时取得局部最优，使得对应于空间频率、空间位置及方向选择性的局部结构信息能够被很好地描述，且对于光照变化不敏感，因此处理低质量图像很有效。复杂图像上的斑点、条纹等细微特征，可在归一化后表现为不同频率和不同方向的纹理，设计不同频率和带宽的 Gabor 滤波器便可以提取到图像疏密程度不同的纹理特征。

设计相应的 Gabor 滤波器提取纹理特征的详细步骤如下。

步骤一：设计滤波器各参数，如图 5.9(a)所示。本节 Gabor 滤波器提取图像 6 尺度 4 方向的纹理特征，即 Gabor 尺度分别为 7、9、11、13、15、17；Gabor 方向分别为 0°、45°、90°、135°。

步骤二：从滤波器的输出结果中提取有效纹理特征集，提取的纹理特征集如图 5.9(b)所示，共 24 张。

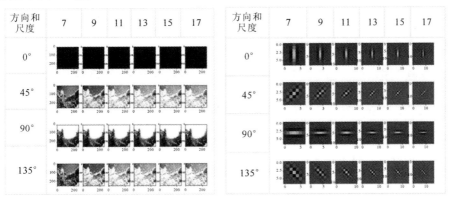

Gabor滤波器及提取的纹理图

(a) Gabor滤波器示意图　　　　　(b) 6尺度4方向的纹理特征图

图 5.9　Gabor 滤波器及提取的纹理图

6 尺度 4 方向的 Gabor 滤波器 Python 代码如下所示：

```
# 用于绘制滤波器
    for temp in range(len(filters)):
        plt.subplot(4, 6, temp + 1)
        plt.imshow(filters[temp])
```

2. 网络模型

Pix2Pix 模型基于 GAN 模型构建，生成器和判别器的结构都使用 conv-BatchNorm-ReLU 的卷积单元。为了改善 GAN 模型梯度弥散的问题，选取最小二乘损失函数，对那些处于判别成真的但远离决策边界的样本(假样本)进行惩罚，将远离决策边界的假样本拖进决策边界，从而提高 GAN 模型生成图像的质量。损失函数如下所示：

$$\begin{cases} \min_D V_{\text{LSGAN}}(D) = \frac{1}{2} E_{x \sim P_{\text{data}}(x)} \big[(D(x) - b)^2 \big] + \frac{1}{2} E_{z \sim P_z(z)} \big[(D(G(z)) - a)^2 \big] \\ \min_G V_{\text{LSGAN}}(G) = \frac{1}{2} E_{z \sim P_z(z)} \big[(D(G(z)) - c)^2 \big] \end{cases} \tag{5.3}$$

其中，输入图像为 x，生成器为 G，判别器为 D，z 为噪声，生成样本和真实样本的标签分别为 a 和 b，c 是生成器为了骗过判别器而设定的阈值。

3. 梯度惩罚项

对模型采用梯度惩罚项，Wasserstein GAN(WGAN)利用 Wasserstein 距离产生一个比 JS 散度有更好理论性质的值函数，基本解决了 GAN 训练不稳定和模型崩溃的问题，保证了生成样本的多样性。WGAN_GP 在 WGAN 的基础上继续改进，惩罚项是用 Wasserstein 距离推导而来的，作用在于约束梯度，其损失函数为

$$L = \mathop{E}_{\tilde{x} \sim P_g} \big[D(\tilde{x}) \big] - \mathop{E}_{\tilde{x} \sim P_r} \big[D(x) \big] + \lambda \mathop{E}_{\hat{x} \sim P_{\hat{x}}} \big[(\| \nabla_{\hat{x}} D(\hat{x}) \|_2 - 1)^2 \big] \tag{5.4}$$

其中，$\mathop{E}_{\tilde{x} \sim P_g} \big[D(\tilde{x}) \big] - \mathop{E}_{\tilde{x} \sim P_r} \big[D(x) \big]$ 是原本的惩罚项，$\lambda \mathop{E}_{\hat{x} \sim P_{\hat{x}}} \big[(\| \nabla_{\hat{x}} D(\hat{x}) \|_2 - 1)^2 \big]$ 是 WGAN_GP 的梯度惩罚项，x 为输入图像，$\hat{x} = t\tilde{x} + (1-t)x$，$0 \leqslant t \leqslant 1$，$\lambda$ 为惩罚系数，取值为 10。

添加梯度惩罚项及损失函数的 Python 代码如下：

```
# 判别器 loss
fake_AB = torch.cat((self.real_A, self.fake_B), 1)    # conditional GANs
pred_fake =    torch.nn.ReLU()(1.0 + self.netD(fake_AB.detach())).mean()
self.loss_D_fake = self.criterionGAN(pred_fake, False)
real_AB = torch.cat((self.real_A, self.real_B), 1)
pred_real =    torch.nn.ReLU()(1.0 − self.netD(real_AB)).mean()
self.loss_D_real = self.criterionGAN(pred_real, True)
self.loss_D = (self.loss_D_fake + self.loss_D_real)
+ 10 * ((gradients.norm(2, dim=1) − 1) ** 2).mean()    # 惩罚项
# 生成器 loss
pred_fake = self.netD(fake_AB)
self.loss_G_GAN = self.criterionGAN(pred_fake, True)
self.loss_G_L1 = self.criterionL1(self.fake_B, self.real_B) * self.opt.lambda_L1
self.loss_G = self.loss_G_GAN + self.loss_G_L1
```

4. 实验与分析

为验证本节方法的有效性，实验在 PC 机上进行，处理器为 Intel Core i7-9750H CPU @ 2.6 GHz & 2.59 GHz，显卡为 NVIDIA GeForce GTX 1650，并配置了 CUDA+Cudnn

进行加速训练。本节方法基于 Python 3.7 环境和 PyTorch 框架，在 summer 数据集上进行实验，训练集包括 1231 张图像，测试集包括 309 张图像。实验训练迭代次数为 200，优化器为 Adam，batch_size 为 1，学习率为 0.0002，进程数为 4。原 Pix2Pix 模型默认使用类似 U-Net 结构的生成器、PatchGAN 的判别器、vanilla GAN 的交叉熵函数。为了客观地反映不同模型的图像色彩渲染质量，实验采用峰值信噪比和结构相似性指标对渲染后的图像进行评估，如表 5.5 所示，最佳结果用粗体表示。

表 5.5　渲染图像与真实图像之间的峰值信噪比和结构相似性

模型	PSNR/dB			SSIM/%		
	Max	Min	Avg	Max	Min	Avg
Pix2Pix	29.204	11.126	23.024	92.888	52.474	82.163
pixG1	28.225	10.477	19.981	86.101	36.592	69.145
LSpix	**32.795**	11.003	**24.107**	**94.506**	**68.123**	**86.011**
pixG6	27.874	9.883	20.012	85.625	33.217	68.845
LSpixG6	32.616	10.632	21.409	91.312	56.897	78.387
LSpixG1	32.524	**11.238**	21.354	91.757	54.785	78.485
pixG7	27.565	9.232	17.600	91.188	4.964	39.057
pixG1+G13	28.960	9.947	20.682	87.615	42.562	71.630

在本节中，Gabor 滤波器从 6 个尺度和 4 个方向提取图像的纹理特征。为方便起见，根据图 5.9(b)所示的纹理特征集，将图像从左到右、从上到下编号。假设方向为 d，大小为 s，如图 5.10 所示。例如，G1 意味着"$s=7$，$d=0°$"。在 Pix2Pix 模型的基础上，采用最小二乘损失函数的模型称为 LSpix(Least Squares Pix2Pix)。基于 Gabor 滤波器，使用 Gabor 纹理映射的模型称为 pixGn (Pix2Pix Gabor n)，$n=1$、6、7、13。

  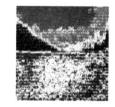 

(a) G1: $s=7$，$d=0°$　　(b) G6: $s=17$，$d=0°$　　(c) G7: $s=7$，$d=45°$　　(d) G13: $s=7$，$d=90°$

图 5.10　经过 Gabor 滤波器预处理的纹理特征图

实验一是测试 Gabor 滤波器和不同损失函数在 Pix2Pix 模型下的渲染效果。通过对比

图 5.11 中的图像，可以确定采用最小二乘损失和 Gabor 滤波器预处理的渲染效果更好，即 LSpixG1 模型。这是因为 Gabor 滤波器可以对图像进行预处理，获得图像的多尺度、多方向特征，从而在网络模型学习中实现良好、快速的特征提取和学习。而且，与其他损失函数相比，最小二乘损失函数仅在某一点达到饱和，不易引起梯度消失的问题。

 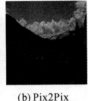 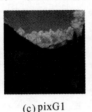 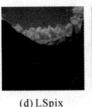 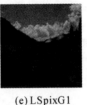

(a) 真实图像　　(b) Pix2Pix　　(c) pixG1　　(d) LSpix　　(e) LSpixG1

Gabor滤波器和不同损失函数在Pix2Pix模型下的渲染效果

图 5.11　Gabor 滤波器和不同损失函数在 Pix2Pix 模型下的渲染效果

实验二测试输入不同 Gabor 纹理特征图像时的渲染效果。图 5.12 展示了当 vanilla GAN 损失是 Pix2Pix 模型的损失函数时，输入不同的 Gabor 纹理特征图进行渲染的效果。如果原始图像的细节不完整，会导致输入纹理特征不完整，从而使生成的图像模糊，如图 5.12(a)所示。

(a) pixG7　　(b) pixG7+G13　　(c) pixG1　　(d) pixG1+G13　　(e) pixG6

输入不同Gabor纹理特征图的效果

图 5.12　输入不同 Gabor 纹理特征图的效果

虽然将第 7 张和第 13 张纹理图像作为训练集(pixG7＋G13 模型)共有 2462 张图像，但渲染效果并没有明显改善，如图 5.12(b)所示。显然，通过对比图 5.12，可以发现图 5.12(c)～图 5.12(e)的视觉效果很好，没有模糊。表 5.5 比较了渲染后的图像与真实图像之间的差异和结构相似性。LSpix 模型的 SSIM 指标值最高，这证明了我们的模型在结构上更接近真实图像，颜色还原度也更高。

实验三检验判别器中是否需要加入惩罚项。图 5.13(a)为不增加惩罚项的效果，图 5.13(b)为增加惩罚项的效果。显然，图 5.13(b)在细节上误差更小，视觉效果更好。惩罚项，即通过插值方法进行梯度惩罚，使模型满足 Lipschitz 约束。添加类似 WGAN_GP 的惩罚项，基本解决了 GAN 模型中训练不稳定和模型崩溃的问题，保证了生成样本的多样性。

增加惩罚项的效果

(a) 不增加惩罚项　　　　(b) 增加惩罚项

图 5.13　增加惩罚项的效果

表 5.6 为输入不同特征图和增加惩罚项后的评价指标。在加入惩罚项后，LSpix_GP 模型的最小 PSNR 指标值最高，比 Pix2Pix 模型提高了 0.904 dB。并且基于 Pix2Pix 模型输入 pixG1 可以最大程度提取图像纹理特征，因此 LSpixG1_GP 模型相比 Pix2Pix 模型指标值几乎均有提高，LSpixG1_GP 模型渲染的图像质量更好。这是因为添加了类似 WGAN_GP 的惩罚项，能够通过插值方法进行梯度惩罚，使模型满足 Lipschitz 约束，基本解决了 GAN 模型中训练不稳定导致模型崩溃的问题，同时保证了预测样本的质量和多样性。

表 5.6　输入不同特征图和增加惩罚项后的指标值

模型	PSNR/dB			SSIM/%		
	Max	Min	Avg	Max	Min	Avg
pixG1	29.204	11.126	23.024	92.888	52.474	82.163
pixG6	28.225	10.477	19.981	86.101	36.592	69.145
LSpix	**32.795**	11.003	**24.107**	94.506	**68.123**	**86.011**
LSpixG1	32.524	11.238	21.354	91.757	54.785	78.485
LSpix_GP	31.859	**12.030**	24.019	**94.641**	67.250	85.967
LSpixG1_GP	32.342	11.514	21.290	90.772	54.308	78.067
LSpixG6	32.616	10.632	21.409	91.312	56.897	78.387
LSpixG6_GP	32.113	11.067	21.384	90.941	52.740	78.236

实验四是通过添加噪声和调暗图像的亮度来测试低质量图像的渲染效果，以评估该模型的鲁棒性的。测试噪声图像时，加入均值为 0、方差为 10 的高斯噪声图像。在测试低照度图像时，对图像的像素进行幂运算，幂次取 2.5，生成低照度图像。

如表 5.7 所示，在渲染噪声图像时，LSGAN 损失函数渲染的图像质量更高，对于低照度的图像，Gabor 滤波模型渲染的图像质量普遍较好。Gabor 滤波后，以最小二乘损失为目标函数，加入惩罚项，LSpixG1_GP 模型的图像质量比原始模型高。这是因为本节的方法采用 Gabor 滤波，在一定程度上避免了噪声对图像的干扰。在提取特征时，可以提取图像的深度信息，避免光照对图像的影响。显然，本节方法对低质量图像的颜色呈现具有鲁棒性。

表 5.7　不同模型的 PSNR 指标　　　　单位：dB

模型	噪声图像			低照度图像		
	Max	Min	Avg	Max	Min	Avg
Pix2Pix	29.489	10.770	20.130	21.977	8.723	12.535
pixG1	25.657	10.562	18.665	**26.158**	7.864	**14.441**
LSpix	**29.655**	11.805	**22.528**	21.457	9.119	12.579
LSpixG1	27.650	**12.409**	19.942	24.565	7.946	14.171
LSpix_GP	29.516	11.950	22.504	21.948	**9.334**	12.563
LSpixG1_GP	27.306	11.548	19.966	24.337	7.886	14.127

5.2.3　基于铰链-交叉熵 GAN 的图像色彩渲染

基于 Pix2Pix 模型的生成器和判别器构造铰链-交叉熵 GAN，在改进后的 U-Net 网络基础上增加跳跃连接，可以加强深度神经网络中的参数传递和误差反馈。然后，为了解决远程依赖问题，使用自注意力机制来有效地选择信息。因此，在 U-Net 结构的前半部分，在每个卷积层前面分别添加改进的自注意力模块。

生成器的结构如图 5.14 所示。橙色模块为自注意力模块，蓝色模块为卷积层，共包含 8 个卷积层和 8 个反卷积层。它输出 256×256 大小的灰度图像，并生成相应的彩色图像。该判别器使用 70×70 的 PatchGAN 进行图像变换，包含 4 个卷积层，每个卷积层使用卷积-正则化-LeakyReLU 函数的单元形式。输入/输出大小为 256×256，步长为 2，填充像素为 1，激活函数为 LeakyReLU，使用 BatchNorm 进行数据的标准化处理，以帮助加速训练过程并提高模型稳定性。

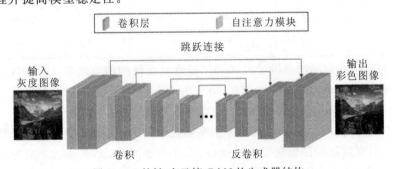

铰链-交叉熵GAN
的生成器结构

图 5.14　铰链-交叉熵 GAN 的生成器结构

1. 铰链-交叉熵损失函数

铰链损失函数能够使未正确分类的样本和正确分类的样本的距离足够远，直到达到一个阈值，使得未分类误差为 0。交叉熵损失函数中预测输出越接近真实样本，损失函数值越小；预测函数值越接近 1，损失函数值越大，这种变化趋势完全符合模型的实际情况。所以预测输出与真实样本相差越多，损失值越大，对当前模型的惩罚也就越大。而且这种惩罚是非线性增大的，主要由对数函数的特性决定，使得模型会不断学习让预测输出更拟合接近真实样本。并且由于铰链损失函数优化到小于一定距离就会停止优化，而交叉熵损失函数能够一直优化，因此通常情况下，交叉熵损失函数效果优于铰链损失函数。

由于交叉熵损失函数基于类间竞争机制设计，擅长学习不同类间的信息。同时，交叉熵损失函数只关注正确样本预测概率的准确性，忽略了其他错误样本之间的差异程度，因此导致模型学习到的特征信息比较散乱，迭代优化慢，生成器生成的效果不理想。而铰链损失函数尽可能地分开未正确分类和正确分类的样本之间的差距，刚好弥补了交叉熵损失的缺点，因此本节将二者融合提出了铰链-交叉熵损失函数。铰链-交叉熵损失函数如下所示，其中生成器的损失函数为交叉熵损失函数加上 L_1 损失(见公式(5.5))，判别器的损失函数为真实图像或生成图像先经过铰链损失函数处理，再经过交叉熵损失函数处理的形式：

$$
\begin{cases}
L_D = E_{x,y}\big[\ln(\max(0,\,1-D(x,\,y)))\big] + E_{y,z}\big[\ln(\max(0,\,1+D(G(z),\,y)))\big] \\
L_G = E_{x,y}(\ln D(x,\,y)) + E_x\big[\ln(1-D(x,\,G(x)))\big] + \lambda E_{x,y}(\parallel y - G(x)_1 \parallel) \quad (5.5) \\
L_{L_1} = E_{x,y}(\parallel y - G(x)_1 \parallel)
\end{cases}
$$

此处的交叉熵损失函数我们使用二分类交叉熵损失函数(Binary Cross Entropy Loss, BCE Loss)，BCE Loss 是交叉熵损失函数的一个特例，只用于二分类问题。在实际应用时需要在 BCE Loss 层前加上 Sigmoid 函数，将数据归一化处理。

铰链-交叉熵损失函数的 Python 代码如下：

```
fake_AB = torch.cat((self.real_A, self.fake_B), 1)
                        # 使用条件 GANs(cGANs)；需要同时将输入和输出提供给判别器
pred_fake =   torch.nn.ReLU()(1.0 + self.netD(fake_AB.detach())).mean()
self.loss_D_fake = self.criterionGAN(pred_fake, False)
real_AB = torch.cat((self.real_A, self.real_B), 1)
pred_real =   torch.nn.ReLU()(1.0 - self.netD(real_AB)).mean()
self.loss_D_real = self.criterionGAN(pred_real, True)
self.loss_D = (self.loss_D_fake + self.loss_D_real)
# 生成器损失函数依旧采用 GAN loss+ L_1 loss
fake_AB = torch.cat((self.real_A, self.fake_B), 1)
pred_fake = self.netD(fake_AB)
```

```
self. loss_G_GAN = self. criterionGAN(pred_fake, True)
self. loss_G_L1 = self. criterionL1(self. fake_B, self. real_B) * self. opt. lambda_L1
self. loss_G = self. loss_G_GAN + self. loss_G_L1
```

2. 改进的自注意力机制

计算机视觉中的注意力机制的基本思想是系统能够学会拥有注意力,让模型注意到整个输入中不同部分之间的相关性,关注重点信息,忽略无关信息,在一定程度上减少计算量,缓解深度神经网络模型的长距离依赖问题。通常情况是利用隐含层相关特征信息学习权重分布,再用学习得到的权重加权在特征图上进一步提取深层信息,加权可以作用在原本的特征图或空间尺度、通道尺度等上。而自注意力是从自然语言处理中学来的概念,是注意力机制的改进方法,能够在很大程度上减少模型对外部信息的依赖,更好地捕捉数据或图像特征的内部相关性。

自注意力模块的基本结构如图 5.15 所示。可以看出,自注意力模块通过 1×1 卷积分为三个分支:f、g 和 h。首先,利用点积计算 f 和 g 之间的相似度得到权重。然后,使用 Softmax 函数对这些权重进行归一化。最后,将权重和相应的 h 进行加权求和,得到最终的 attention 值。

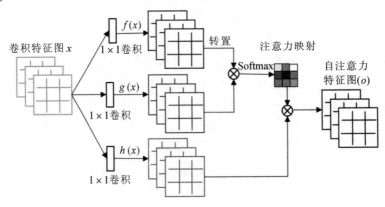

图 5.15 自注意力模块

自注意力模块的 Python 代码如下:

```
self. chanel_in = in_dim    # 输入的通道大小
self. activation = activation    # 激活函数
self. query_conv = nn. Conv2d(in_channels = in_dim, out_channels = in_dim//8, kernel_size= 1)    # f
self. key_conv = nn. Conv2d(in_channels = in_dim, out_channels = in_dim//8, kernel_size= 1)    # g
```

```
self. value_conv = nn. Conv2d(in_channels = in_dim , out_channels = in_dim, kernel_size= 1)    # h
# 改进点：self. gamma = nn. Parameter(torch. zeros(1))
self. gamma  = nn. Parameter(torch. zeros(1))
self. softmax   = nn. Softmax(dim=−1)
m_batchsize,C,width ,height = x. size()
# permute——高维矩阵转置
proj_query  = self. query_conv(x). view(m_batchsize,−1,width * height). permute(0,2,1)
                                                              # 计算查询张量
proj_key =   self. key_conv(x). view(m_batchsize,−1,width * height)    # 计算键张量
energy =   torch. bmm(proj_query,proj_key)   # 计算能量矩阵
attention = self. softmax(energy)  # 计算注意力权重
proj_value = self. value_conv(x). view(m_batchsize,−1,width * height)    # 计算值张量
out = torch. bmm(proj_value,attention. permute(0,2,1) )
out = out. view(m_batchsize,C,width ,height)
gamma_a = self. gamma
out = self. gamma * out + x
return out,attention,gamma_a
```

  权值参数 self. gamma 需要初始化为 0，它首先依赖于本地的原始输入，然后逐渐增加非本地权值，最后对生成器和判别器进行自注意。如果初始权值设为 0，通过模型优化逐渐增加权值，那么生成器学习速度和迭代速度会变慢。因此，我们需要调整学习方法，特别是初始化矩阵，以加快自注意力机制的学习速度。在本节中，我们将初始权值self. gamma调整为一个对角矩阵，并假设该对角矩阵对角线上的值符合均值为 0、方差为 1 的标准正态分布，如大小为 3×3 的对角矩阵

$$\boldsymbol{A}=\begin{bmatrix} -0.2657 & 0.0000 & 0.0000 \\ 0.0000 & 0.6014 & 0.0000 \\ 0.0000 & 0.0000 & 0.3083 \end{bmatrix} \tag{5.6}$$

3. 实验结果与分析

  实验采用 DIV2K 数据集中训练集 800 张图像，测试集 100 张图像；COCO 数据集中训练集 500 张图像，测试集 100 张图像。当采用 DIV2K 数据集验证实验有效性时，实验环境为 Windows 10、64 位操作系统，处理器为 Intel Core i7-9750H CPU @ 2. 6 GHz ＆ 2.59 GHz 的笔记本电脑，运行环境为 Python3. 7、PyTorch1. 2、CUDA 10. 0；当采用 COCO 数据集时，实验环境为 Windows 10、64 位操作系统，处理器为 Intel Core i9-10900X

CPU @ 3.70 GHz & 3.70 GHz 的台式电脑，运行环境为 Python3.7、PyTorch1.7、CUDA 10.2。本节实验在 PyTorch 框架下各模型均使用相同的参数，迭代次数为 200 次，优化器为 Adam，学习率为 0.0002。为了客观地反映不同模型的图像色彩渲染质量，实验采用峰值信噪比、结构相似性对渲染后的图像进行评估。

为了验证铰链-交叉熵损失函数的有效性，在 Pix2Pix 模型上添加铰链-交叉熵损失函数，同时对比添加自注意力机制和均方误差损失函数，DIV2K 数据集上的结果如图 5.16 所示。其中，hinge 表示铰链损失函数，BCE 表示交叉熵损失函数，SA 为自注意力机制，MSE 为均方误差损失函数。将真实图像与添加铰链-交叉熵损失函数（hinge＋BCE）和 MSE 损失函数的渲染结果进行对比，可以观察到，铰链-交叉熵损失函数对图像的台阶和屋顶等细节有较好的渲染效果，并且没有颜色污染。这是因为铰链-交叉熵损失函数使得分类错误的样本和分类正确的样本之间的距离远远超过了某个阈值。当铰链损失函数的优化被迫保持在一定距离内时，交叉熵损失始终保持最优状态。

定性实验

(a) 真实图像　　　(b) Pix2Pix　　　(c) Pix2Pix+SA　　　(d) SA+hinge+BCE　　　(e) SA+hinge+MSE

图 5.16　定性实验

使用 PSNR 和 SSIM 来评估渲染的图像，实验结果见表 5.8 和表 5.9。添加铰链-交叉熵损失函数后，在 DIV2K 和 COCO 数据集中，PSNR 和 SSIM 都有提升。这是因为当输出概率值接近 0 或 1 时，MSE 损失函数的偏导数值会非常小，这可能导致模型训练开始时偏导数值几乎消失。因此，模型的学习速度在开始时非常慢，而使用交叉熵作为损失函数不会导致这种情况。因此，对比未经过铰链损失函数以及添加 MSE 损失函数的模型的效果，使用铰链-交叉熵损失函数的模型对渲染质量有着明显的提升。

表 5.8　各个数据集渲染后的 PSNR 值　　　　　单位：dB

模　型	数　据　集						
	DIV2K	Lion	Bird	Orange	Dog	Fish	Ladybird
Pix2Pix	19.642	22.278	20.516	16.225	21.958	17.599	17.230
SA＋hinge＋BCE	**21.254**	**22.792**	**21.159**	**16.558**	**22.651**	**18.162**	**17.468**
SA＋hinge＋MSE	20.643	22.478	20.369	16.461	21.996	17.635	17.354

智能图像处理

表 5.9　各个数据集渲染后的 SSIM 值　　　　　　　　单位:%

模　型	数　据　集						
	DIV2K	Lion	Bird	Orange	Dog	Fish	Ladybird
Pix2Pix	80.029	87.736	81.733	66.919	86.095	73.329	75.308
SA+hinge+BCE	**81.599**	**89.981**	**84.471**	**68.959**	**88.096**	**77.029**	**76.937**
SA+hinge+MSE	79.716	88.481	80.401	67.109	85.996	73.277	75.208

　　为了验证改进的自注意力模块的有效性,我们通过在 Pix2Pix 模型上添加自注意力模块以及改进的自注意力模块,与原本的 Pix2Pix 模型进行比较,实验结果如图 5.17 所示。其中,SA′为对角线矩阵,对角线上的初始权重符合均值为 0 方差为 1 的标准正态分布,SA″为对角线矩阵,对角线上的值是初始权重在 0～1 之间的均匀随机数。通过对比可以看到,使用改进的自注意力模块的模型(Pix2Pix+SA′和 SA′+hinge+BCE)渲染的图像更接近真实彩色图像,有着更好的渲染质量、更清晰的细节和更少的渲染错误。

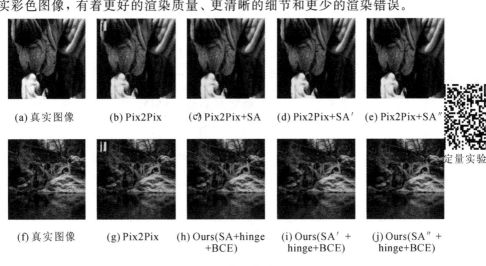

(a) 真实图像　　(b) Pix2Pix　　(c) Pix2Pix+SA　　(d) Pix2Pix+SA′　　(e) Pix2Pix+SA″

(f) 真实图像　　(g) Pix2Pix　　(h) Ours(SA+hinge +BCE)　　(i) Ours(SA′+ hinge+BCE)　　(j) Ours(SA″+ hinge+BCE)

图 5.17　定量实验

　　这是因为改进后的自注意力模块减少了对外部信息的依赖,尽可能多地利用特征的内在信息进行注意力交互。此外,自注意力机制可以有效捕捉远距离的特征依赖,提取全局上下文的重要信息。通过比较,我们提出的铰链-交叉熵 GAN(SA′+hinge+BCE)模型具有最好的效果。不仅增加了改进的自注意力模块,而且铰链-交叉熵损失函数使正负样本之间的差距足够大,从而产生更接近真实彩色图像的图像。

　　定量实验结果通过 PSNR 和 SSIM 指标进行对比,如表 5.10 和表 5.11 所示。我们可以看到,当使用初始权重符合均值为 0 方差为 1 的标准正态分布的对角线矩阵,即 SA′时,

第 5 章　图像彩色化

161

渲染效果较好。而且本节方法 SA′＋hinge＋BCE 相比原本的 Pix2Pix 模型，评价指标均有提升。因此采用改进的自注意力模块以及铰链-交叉熵损失函数可以加强模型的稳定性，并能够改善现有的基于 GAN 模型的色彩渲染算法的渲染效果。因此，本节改进的自注意力模块和铰链-交叉熵损失函数是有效的，不同程度地增强了模型的稳定性，改进了现有的基于 GAN 模型的图像渲染算法。

表 5.10　各个数据集渲染后的 PSNR 值　　　　单位：dB

模　型	数　据　集						
	DIV2K	Lion	Bird	Orange	Dog	Fish	Ladybird
Pix2Pix	19.642	**22.278**	20.516	16.225	**21.958**	17.599	**17.230**
Pix2Pix＋SA	20.852	22.242	20.250	16.462	21.897	17.631	17.069
Pix2Pix＋SA′	**21.030**	21.679	20.501	**16.489**	21.887	17.502	17.219
Pix2Pix＋SA″	20.926	22.247	**20.529**	16.358	21.897	**17.666**	17.072
SA＋hinge＋BCE	21.254	**22.792**	21.159	16.558	**22.651**	18.162	17.468
SA′＋hinge＋BCE	**21.404**	22.684	21.183	16.498	22.594	18.038	17.524
SA″＋hinge＋BCE	20.612	22.692	**21.364**	**16.720**	22.420	**18.170**	17.681

表 5.11　各个数据集渲染后的 SSIM 值　　　　单位：％

模　型	数　据　集						
	DIV2K	Lion	Bird	Orange	Dog	Fish	Ladybird
Pix2Pix	80.029	87.736	81.733	66.919	**86.095**	73.329	75.308
Pix2Pix＋SA	80.383	**88.489**	80.584	67.232	85.993	**73.485**	75.591
Pix2Pix＋SA′	80.558	86.001	**81.923**	66.118	85.983	73.396	**75.656**
Pix2Pix＋SA″	**80.647**	87.410	81.904	**67.280**	86.041	73.290	75.405
SA＋hinge＋BCE	81.599	89.981	84.471	68.959	**88.096**	77.029	76.937
SA′＋hinge＋BCE	**81.849**	89.844	84.201	69.102	87.635	**77.058**	75.738
SA″＋hinge＋BCE	80.923	**90.018**	**84.786**	**69.131**	87.858	76.755	**77.034**

5.3　多尺度感知的灰度图像彩色化方法

灰度图像彩色化是对灰度图像的颜色信息进行预测，虽然使用深度学习的方法可以自

智能图像处理

动地对灰度图像彩色化，但对图像中不同尺度目标的彩色化质量不高，尤其是在对复杂物体和小目标物体彩色化时，存在颜色溢出、误着色和图像颜色不一致的问题。因此本节提出了一种新的灰度图像彩色化方法，设计了多尺度网络，利用不同感受视野提取图像的特征信息。同时，为了使生成的彩色化图像在视觉上保持颜色的一致性，我们加入了感知损失对网络优化进行指导，使得生成的彩色图像更加接近真实图像。通过在不同实验数据集上进行测试，证明了本节提出的多尺度感知的灰度图像彩色化方法在图像结构相似性、峰值信噪比等评价参数上都有提高。

5.3.1 多尺度网络

目前利用深度神经网络对灰度图像进行彩色化，可以产生良好的着色效果，但对不同尺度大小的目标物体进行着色时仍然存在误着色和受训练数据主要颜色类别影响的问题，这造成了图像彩色化质量降低和颜色溢出的现象。

1. 多尺度跳跃连接

传统 U-Net 直接将下采样和上采样层的特征信息进行融合，使得网络可以充分利用图像的浅层特征和深层特征。下采样提取的特征图属于低级语义信息，而上采样层的特征图是由深层卷积得到的高级语义信息，不能直接将两者进行融合。因此，将下采样得到的特征图经过残差路径处理后，再与上采样的特征进行融合。本节设计了多尺度感知的跳跃连接，从多个尺度上对物体进行特征提取并融合，多尺度跳跃连接结构如图 5.18 所示。

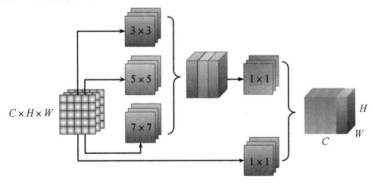

图 5.18　多尺度跳跃连接卷积

使用 PyTorch 框架对本节提出的网络结构进行实现，采用不同卷积核实现不同分支的不同感受视野效果，其关键代码如下：

```
class MultiScalePath(nn.Module)：　# 定义多尺度跳越连接
    def __init__(self, in_channels)：
        super(MultiScalePath, self).__init__()
        out_channels = in_channels//4　# 计算每个尺度的输出通道
```

```
    self. branch1 = nn. Sequential(    # 分支 1，卷积核大小为 3
      nn. Conv2d(in_channels, in_channels, 3, 1, padding=3//2, groups=in_channels),
      nn. Conv2d(in_channels, out_channels, 1)
    )
    self. branch2 = nn. Sequential(    # 分支 2，卷积核大小为 5
        nn. Conv2d(in_channels, in_channels, 5, 1, padding=5//2, groups=in_channels),
        nn. Conv2d(in_channels, out_channels, 1)
    )
    self. branch3 = nn. Sequential(    # 分支 3，卷积核大小为 7
        nn. Conv2d(in_channels, in_channels, 7, 1, padding=7//2, groups=in_channels),
        nn. Conv2d(in_channels, out_channels, 1)
    )
    self. fushion = nn. Conv2d(out_channels * 3, out_channels * 3, 1, 1)    # 特征融合块
    self. branch4 = nn. Conv2d(in_channels, out_channels, 1, 1)    # 分支 4，卷积核大小为 1
def forward(self, x):
    fusion = self. fushion(torch. cat([self. branch1(x), self. branch2(x), self. branch3(x)], dim=1))
    # 将前三个分支的特征融合
    out = torch. cat([fusion, self. branch4(x)], dim=1)    # 拼接第四个分支特征
    return out
```

在多尺度跳跃连接中，首先将来自下采样层的特征图通过 3 个大小分别为 3×3、5×5、7×7 的卷积核进行卷积操作，从不同尺度上进行特征提取，随后将不同尺度的特征图像进行拼接。接着使用卷积核大小为 1 的卷积对拼接后的特征图像再次进行卷积操作。为了防止原始特征图像上的特征信息丢失，使用一个卷积核大小为 1 的卷积对原始特征信息进行卷积操作。最后将得到的所有特征全部拼接在一起。通过多尺度跳跃连接后得到的特征图像在数量上与输入特征数量保持一致，并且包含了不同的尺度特征信息。在多尺度跳跃连接中的卷积操作均使用深度可分离卷积代替传统卷积操作，在达到提取图像多尺度特征信息的相同目的下，减小了网络的参数量。

2. 多尺度生成器网络

利用残差块和多尺度跳跃连接设计的多尺度生成器网络如图 5.19 所示。在下采样阶段，为了充分提取灰度图像中的特征信息，使用 6 个残差卷积模块进行特征提取，经过每次卷积后，特征图像的大小缩小为原来的 1/2，特征图像的数量变为原来的两倍。在上采样阶段，为了保持同下采样卷积输出的特征图像大小一致，使用卷积核大小为 3、步长为 2、填充像素为 1 的 6 个反卷积操作逐步恢复输入图像大小。在每次反卷积后，使用多尺度跳跃连接将下采样特征与上采样特征进行融合并输出。具体网络参数如表 5.12 所示。

智 能 图 像 处 理

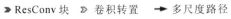

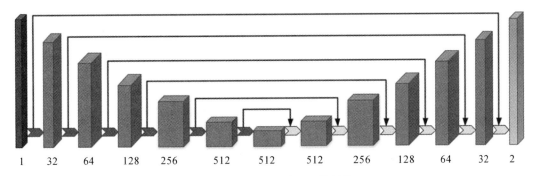

图 5.19　多尺度生成器网络结构

表 5.12　多尺度生成器网络参数

卷积层	1	2	3	4	5	6	7	8	9	10	11	12
输出	128	64	32	16	8	4	8	16	32	64	128	256
卷积核	[1×1, 3×3, 1×1]	[1×1, 3×3, 1×1]	[1×1, 3×3, 1×1]	[1×1, 3×3, 1×1]	[1×1, 3×3, 1×1]	[1×1, 3×3, 1×1]	3×3	3×3	3×3	3×3	3×3	3×3
通道	32	64	128	256	512	512	512	256	128	64	32	2

5.3.2　图像感知

　　图像质量的好坏在很大程度上取决于图像的整体视觉效果。对于人来说，可以通过人眼直观的感觉，快速地分辨出两幅图像的相似程度和图像质量高低。这是因为人在经过大量的学习和观察后，根据自我经验作出的判断包含了复杂的潜在处理过程。使用感知特征进行图像处理相关工作可以提高模型的感知能力，利用经过预训练的卷积神经网络提取图像的特征信息，可在高级语义特征层面对图像进行整体感知。图像感知的方法在图像超分辨率重建、图像去噪、图像分割等领域有着良好的应用。

　　为了使图像达到更好的着色效果，使图像的整体色调一致，本节使用了感知损失函数对彩色化图像在高级语义信息上进行判断。本节的感知损失函数是一个在 ImageNet 数据集上经过预训练的 VGG-19 网络，将其分为五个部分，经过依次的卷积操作后，得到通道数量为 64、128、256、512、512 的特征图像，特征图像的大小依次为 $256×256$、$128×128$、$64×64$、$32×32$、$16×16$。感知损失函数对生成器生成的彩色图像和真实数据的彩色图像进行逐级感知。向 VGG-19 网络输入彩色图像，经过卷积后得到图像的 5 个感知特征，每个感知特征都是在前一层特征基础上再次经过卷积得到的。感知网络结构如图 5.20 所示。

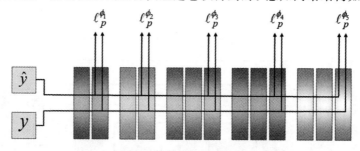

图 5.20　感知网络

根据风格重建损失定义，特征图像的格拉姆矩阵定义为

$$G_j^\phi(\boldsymbol{x})_{c,c'} = \frac{1}{C_j H_j W_j} \sum_{h=1}^{H_j} \sum_{w=1}^{W_j} \phi_j(\boldsymbol{x})_{h,w,c} \phi_j(\boldsymbol{x})_{h,w,c'} \tag{5.7}$$

其中，$\boldsymbol{x}$ 表示输入图像；C 表示图像的通道数；H 表示图像的高度；W 表示图像的宽度；ϕ 表示 VGG-19 网络；ϕ_j 表示第 j 层网络。生成图像与真实图像之间的感知损失定义为他们的格拉姆矩阵差异值的 Frobenius 范数平方，将 5 个不同层次的特征损失相加，得到整体的感知损失为

$$L_p = \sum_{j=1}^{5} \| G_j^\phi(\hat{\boldsymbol{y}}) - G_j^\phi(\boldsymbol{y}) \|_F^2 \tag{5.8}$$

其中，$\hat{\boldsymbol{y}}$ 表示生成器生成的彩色图像；$\boldsymbol{y}$ 表示真实图像；F 表示格拉姆矩阵差异值的 Frobenius 范数；j 表示感知特征层数。特征感知网络关键代码如下：

```
class PerceptionNet(nn.Module)：  # 自定义特征感知网络
    def __init__(self)：
        super(PerceptionNet, self).__init__()
        features = models.vgg19(pretrained=True).features  # 使用预训练的 VGG-19 网络参数
        self.perception_1 = nn.Sequential()
        self.perception_2 = nn.Sequential()
        self.perception_3 = nn.Sequential()
        self.perception_4 = nn.Sequential()
        self.perception_5 = nn.Sequential()
        for i in range(4)：  # 根据需求从特征网络层中抽取感兴趣的卷积层，用于特征提取
            self.perception_1.add_module(str(i), features[i])
        for i in range(4, 9)：
```

```
        self. perception_2. add_module(str(i), features[i])
    for i in range(9, 16):
        self. perception_3. add_module(str(i), features[i])
    for i in range(18, 25):
        self. perception_4. add_module(str(i-2), features[i])
    for i in range(27, 34):
        self. perception_5. add_module(str(i-4), features[i])
    for param in self. parameters():
        param. requires_grad = False
# 利用预训练的网络提取生成图像的感知特征，并返回不同层次的特征图
def forward(self, x):
    p1 = self. perception_1(x)
    p2 = self. perception_2(p1)
    p3 = self. perception_3(p2)
    p4 = self. perception_4(p3)
    p5 = self. perception_5(p4)
    return (p1, p2, p3, p4, p5)
```

5.3.3　实验与分析

为验证本节多尺度感知的彩色化模型的有效性，在 Natural Color Dataset(NCD)、OxFlower17、SpongeBob SquarePants 三个数据集上分别进行实验。所有实验均在同一台计算机上完成，使用 64 位 Windows 10 操作系统、处理器为 Intel Core i9-10900X CPU @ 3.70 GHz & 3.70 GHz、显卡为 NVIDIA GeForce RTX 2080 Ti，并在 PyTorch1.7.0、CUDA10.2、Python3.7.3 的环境下运行。

1. 多尺度对着色效果的影响

为验证本节提出的网络结构的有效性，在不添加感知损失的情况下进行实验，图 5.21 为不同算法的图像彩色化结果。从图中可以看出，不同模型对相同的灰度图像均可达到彩色化效果的目的，但 Nazeri 方法对小尺度物体和图像细节进行彩色化时，存在误着色和边界模糊等问题。图 5.21(c)是使用 Isola 方法得到的彩色化结果，图中花朵的紫色花瓣被正确地彩色化，但花瓣边界产生了颜色溢出现象，将背景部分的绿色着色为蓝色，与真实图像不一致。图 5.21(d)为使用本节算法生成的彩色化图像，由于采用了多尺度的 U-Net 结构在不同感受野上提取特征，使网络可以更好地对图像中不同尺寸大小的物体进行彩色化。对图中的花瓣颜色进行了正确的预测，并且在花瓣的边界没有产生颜色溢出现象，其着色结果与真实图像保持一致，证明了本节使用的多尺度的彩色化模型可以解决颜色溢出问题。

(a) 灰度图像与   (b) Nazeri方法   (c) Isola方法   (d) 本节方法
真实图像

图 5.21　不同算法的彩色化效果对比

2. 图像感知对着色效果的影响

由于本节的彩色化模型引入了感知损失，为了验证加入感知损失后可以提高图像整体彩色化效果，使用加入感知损失的网络结构和不加入感知损失的网络结构进行对比，实验结果如图 5.22 所示。从图中可以看出，虽然在不加入感知损失时也能对灰度图像进行彩色化，但是彩色化结果与真实图像存在一定差异。

(a) 灰度图像   (b) 无感知损失   (c) 加入感知损失   (d) 真实图像

图 5.22　有无感知损失对比

使用感知损失后，彩色化图像的颜色鲜艳程度更高，使图像整体呈现出一致性。例如图 5.22(b)中对绿色的西兰花进行着色时，没有添加感知损失的网络将第一个物体彩色化为黄色，不符合图像的整体一致性，加入感知损失后，所有的物体都被正确地彩色化为绿色。因此，使用感知损失可以提高图像色彩一致性，使得到的彩色化图像质量更高，与真实图像更接近。

3. 整体网络的着色效果评价

为更加直观地对比不同模型的彩色化图像质量，图 5.23 展示了在三个数据集上的部分彩色化结果。可以看出，本节模型的彩色化图像颜色更加丰富，更加接近于真实图像。由于本节模型加入了多尺度结构，使网络模型可以捕捉图像中不同尺寸物体的细节信息。因此，对苹果和胡萝卜的彩色化效果也更加真实自然，并且对于花朵图像中的绿色背景和卡通人物的红色眼睛的彩色化结果与真实图像保持一致，也进一步证明了本节提出的多尺度感知彩色化模型能对不同尺度的目标进行彩色化，提高了模型对复杂图像的彩色化能力。

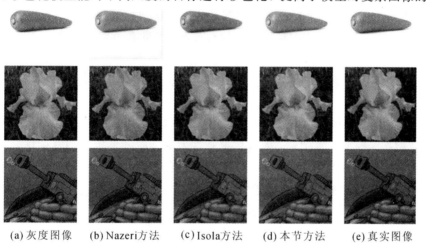

不同算法在不同数据集上的彩色化效果对比

(a) 灰度图像　　(b) Nazeri 方法　　(c) Isola 方法　　(d) 本节方法　　(e) 真实图像

图 5.23　不同算法在不同数据集上的彩色化效果对比

为客观反映各彩色化模型在不同数据集上的性能，使用峰值信噪比、结构相似性对彩色化结果进行定量分析。实验对比结果如表 5.13 和表 5.14 所示。

表 5.13　不同模型的 PSNR 评价结果对比　　　　单位：dB

彩色化方法	NCD 数据集	OxFlower17 数据集	SpongeBob 数据集
Nazeri 方法	22.597	18.557	25.038
Isola 方法	24.606	21.140	27.311
本节方法	25.221	21.438	27.399

从表 5.13 中可以看出，本节提出的彩色化网络模型得到的图像质量更高，相对于 Isola 等人提出的 Pix2Pix 模型，本节的多尺度感知模型分别在三个数据集上提高了 0.615 dB、0.298 dB 和 0.088 dB。使用带感知损失的多尺度彩色化网络在三个数据集上的图像彩色化质量最好。

表 5.14　不同模型的 SSIM 评价结果对比　　　　单位：%

彩色化方法	NCD 数据集	OxFlower17 数据集	SpongeBob 数据集
Nazeri 方法	90.306	83.234	90.775
Isola 方法	92.406	85.388	90.998
本节方法	93.774	87.051	93.041

从表 5.14 中可以看出，本节提出的多尺度感知彩色化模型的评价结果明显优于其他算法模型，在三个数据集上都取得了最好的测试结果。充分说明了使用感知损失可以提高彩色化模型的整体感知能力，使生成的彩色图像和真实彩色图像在结构上保持一致性。

5.4　频域通道注意力 GAN 的图像色彩渲染

近年来，通道注意力机制极大地提高了计算机视觉方向的网络模型性能。但模块的简单叠加不可避免地增加了模型的复杂度，为了在提高性能的同时降低模型的复杂性，本节提出一种全新的频域通道注意力 GAN 方案，并将其应用在图像色彩渲染方向。首先，将全局平均池化推广到频域，得到频域通道注意力机制。其次，将频域通道注意力机制结合 U-Net 网络，以表征图像所有的特征信息。实验采用 DIV2K 数据集和 COCO 数据集验证有效性，相比 Pix2Pix、CycleGAN 模型，PSNR 指标提高了 2.660 dB 和 2.595 dB，SSIM 指标提高了 7.943% 和 6.790%。为了节省计算机资源开销，在 Jittor 框架下实现该方法，相比 PyTorch 框架，训练速度和性能有着明显的提高。

5.4.1　GAP 是二维 DCT 的特例

近年来，深度学习与注意力机制结合的神经网络越来越广泛，这种神经网络能够自主学习优化注意力机制，类似人类一样关注图像中的重点信息，忽略无关信息。目前，注意力主要分为软注意力和强注意力。软注意力更加关注区域、通道，学习完成后可以通过网络模型生成，也可以通过网络模型计算出梯度，利用前向传播或反向传播算法得到注意力的权重；不同于软注意力，强注意力认为图像中的任意像素点都可能成为关注的重点，能够更精确地注意到图像中的具体位置或细节。此外，强注意力还更加强调动态变化，能够更好地捕捉图像中随时间变化的信息。通道注意力机制是一种软注意力，通过网络模型训练学习的方式，来自动获取到每个特征通道的重要程度，最后再为每个通道分配相应的权重，从而强化重要特征，抑制非重要特征。从特征通道角度出发，不同特征度表征不同信息。

假设 $X \in \mathbf{R}^{C \times H \times W}$ 是网络中的图像特征向量，C 是通道数，H 是特征高度，W 是特征宽度，那么特征通道注意力机制为

$$\text{att} = \text{sigmoid}(f_c(\text{gap}(X))) \tag{5.9}$$

其中，$\text{att} \in \mathbf{R}^C$ 是注意力向量，sigmoid 是 Sigmoid 函数，f_c 是类似全连接层或一维卷积的映射函数，gap 是全局平均池化，可以调用 avgpool $=$ nn. AdaptiveAvgPool2d(output _size) 函数。

在获取到所有 C 通道的注意力向量后，输入 X 的每个通道通过相邻注意力值被缩放尺度：

$$\widetilde{X}_{:,i,:,:} = \text{att}_i X_{:,i,:,:} \tag{5.10}$$

其中，$i \in \{0, 1, \cdots, C-1\}$，$\widetilde{X}$ 是注意力机制的输出，att_i 是注意力向量的第 i 个元素，$X_{:,i,:,:}$ 是输入的第 i 个通道。

DCT 定义如下：

$$f_k = \sum_{i=0}^{L-1} x_i \cos\left(\frac{\pi k}{L}\left(i + \frac{1}{2}\right)\right) \tag{5.11}$$

其中，$f \in \mathbf{R}^L$ 是 DCT 的频域光谱，$x \in \mathbf{R}^L$ 是输入，L 是输入 x 的长度。此外，二维 DCT 定义如下：

$$f_{h,w}^{2d} = \sum_{i=0}^{H-1} \sum_{j=0}^{W-1} x_{i,j}^{2d} \underbrace{\cos\left(\frac{\pi h}{H}\left(i + \frac{1}{2}\right)\right) \cos\left(\frac{\pi w}{W}\left(j + \frac{1}{2}\right)\right)}_{\text{DCT weights}} \tag{5.12}$$

其中，$h \in \{0, 1, \cdots, H-1\}$，$w \in \{0, 1, \cdots, W-1\}$，$f^{2d} \in \mathbf{R}^{H \times W}$ 是二维 DCT 的频域光谱，$x^{2d} \in \mathbf{R}^{H \times W}$ 是输入，H 是 x^{2d} 的高度，W 是 x^{2d} 的宽度。因此，二维 DCT 的逆变换公式如下所示：

$$x_{i,j}^{2d} = \sum_{h=0}^{H-1} \sum_{w=0}^{W-1} f_{h,w}^{2d} \underbrace{\cos\left(\frac{\pi h}{H}\left(i + \frac{1}{2}\right)\right) \cos\left(\frac{\pi w}{W}\left(j + \frac{1}{2}\right)\right)}_{\text{DCT weights}} \tag{5.13}$$

其中，$i \in \{0, 1, \cdots, H-1\}$，$j \in \{0, 1, \cdots, W-1\}$。在公式(5.12)和(5.13)中，为了简化运算和便于叙述，本节推算过程中移除了一些归一化因子常量。从以上推算公式可以看出，GAP 是目前通道注意力机制的预处理方式，DCT 可以看作输入的加权和，其中余弦部分是其对应的权重。因此，本节方法可以将 GAP 这种均值运算作为输入的最简单频谱，但是单个 GAP 不足以表征所有的特征信息。

GAP，即将特征图所有像素值相加求平均值，用该数值表示对应特征图。使用 GAP 可以获得全局的感受野，使得网络底层也能利用全局信息。并且 GAP 对整个网络结构做正则化，有效减少了参数量和计算量，计算力较小，可以减轻过拟合现象的发生。同时避免了全

连接层黑箱子操作的特点，直接赋予每个通道实际的类别意义。再者，GAP 可以保留特征图的空间位置信息。但是，GAP 的"平均"操作极大抑制了特征的多样性，导致无法很好地捕获丰富的输入信息。

计算二维 DCT 的频域分量的公式如下：

$$
\begin{aligned}
f_{0,0}^{2d} &= \sum_{i=0}^{H-1}\sum_{j=0}^{W-1} \boldsymbol{x}_{i,j}^{2d}\cos\left(\frac{0}{H}\left(i+\frac{1}{2}\right)\right)\cos\left(\frac{0}{W}\left(j+\frac{1}{2}\right)\right) \\
&= \sum_{i=0}^{H-1}\sum_{j=0}^{W-1} \boldsymbol{x}_{i,j}^{2d} \\
&= \mathrm{gap}(\boldsymbol{x}^{2d})HW
\end{aligned}
\tag{5.14}
$$

结合 $\cos(0)=1$，可以得知 $f_{0,0}^{2d}$ 为二维 DCT 的最低频域分量，因此，它和 GAP 是成正比关系的，即 GAP 是二维 DCT 的一种特例。为了将其他的频域分量整合到通道注意力机制中，根据公式(5.14)，将二维 DCT 的逆变换重写成以下形式：

$$
\begin{aligned}
x_{i,j}^{2d} &= \sum_{h=0}^{H-1}\sum_{w=0}^{W-1} f_{h,w}^{2d}\cos\left(\frac{\pi h}{H}\left(i+\frac{1}{2}\right)\right)\cos\left(\frac{\pi w}{W}\left(j+\frac{1}{2}\right)\right) \\
&= f_{0,0}^{2d}B_{0,0}^{i,j} + f_{0,1}^{2d}B_{0,1}^{i,j} + \cdots + f_{H-1,W-1}^{2d}B_{H-1,W-1}^{i,j} \\
&= \underbrace{\mathrm{gap}(x^{2d})HWB_{0,0}^{i,j}}_{\text{utilized}} + \underbrace{f_{0,1}^{2d}B_{0,1}^{i,j} + \cdots + f_{H-1,W-1}^{2d}B_{H-1,W-1}^{i,j}}_{\text{discarded}}
\end{aligned}
\tag{5.15}
$$

其中，$i\in\{0,1,\cdots,H-1\}$，$j\in\{0,1,\cdots,W-1\}$，B 表示频域分量，即 DCT 的权重分量。显而易见，图像特征可以被分解成不同频域分量的组合，GAP 仅仅是其中的一个频域分量，以往的通道注意力机制只是使用了 GAP，丢弃了其余部分。

首先将输入 $\boldsymbol{X}$ 按通道维度划分为 n 部分，其中 $\boldsymbol{X}^i\in\mathbf{R}^{C'\times H\times W}$，$i\in\{0,1,\cdots,n-1\}$，$C'=C/n$。对于每个部分分配相应的二维 DCT 频域分量，其结果可以作为通道注意力的预处理结果，即

$$
\mathrm{Freq}^i = 2\mathrm{DDCT}^{u,v}(\boldsymbol{X}^i) = \sum_{h=0}^{H-1}\sum_{w=0}^{W-1} \boldsymbol{x}_{:,h,w}^{2d}B_{h,w}^{u,v}
\tag{5.16}
$$

其中，$i\in\{0,1,\cdots,n-1\}$，u、v 对应 $\boldsymbol{X}^i$ 的频域分量 2D 指标，$\mathrm{Freq}^i\in\mathbf{R}^{C'}$ 是预处理后的 C' 维向量。通过连接可以得到整个的预处理向量：

$$
\mathrm{Freq} = \mathrm{cat}([\mathrm{Freq}^0, \mathrm{Freq}^1, \cdots, \mathrm{Freq}^{n-1}])
\tag{5.17}
$$

那么，频域通道注意力机制为

$$
\mathrm{fca\_att} = \mathrm{sigmoid}(f_c(\mathrm{Freq}))
\tag{5.18}
$$

由公式(5.17)和(5.18)可以看出，本节的方法将最低频域分量推广到一个有多个频率源的框架中，这样就弥补了原有方法的不足。

因此频域通道注意力机制的 Python 代码如下：

```python
def get_freq_indices(method):  # 定义频谱函数，以下代码只包含主要定义
    assert method in ['top1','top2','top4','top8','top16','bot1','bot2','bot4','bot8','bot16','low1','low2','low4','low8']
    return mapper_x, mapper_y
class MultiSpectralAttentionLayer(torch.nn.Module):  # 使用 DCT 获取通道注意力
    def __init__(self, channel, dct_h, dct_w, reduction = 16, freq_sel_method = 'top16'):
        super(MultiSpectralAttentionLayer, self).__init__()  # 初始化            mapper_x, mapper_y = get_freq_indices(freq_sel_method)
        self.num_split = len(mapper_x)
        mapper_x = [temp_x * (dct_h // 7) for temp_x in mapper_x]
        mapper_y = [temp_y * (dct_w // 7) for temp_y in mapper_y]
        self.dct_layer = MultiSpectralDCTLayer(dct_h, dct_w, mapper_x, mapper_y, channel)
        self.fc = nn.Sequential( nn.Linear(channel, channel // reduction, bias=False), nn.ReLU(inplace=True),
            nn.Linear(channel // reduction, channel, bias=False), nn.Sigmoid()    )
    def forward(self, x):
        n,c,h,w = x.shape
        x_pooled = x
        if h != self.dct_h or w != self.dct_w:v
            x_pooled = torch.nn.functional.adaptive_avg_pool2d(x, (self.dct_h, self.dct_w))
        y = self.dct_layer(x_pooled)
        y = self.fc(y).view(n, c, 1, 1)
        return x * y.expand_as(x)
    def get_dct_filter(self, tile_size_x, tile_size_y, mapper_x, mapper_y, channel):
        # 生成 DCT 滤波
        dct_filter = torch.zeros(channel, tile_size_x, tile_size_y)
        c_part = channel // len(mapper_x)
        for i, (u_x, v_y) in enumerate(zip(mapper_x, mapper_y)):
            for t_x in range(tile_size_x):
                for t_y in range(tile_size_y):
                    dct_filter[i * c_part: (i+1) * c_part, t_x, t_y] = self.build_filter(t_x, u_x, tile_size_x) * self.build_filter(t_y, v_y, tile_size_y)
# 调用频域通道注意力机制
c2wh = dict([(64,56), (128,28), (256,14) ,(512,7)])
att2 = MultiSpectralAttentionLayer(inner_nc,c2wh[inner_nc],c2wh[inner_nc], reduction=1,
        freq_sel_method = 'top1')
```

5.4.2 频域通道注意力 GAN

本小节采用生成对抗网络作为模型架构,提出一种基于频域通道注意力机制的 GAN 模型,即频域通道注意力 GAN。基于 U-Net 网络结构构建生成器,并添加 skip connection 和频域通道注意力机制增强模型的渲染能力。生成器和判别器结构如图 5.24 所示,橙色模块为频域通道注意力机制,蓝色模块为卷积层,生成器包含 8 个卷积层和 8 个反卷积层,判别器包含 4 个卷积层。

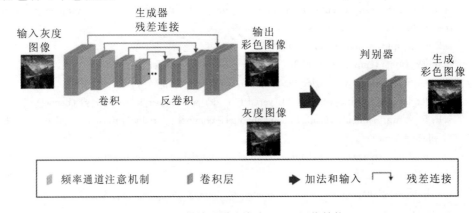

图 5.24 频域通道注意力 GAN 网络结构

根据 5.4.1 小节我们知道,从频域角度出发,GAP 等价于离散余弦变换 DCT 的最低频域分量,也就是说,GAP 只是 DCT 的一个特例。因此,本小节将 GAP 推广到频域中,提出频域通道注意力机制,并将其引入到生成器中。图像通过频域通道注意力机制,可以更好地表征更多信息。判别器采用了用于图像转换的 70×70 大小的 patchGAN,4 个卷积层每层使用卷积-正则化-LeakyReLU 函数的单元形式,具体结构如表 5.15 所示,展示了输入、卷积层的卷积核大小、特征图大小、步长、填充像素以及使用的激活函数等。

频域通道注意力
GAN网络结构

表 5.15 判别器结构

输入	256×256 大小的图像			
第 1 层	二维卷积层(4,4,64)	步长=2	填充=1	泄漏修正线性单元
第 2 层	二维卷积层(4,4,128)	步长=2	填充=1	批量归一化,泄漏修正线性单元
第 3 层	二维卷积层(4,4,256)	步长=2	填充=1	批量归一化,泄漏修正线性单元
第 4 层	二维卷积层(4,4,512)	步长=1	填充=1	批量归一化,泄漏修正线性单元
第 5 层	二维卷积层(4,4,1)	步长=1	填充=1	批量归一化,泄漏修正线性单元

5.4.3 实验与分析

实验采用 $\beta_1=0.5$ 和 $\beta_2=0.999$ 的 Adam 对网络参数进行优化,批处理大小为 1,学习率为 0.0002,进程数为 4 次。实验硬件环境为 Windows 10、64 位操作系统,处理器为 Intel Core i9-10900X CPU @ 3.70 GHz & 3.70 GHz 的台式电脑。所有模型都由 PyTorch 工具包和 CUDA 运算平台实现。使用 DIV2K 数据集,包含训练集 800 张图像,测试集 100 张图像;COCO 数据集包含六个类别,其中训练集 3000 张图像,测试集 600 张图像,并且所有的数据集图像统一调整到 256×256 大小。为了节省计算机资源开销和对比不同框架下本节方法的有效性,我们在 Ubuntu18.04 操作系统中的 Jittor 框架下实现我们的方法。

由 5.4.1 节可知,GAP 仅仅是一个频域分量,如果通道注意力机制只是使用 GAP,丢弃了其余部分,那么所有的特征信息将不能够被全部表征。为了进一步引进更多信息,需要使用二维 DCT 的多个频域分量,包括最低频域分量 GAP。表 5.16 展示了在 DIV2K 数据集下使用 GAP 和二维 DCT 不同频域分量时的 PSNR 和 SSIM 值,DCTk($k=1$、4、8 或 16)中 k 表示频域分量的个数。

表 5.16 验证 self-attention 模块的有效性

模型	PSNR/dB			SSIM/%		
	Max	Min	Avg	Max	Min	Avg
GAP	30.167	12.468	19.723	98.166	46.583	84.477
DCT1	29.652	14.195	**22.265**	98.094	**54.034**	88.584
DCT4	29.779	13.768	22.082	**98.315**	51.853	**88.817**
DCT8	29.670	**14.677**	22.190	97.706	52.506	88.602
DCT16	**30.964**	13.861	22.160	97.981	51.826	87.588

可以看到,虽然 DCTk 模型中频域分量的个数不同,但是整体而言数据是高于 GAP 模型的。其中,DCT1 模型生成的图像质量更高,DCT4 模型生成的图像更接近真实图像。这是因为将 GAP 推广到频域比原本的 GAP 有效,GAP 只是一个频域分量,不足以表征图像所有的信息,而将图像转换到频域获取到图像的全局特征,并引进更多信息后,PSNR 和 SSIM 均有不同程度的提高。

如图 5.25 所示是 GAP 与 DCTk 模型生成的图像同真实图像的对比,可以看到二者有着较大的差异,尤其是 GAP 模型生成的图像。比起 GAP 模型生成的图像,DCTk 模型生成的图像在岩石、建筑物、天空等细节处结构更分明、渲染更准确。这是由于经过 GAP 提取的特征只是图像的最低频域分量,虽然最低频域分量可以蕴含图像更多的信息,但是由于丢弃了其他频域分量，导致生成的图像瑕疵较大。而将 GAP 转换到频域后，不同个数的频域分量导致生成的图像效果也不同。

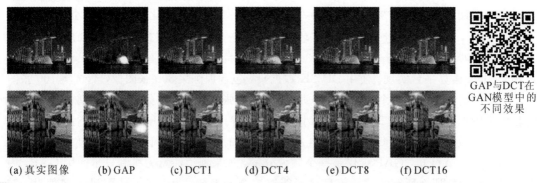

(a) 真实图像　　(b) GAP　　(c) DCT1　　(d) DCT4　　(e) DCT8　　(f) DCT16

图 5.25　GAP 与 DCT 在 GAN 模型中的不同效果

如图 5.26 所示是 DIV2K 数据集下不同模型的损失曲线，横轴为预训练次数（1～200），纵轴为损失函数的损失变换值。本节损失函数为生成对抗网络的对抗损失加上一定的参数乘以 L_1 损失，因此我们可以在图中看到蓝色的 GAN 损失值变化和橙色的 L_1 损失值变化。对比 GAP 与 DCTk 模型的损失曲线，可以看到只使用 GAP 时，损失曲线振荡最大，收敛速度较慢。而将 GAP 转换到频域后，模型的损失函数能够稳定且较快收敛。这是因为比起空域计算，频域计算通过对图像进行 DCT 变换，来掌握图像的全局信息，然后在变换域中对图像的变换系数进行处理。因此 DCTk 模型更能提取到图像的全局特征，并稳固模型训练。

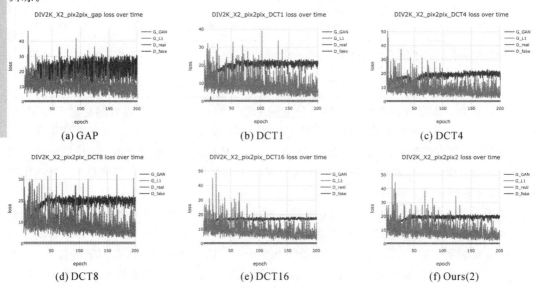

(a) GAP　　　　　　　　(b) DCT1　　　　　　　　(c) DCT4

(d) DCT8　　　　　　　　(e) DCT16　　　　　　　　(f) Ours(2)

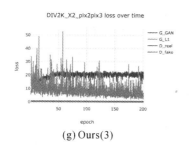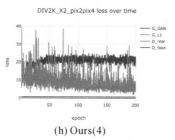

(g) Ours(3)   (h) Ours(4)

图 5.26　验证频域通道注意力机制稳定性

　　DIV2K 数据集下不同模型的 PSNR 和 SSIM 值如表 5.17 所示，可以看到叠加后的 Ours(i) 模型的数据相差无几。这是因为在 5.4.2 节的基础上，我们已经实现了更好地提取特征，因此目前主要的问题是需要在最大提取特征的同时既能实现更好的效果、更稳定的模型，又能实现模型轻量化。理论上，叠加的层数越多，网络模型的参数越多，那么模型复杂度和计算量也会呈指数上升。因此由于低频分量蕴含的信息更多，Ours(2) 模型渲染结果更接近真实图像，渲染质量与别的模型相差无几。同时，从图 5.26 所示的不同模型的损失曲线可以看到，Ours(i) 模型整体是稳定的，且训练时收敛平稳迅速。因此我们的方法能够在提高模型性能的同时降低模型的复杂性，使得模型稳定、渲染准确。

表 5.17　DIV2K 数据集下不同模型的 PSNR 值和 SSIM 值对比

模型	PSNR/dB			SSIM/%		
	Max	Min	Avg	Max	Min	Avg
Ours(2)	29.720	**13.716**	21.937	97.371	**56.522**	**88.740**
Ours(3)	29.123	13.617	**22.022**	97.882	47.539	87.707
Ours(4)	**30.646**	13.418	21.968	**98.247**	50.546	88.630

　　为了公平比较，我们使用相同的训练数据集（COCO 数据集）对所有方法进行训练，对比 Pix2Pix 模型和 CycleGAN 模型，渲染结果示例如图 5.27 所示。显然，用本节方法生成的图像在不同色彩交界处、背景等细节处更加清晰，结构明显、不模糊，更接近真实图像。而 Pix2Pix 模型和 CycleGAN 模型在渲染复杂场景下的图像时，会存在渲染错误、边界模糊等重大失误。CycleGAN 模型虽然渲染结果不接近真实图像，但是背景颜色更加鲜艳，在渲染颜色种类较少的图像时，效果更好。

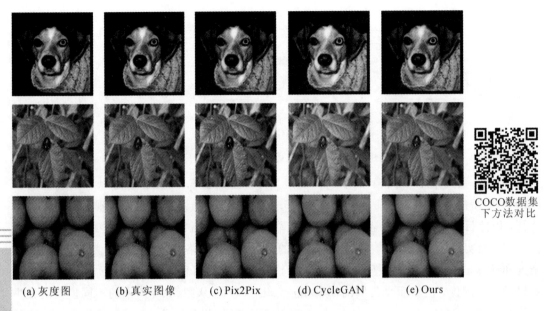

(a) 灰度图　　　(b) 真实图像　　　(c) Pix2Pix　　　(d) CycleGAN　　　(e) Ours

图 5.27　COCO 数据集下方法对比

COCO 数据集下不同模型的训练时间如表 5.18 所示。我们的模型没有过分叠加层数，训练时间没有明显变长，并且使用了频域通道注意力机制，能够提取图像全局信息，更好更快地实现图像的高质量渲染。同时，模型并不会增加太多的计算复杂度，导致训练时间超长。为了节省计算机资源开销和对比不同框架下本节方法的有效性，我们在 Jittor 框架下实现了 Jittor-Ours(2)模型，训练时间相比在 PyTorch 框架下缩短了 18 min。

表 5.18　COCO 数据集下不同模型的训练时间　　　单位：min

模　型	Pix2Pix	CycleGAN	Ours	**Jittor-Ours(2)**
训练时间	67	377	77	**59**

具体渲染结果如表 5.19 所示，本节方法相比 Pix2Pix 模型和 CycleGAN 模型是最优的。同时，由于 Jittor 实现了计算图优化，Jittor-Ours(2)模型下生成的图像还有不同程度的提高，实现了速度和性能的同时提升。总的来说，本节方法相比其他方法能够真实还原色彩，更接近真实图像，并且具有更好的"健壮性"，在渲染复杂场景下的图像时也能得到理想的效果。

表 5.19　多种数据集下不同模型的 PSNR 值和 SSIM 值对比

数据集	Pix2Pix		CycleGAN		Ours		Jittor-Ours(2)	
	PSNR/dB	SSIM/%	PSNR/dB	SSIM/%	PSNR/dB	SSIM/%	PSNR/dB	SSIM/%
Fish	17.599	73.329	17.656	73.467	**20.409**	84.187	19.573	**85.110**
Ladybird	17.230	75.308	18.063	78.579	**20.078**	83.824	19.126	**84.957**
Lion	22.278	87.736	22.192	87.392	23.726	92.659	**24.604**	**94.694**
Bird	20.516	81.733	19.915	81.081	**23.407**	89.604	23.209	**90.190**
Orange	16.225	66.919	17.560	72.201	**19.759**	78.643	18.686	**79.837**

本 章 小 结

　　图像彩色化技术是数字图像处理的一个热门研究方向，涉及颜色空间转换、假彩色处理、伪彩色处理、计算机视觉等多个相关算法。图像彩色化能够使得彩色化后的灰度图像具有彩色信息，增强图像的表达能力，使人能更加快速地从图像中获取有意义的信息。本章首先介绍了图像彩色化的传统算法和深度学习算法，并总结了图像彩色化流程。其次，针对 U-Net 网络、改进损失函数，提出了结合 Pix2Pix 生成对抗网络的灰度图像着色方法、基于 Gabor 滤波器的 Pix2Pix 图像色彩渲染方法、基于铰链-交叉熵 GAN 的图像色彩渲染方法；针对多尺度感知网络、频域分析，提出了多尺度感知的灰度图像彩色化方法和用于图像彩色化的频域通道注意力 GAN 模型，以提高生成对抗网络的稳定性，增强彩色化图像的质量。

参考文献及扩展阅读

[1] 李洪安，张敏，杜卓明，等. 一种基于分块特征的交互式图像色彩编辑方法[J]. 红外与激光工程，2019，48(12)：1226003. DOI：10.3788/IRLA201948.1226003.

[2] 李洪安，郑峭雪，张婧，等. 结合 Pix2Pix 生成对抗网络的灰度图像着色方法[J]. 计算机辅助设计与图形学学报，2021，33(6)：929-938. DOI：10.3724/SP.J.1089.2021.18596.

[3] 李洪安，郑峭雪，马天，等. 多视野特征表示的灰度图像彩色化方法[J]. 模式识别与人工智能，2022，35(7)：637-648. DOI：10.16451/j.cnki.issn1003-6059.202207006.

[4] LI H A, WANG D, ZHANG M, et al. Image color rendering based on frequency channel attention GAN[J]. Signal, Image and Video Processing, 2024, 18(4)：3179-3186.

［5］ 李洪安．基于分块特征交互图像色彩编辑方法、数字图像处理系统：ZL201810498068.5［P］．2023-11-17．

［6］ 李洪安，程丽芝，郑峭雪．基于 AI 的图像智能彩色化软件 V1.0［CP］．计算机软件著作权，中华人民共和国国家版权局，2023 年 9 月 18 日，登记号：2023SR1086498．

［7］ LI H A, ZHANG M, CHEN D F, et al. Image color rendering based on hinge-cross-entropy GAN in internet of medical things［J］. Computer Modeling in Engineering & Sciences, 2023, 135(1)：779-794. DOI：10.32604/cmes.2022.022369.

［8］ LI H A, FAN J W, YU K P, et al. Medical image coloring based on gabor filtering for internet of medical things ［J］. IEEE Access, 2020, 8：104016-104025. DOI：10.1109/ACCESS.2020.2999454.

［9］ LI H A, ZHANG M, YU Z H, et al. An improved Pix2Pix model based on gabor filter for robust color image rendering［J］. Mathematical Biosciences and Engineering, 2022, 19(1)：86-101. DOI：10.3934/mbe.2022004.

［10］ 李洪安．基于深度学习的图像着色软件 V1.0［CP］．计算机软件著作权，中华人民共和国国家版权局，2021 年 1 月 21 日，登记号：2021SR0112704．

［11］ 李洪安．基于 Garbor 滤波的图像渲染软件 V1.0 ［CP］．计算机软件著作权，中华人民共和国国家版权局，2021 年 1 月 20 日，登记号：2021SR0108325．

［12］ DESHPANDE A, LU J, YEH M C, et al. Learning diverse image colorization ［C］. IEEE Conference on Computer Vision and Pattern Recognition (CVPR), 2017：6837-6845.

［13］ WAN Z Y, ZHANG B, CHEN D D, et al. Bringing old photos back to life［C］. IEEE Conference on Computer Vision and Pattern Recognition (CVPR), 2020：2744-2754.

［14］ LEVIN A, LISCHINSKI D, WEISS Y. Colorization using optimization［J］. ACM Transactions on Graphics (TOG), 2004, 23(3)：689-694.

［15］ 朱黎博，孙韶媛，谷小婧，等．基于色彩传递与扩展的图像着色算法［J］．中国图象图形学报，2010，15(02)：200-205．

［16］ 徐铭蔚，李郁峰，陈念年，等．多尺度融合与非线性颜色传递的微光与红外图像染色［J］．红外技术，2012，34(12)：722-728．

［17］ 薛模根，刘存超，周浦城．基于颜色传递和对比度增强的夜视图像彩色融合［J］．图学学报，2014，35(6)：864-868．

［18］ 曹丽琴，商永星，刘婷婷，等．局部自适应的灰度图像彩色化［J］．中国图象图形学报，2019，24(08)：1249-1257．

［19］ LI H A, DU Z M, LI Z L, et al. An anti-occlusion moving target tracking method［J］. International Journal of Performability Engineering, 2019, 15(6)：1620-1630.

［20］ 李洪安，杜卓明，李占利，等．基于双特征匹配层融合的步态识别方法［J］．图学学报，2019，40(3)：441-446．

［21］ SANGKLOY P, LU J, FANG C, et al. Scribbler：controlling deep image synthesis with sketch and color ［C］. IEEE Conference on Computer Vision and Pattern Recognition (CVPR), 2017：5400-5409.

智能图像处理

[22] HE M, CHEN D, LIAO J, et al. Deep exemplar-based colorization[J]. ACM Transac-tions on Graphics (TOG), 2018, 37(4): 1-16.

[23] MIRZA M, OSINDERO S. Conditional generative adversarial nets[J]. Computer Science, 2014: 2672-2680.

[24] ISOLA P, ZHU J Y, ZHOU T, et al. Image-to-image translation with conditional adversarial networks[C]. IEEE Conference on Computer Vision and Pattern Recognition (CVPR), 2017: 5967-5976.

[25] GULRAJANI I, AHMED F, ARJOVSKY M, et al. Improved training of wasserstein gans[C]. Proceedings of the 31st International Conference on Neural Information Processing Systems, 2017: 5769-5779.

[26] MAO X, LI Q, XIE H, et al. Least squares generative adversarial networks[C]. IEEE International Conference on Computer Vision (ICCV), 2017: 2813-2821.

[27] ARJOVSKY M, CHINTALA S, BOTTOU L. Wasserstein generative adversarial networks[C]. International Conference on Machine Learning, 2017: 214-223.

[28] WANG Z, BOVIK A C, SHEIKH H R, et al. Image quality assessment: from error visibility to structural similarity[J]. IEEE Transactions on Image Processing, 2004, 13(4): 600-612.

[29] ROSASCO L, VITO E D, CAPONNETTO A, et al. Are loss functions all the same? [J]. Neural Computation, 2014, 16(5): 1063-1076.

[30] WOO S, PARK J, LEE J Y, et al. Cbam: convolutional block attention module[C]. Proceedings of the European conference on computer vision (ECCV), 2018: 3-19.

[31] ZHU J Y, PARK T, ISOLA P, et al. Unpaired image-to-image translation using cycle-consistent adversarial networks[C]. IEEE International Conference on Computer Vision (ICCV), Venice, Italy, 2017: 2242-2251.

[32] IIZUKA S, SIMO-SERRA E, ISHIKAWA H. Let there be color!: joint end-to-end learning of global and local image priors for automatic image colorization with simultaneous classification[J]. ACM Transactions on Graphics (TOG), 2016, 35(4): 1-11.

[33] ZHANG R, ISOLA P, EFROS A A. Colorful image colorization[C]. Proceedings of European Conference on Computer Vision, Heidelberg, Springer, 2016, 9907: 649-666.

[34] NOH H, HONG S, HAN B. Learning deconvolution network for semantic segmentation[C]. Proceedings of the IEEE International Conference on Computer Vision. Los Alamitos: IEEE Computer Society Press, 2015: 1520-1528.

[35] AGUSTSSON E, TIMOFTE R. Ntire 2017 challenge on single image super-resolution: dataset and study[C]. IEEE Conference on Computer Vision and Pattern Recognition Workshops (CVPRW), 2017: 1122-1131.

[36] PENG C, XIAO T, LI Z, et al. Megdet: a large mini-batch object detector[C]. IEEE Conference on Computer Vision and Pattern Recognition (CVPR), 2018: 6181-6189.

[37] WANG Z, BOVIK A C, SHEIKH H R, et al. Image quality assessment: from error visibility to

第 5 章 图像彩色化

structural similarity[J]. IEEE Transactions on Image Processing, 2004, 13(4): 600-612.

[38] 刘勍, 马义德, 钱志柏. 一种基于交叉熵的改进型 PCNN 图像自动分割新方法[J]. 中国图象图形学报, 2005, 010(005): 579-584.

[39] LIN M, CHEN Q, YAN S. Network in network[EB/OL]. arXiv, (2013-12-19)[2025-01-12]. https//ui. adsabs. harvard. edu/abs/2013arXiv1312. 4400L.

[40] HU J, SHEN L, SUN G. Squeeze-and-excitation networks[C]. IEEE Conference on Computer Vision and Pattern Recognition (CVPR), 2018: 7132-7141.

[41] WANG Q, WU B, ZHU P, et al. ECA-Net: efficient channel attention for deep convolutional neural networks [C]. IEEE Conference on Computer Vision and Pattern Recognition (CVPR), 2020: 11534-11542.

[42] WOO S, PARK J, LEE J Y, et al. Cbam: convolutional block attention module[C]. Proceedings of the European conference on computer vision (ECCV), 2018: 3-19.

[43] EHRLICH M, DAVIS L S. Deep residual learning in the jpeg transform domain[C]. Proceedings of the IEEE/CVF International Conference on Computer Vision, 2019: 3484-3493.

[44] XU K, QIN M, SUN F, et al. Learning in the frequency domain[C]. IEEE Conference on Computer Vision and Pattern Recognition (CVPR), 2020: 1740-1749.

[45] LIU Z, XU J, PENG X, et al. Frequency-domain dynamic pruning for convolutional neural networks [C]. Proceedings of the 32nd International Conference on Neural Information Processing Systems, 2018: 1051-1061.

[46] KRIZHEVSKY A, SUTSKEVER I, HINTON G E. ImageNet classification with deep convolutional neural networks[J]. Communications of the ACM, 2017, 60(6): 84-90.

第6章　图像风格迁移

　　图像风格迁移是一种以不同风格重新渲染和呈现图像内容的计算机视觉技术，在 AI 艺术创作、计算机辅助设计、图像修复及电影、动漫、游戏等图像视频处理领域具有广阔的应用前景。本章将回顾图像风格迁移的原理、发展历程以及算法流程，讲述图像风格迁移的发展趋势。基于深度学习的图像风格迁移方法相较于传统方法具有更好的性能和发展前景。然而，目前的两种主要解决方案仍存在一些局限性：一种方法是将深度风格特征注入深度内容特征，此过程考虑了不同特征分布的差异，但可能导致风格迁移结果不准确或不自然；另一种方法是基于风格自适应规范化深度内容特征，使其与目标风格的全局统计相匹配，但这种方法忽视了局部细节特征，可能导致细节信息的丢失或模糊。如何在不牺牲图像质量的前提下提高算法效率，成了研究者们亟待解决的问题。本章通过改进 VGG-19、损失函数、混合注意力机制和改进 Transformer 网络等角度，分析可改进点及其代码，介绍基于深度学习的图像风格迁移方法未来的发展趋势，希望对图像风格迁移领域的初学者有一定的启发。

6.1　基于深度学习的图像风格迁移

　　随着互联网行业的蓬勃发展，短视频、动漫等媒介形式吸引了众多观众的目光，同时也得到了商界的积极响应。这一趋势促进了视频制作、图像生成和动漫创作技术的快速更新，尤其是图像和视频处理方面的技术革新。人工智能技术的普及及计算能力的增强，推动了研究人员对基于深度学习的风格化方法的广泛探索。在此背景下，ResNet、Transformer、StyleGAN 等大型模型被广泛应用于视频编辑和图形创作等领域，通过自动化的神经网络流程大幅减轻了人工劳动强度，创作出许多连专业人士也难辨真伪的作品。Gatys 等人提出了基于深度学习的图像风格迁移方法，通过深度卷积神经网络和 Gram 矩阵比较风格图像与生成图像的相似度。这一技术引起了神经风格迁移（Neural Style Transfer，NST）的浪潮，成为艺术创作、图像编辑和虚拟现实等领域的热门话题。图像风格迁移技术能够将一幅图像的风格转换到另一幅图像上，从而开辟了艺术创作和图像编辑的新领域。技术的进步和人工智能的应用不仅推动了视觉艺术和图像编辑技术的发展，也为人们提供了更加多样化和丰富的视觉体验。

6.1.1 图像风格迁移概述

图像风格迁移技术的兴起标志着技术与艺术深度融合的新时代的到来，如图 6.1 所示为风格图像。卷积神经网络的应用在视觉识别领域取得显著成效，进而催生了基于 CNN 的图像风格迁移方法研究。Gatys 及其团队于 2015 年首次使用 CNN 技术实现将一幅图像的视觉内容与另一幅图像的风格内容相融合，产生新的风格化图像。这个过程涉及对原图像的内容和风格特征的分离与整合，为风格迁移提供了一个创新的方法。这不仅为艺术创作领域带来了新的机遇，还为图像处理技术开辟了新的途径，是深度学习与风格迁移相结合的重要里程碑。

风格图像

图 6.1　风格图像

如图 6.2 所示，利用凡·高的《星月夜》和葛饰北斋的《神奈川冲浪里》作为风格参考，将图 6.2(a) 中的图像转换为具有独特艺术风格的图 6.2(c) 的图像，揭示了风格化图像独特的视觉魅力。这种视觉转换极大激发了众多科学家和艺术创作者的兴趣。随后，众多依托深度学习的风格迁移技术相继诞生，它们在模拟油画、创造卡通动画、实现图像季节更替、变换文字风格等多个方面展现出卓越的能力。

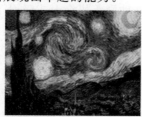

风格迁移效果图

(a) 输入图像　　　　　　(b) 风格图像　　　　　　(c) 输出图像

图 6.2　风格迁移效果图

图像风格迁移的技术革新让我们能够在短时间内创作出接近艺术大师作品的画作，这在过去是难以想象的。以往，复制大师级的艺术作品不仅需要资深艺术家的高超技艺，还要投入大量时间。风格迁移技术的发展，极大地简化了这一过程，为艺术创作提供了新的灵感源泉。目前，诸如 Prism 和 Facetune 等流行应用，已经利用这项技术让用户能够迅速将普通照片转换为具有艺术风格的作品。根据所使用的方法，可以将图像风格迁移技术分为基于传统的图像风格迁移技术和基于深度学习的图像风格迁移技术。

传统的图像风格迁移技术核心在于建立统计学和数学模型，然后基于邻域进行采样，通过随机采样不断生成已知像素点或像素块的邻域像素，从而改变图像的风格。早期的图像风格迁移，其实可以看作是一种纹理迁移。

纹理合成是从尺寸较小的源图像生成尺寸较大的纹理图像的过程。首先选定源纹理图中一个指定大小的纹理块，然后将这个纹理块重复平铺，即可生成大的纹理图像，并且在纹理块拼接的边缘进行平滑处理，尽量减少明显过渡带。但合成效果依然不尽如人意，对于大多数结构化纹理来说，这些纹理块是不匹配的。接下来，在纹理块平铺时，不采取直接拼接纹理块垂直边缝的方法，而是在每两个纹理块之间进行一部分重叠拼接，并且不再随机选取纹理块，而是搜索源纹理图中与该纹理块相似程度高的纹理块进行重叠拼接。合成的纹理图的匹配程度有了明显改善，但依然可以看到块之间有明显边缘。最后，为了消除这种明显边缘，采用最小误差法选取与该纹理块最为相似的纹理块，以及将误差最小边界线作为重叠拼接的拼接线。该拼接方法最大程度地减少了边缘纹理的不匹配现象，合成的目标纹理图像视觉效果较好。纹理合成示意图和效果图如图 6.3 所示，其中图 6.3(b)～图 6.3(d)分别表示三种拼接方式以及合成的纹理图。

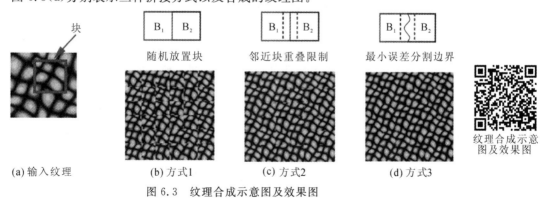

| B₁ | B₂ | B₁ | B₂ | B₁ | B₂ |

随机放置块　　邻近块重叠限制　　最小误差分割边界

(a) 输入纹理　　　(b) 方式1　　　(c) 方式2　　　(d) 方式3

图 6.3　纹理合成示意图及效果图

纹理合成示意图及效果图

在两个纹理最匹配的重叠块之间进行最相似拼接，即相接的地方误差最小。因此，需要计算两个像素块的误差最小路径，设 B_1 和 B_2 分别为两个纹理块，其相接覆盖部分分别为 B_1^G 和 B_2^G，则最小路径定义为 $l=(B_1^G-B_2^G)^2$。为了找到通过这个曲面的最小垂直切口，遍历 l，并计算所有路径的最小误差和 L，如公式(6.1)所示：

$$L_{i,j} = l_{i,j} + \min(L_{i-1,j-1}, L_{i-1,j}, L_{i,j-1}) \qquad (6.1)$$

其中，$i,j=2,3,\cdots,N$，最后一项的最小值表示通过误差曲面最小垂直路径的终点，可以追溯并找到最佳的拼接路径。同理，水平重叠拼接也可采用相同的方式找到最佳拼接路径。当既有垂直重叠拼接，又有水平重叠拼接时，两者相遇的连线则为最小路径，总的最小路径成为新的重叠拼接路径，部分结果如图 6.4 所示。

纹理合成
效果图

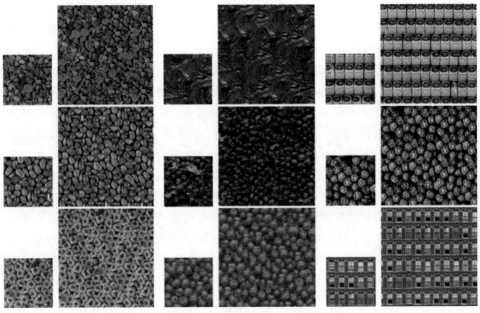

图 6.4　纹理合成效果图

Gatys 等人利用 CNN 开辟了图像风格迁移的新领域，这一技术主要分为两类：图像优化的逐步风格迁移和模型优化的快速风格迁移。在逐步风格迁移方面，通过对噪声图像进行反复的像素级迭代，实现风格的逐渐融合。根据统计策略的不同，该方法又分为基于参数的全局统计匹配和基于非参数的局部块匹配，前者以 Gatys 的工作为典范，后者则以 Li C 等人的研究为例，特别适用于形状相近的图像风格迁移。快速风格迁移通过改进模型结构加速迁移过程，包括基于前馈模型和生成对抗网络的方法。基于前馈模型的方法通过训练一个能快速产生风格化输出的网络实现快速风格迁移；而基于生成对抗网络的方法，如条件生成对抗网络则依赖于生成器和判别器间的动态对抗过程，实现迅速而多样的风格迁移。

任意风格迁移模型（Arbitrary-Style-Per-Model，ASPM）的核心在于开发能够接受任何内容和风格图像组合的通用网络，实现风格化输出。Huang X 等人的创新性贡献在于提出自适应实例归一化（Adaptive Instance Normalization，AdaIN）技术，这一技术能够调整生成图像的统计特性，使之与目标风格特征的均值和方差相匹配。AdaIN 的引入为任意风格的高效迁移提供了技术支撑，同时保证了迁移过程的灵活性与高效率，允许实时渲染。Li Y J 等人提出的 PhotoWCT 方法是对传统风格迁移技术的一个重要改进。他们通过使用去池化替换上采样，并结合最大池化掩码，有效地缓解了由于最大池化导致的特征空间信息减少的问题。这种方法还有助于减少特征提取过程中的细节损失，增强图像的结构重建能力。尽管基于 WCT 的方法因其强大的抽象能力而备受青睐，但它可能导致空间扭曲或生成不真实的伪影。

上述研究虽然在风格迁移领域取得了较好的成果，但是仍存在难以平衡内容结构和风格的问题。此外，由于基于补丁机制，很难同时维护全局和局部风格。Park 等人提出新的风格注意网络（Style Attention Networks，SANet），该网络根据内容图像的语义空间分布高效灵活地集成局部风格模式。

为增强上述任意风格迁移方法的生成效果，Deng Y Y 等人提出了多适应网络，通过计算分离后的内容和风格特征之间的局部相似性，以非局部的方式重新安排风格表征的分布。同年，Yao Y 等人针对生成图像细节不足的问题，提出了注意力感知多笔画模型，但该模型依旧存在局部失真问题。为了解决这一问题，Liu S H 等人提出新的注意力归一化模块，学习空间注意力分数，并通过加权对每个点进行自适应的注意力归一化，实现特征分布的对齐，以减少内容失真。在此基础上，他们还提出了新的局部特征损失，以增强局部视觉质量，从而生成高质量的风格化图像。朱仲贤等人提出了对比学习的双向网络，在保证主体不变形和真实的情况下，节省训练时间，然而该方法存在区域一致性有误差的问题。

风格迁移技术目前虽然已经有了比较好的视觉效果，并且可以在 APP 上有所运用，但是仍然存在一些问题需要解决：首先是图像质量的问题，现有的风格迁移算法没有额外考虑保护内容图像的结构，生成的风格化图像丢失了内容图像的主体结构，导致风格化图像视觉效果差。其次是算法效率的问题，一般来说，复杂的网络结构可以生成高质量的风格化图像，但这需要更大的计算开销。如何在保证风格化图像质量的前提下，提高算法的效率也是目前存在的一个主要问题。解决上述问题仍是风格迁移领域后续的研究动力和方向。

6.1.2 基于神经网络的图像风格迁移模型

1. VGG 网络

VGG 网络是由牛津大学和谷歌 DeepMind 公司所提出的一个性能优异的图像分类网络，大多数基于深度学习的图像风格迁移算法都是以 VGG 网络为原型，其网络结构如图 6.5 所示。

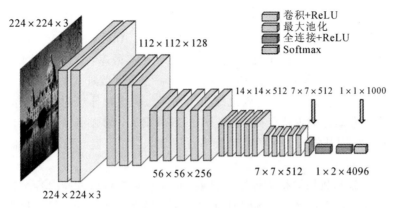

VGG网络结构图

图 6.5　VGG 网络结构图

　　VGG 结构主要分为五部分，其中每部分包括两至三层的卷积操作，跟随的是 ReLU 激活函数以提升模型非线性。此外，通过池化操作有助于减小图像的尺度。VGG 结构的终端由全连接层组成，负责将深度特征映射到图像分类结果上。在风格迁移的应用中，VGG-16 与 VGG-19 因其深度及结构优化而被广泛采用。与 AlexNet 不同的是，VGG 全程采用较小的卷积核，两层小卷积核效果等同于一层大卷积核，三层小卷积核则与更大卷积核相当。通过小卷积核的层叠使用，VGG 不仅减少了模型参数数量，还增强了捕捉特征的能力，这一策略让 VGG 网络在图像处理领域尤其是风格迁移方面获得了广泛关注和应用。使用 Tensorflow 框架实现 VGG-19 网络结构的程序如下：

```python
class Model(object):
    def __init__(self, content_path, style_path):
        self.content = self.loadimg(content_path)  # 加载内容图像
        self.style = self.loadimg(style_path)  # 加载风格图像
        self.random_img = self.get_random_img()  # 生成噪声内容图像
        self.net = self.vggnet()  # 建立 VGG 网络
    def vggnet(self):
        # 读取预训练的 VGG 模型
        vgg = scipy.io.loadmat(settings.VGG_MODEL_PATH)
        vgg_layers = vgg['layers'][0]
        net = {}
        net['input'] = tf.Variable(np.zeros([1, settings.IMAGE_HEIGHT, settings.IMAGE_WIDTH, 3]), dtype=tf.float32)
        # 参数对应的层数可以参考 VGG 模型图
        net['conv1_1'] = self.conv_relu(net['input'], self.get_wb(vgg_layers, 0))
        net['conv1_2'] = self.conv_relu(net['conv1_1'], self.get_wb(vgg_layers, 2))
```

```python
            net['pool1'] = self.pool(net['conv1_2'])
            net['conv2_1'] = self.conv_relu(net['pool1'], self.get_wb(vgg_layers, 5))
            net['conv2_2'] = self.conv_relu(net['conv2_1'], self.get_wb(vgg_layers, 7))
            net['pool2'] = self.pool(net['conv2_2'])
            net['conv3_1'] = self.conv_relu(net['pool2'], self.get_wb(vgg_layers, 10))
            net['conv3_2'] = self.conv_relu(net['conv3_1'], self.get_wb(vgg_layers, 12))
            net['conv3_3'] = self.conv_relu(net['conv3_2'], self.get_wb(vgg_layers, 14))
            net['conv3_4'] = self.conv_relu(net['conv3_3'], self.get_wb(vgg_layers, 16))
            net['pool3'] = self.pool(net['conv3_4'])
            net['conv4_1'] = self.conv_relu(net['pool3'], self.get_wb(vgg_layers, 19))
            net['conv4_2'] = self.conv_relu(net['conv4_1'], self.get_wb(vgg_layers, 21))
            net['conv4_3'] = self.conv_relu(net['conv4_2'], self.get_wb(vgg_layers, 23))
            net['conv4_4'] = self.conv_relu(net['conv4_3'], self.get_wb(vgg_layers, 25))
            net['pool4'] = self.pool(net['conv4_4'])
            net['conv5_1'] = self.conv_relu(net['pool4'], self.get_wb(vgg_layers, 28))
            net['conv5_2'] = self.conv_relu(net['conv5_1'], self.get_wb(vgg_layers, 30))
            net['conv5_3'] = self.conv_relu(net['conv5_2'], self.get_wb(vgg_layers, 32))
            net['conv5_4'] = self.conv_relu(net['conv5_3'], self.get_wb(vgg_layers, 34))
            net['pool5'] = self.pool(net['conv5_4'])
            return net
        def conv_relu(self, input, wb):
            conv = tf.nn.conv2d(input, wb[0], strides=[1, 1, 1, 1], padding='SAME')
            relu = tf.nn.relu(conv + wb[1])
            return relu
        def pool(self, input):
            return tf.nn.max_pool(input, ksize=[1, 2, 2, 1], strides=[1, 2, 2, 1], padding='SAME')
        def get_wb(self, layers, i):
            w = tf.constant(layers[i][0][0][0][0][0])
            bias = layers[i][0][0][0][0][1]
            b = tf.constant(np.reshape(bias, (bias.size)))
            return w, b
        def get_random_img(self):
            noise_image = np.random.uniform(-20, 20, [1, settings.IMAGE_HEIGHT, settings.IMAGE_WIDTH, 3])
            random_img = noise_image * settings.NOISE + self.content * (1 - settings.NOISE)
            return random_img
```

```
def loadimg(self, path):
    image = scipy.misc.imread(path)
    # 重新设定图像大小
    image = scipy.misc.imresize(image, [settings.IMAGE_HEIGHT,
            settings.IMAGE_WIDTH])
    # 改变数组形状,即将其变为一个 batch_size=1 的 batch
    image = np.reshape(image, (1, settings.IMAGE_HEIGHT, settings.IMAGE_WIDTH, 3))
    # 减去均值,使其数据分布接近 0
    image = image - settings.IMAGE_MEAN_VALUE
    return image
if __name__ == '__main__':
    Model(settings.CONTENT_IMAGE, settings.STYLE_IMAGE)
```

2. 内容特征提取

Gatys 等人认为卷积神经网络中的卷积层可以理解为提取图像特定特征的滤波器,即在不同层进行卷积操作生成输入图像的不同版本的滤波结果。为了可视化编码在不同层中的图像信息,可以对白噪声图像执行梯度下降,以找到另一幅与原始图像特征相匹配的图像。如图 6.6 为内容图像重建结果,其中图 6.6(a)~图 6.6(e)分别为由浅层网络到深层网络的特征信息重建结果。从图中可以看出,浅层网络的内容图像重建结果比较清晰和完整,随着网络层次变深,内容图像重建结果会变得模糊、抽象。

内容图像重建图

(a) 第一层特征　　(b) 第二层特征　　(c) 第三层特征　　(d) 第四层特征　　(e) 第五层特征

图 6.6　内容图像重建图

在内容图像重建过程中,设 x 和 p 分别为原始图像和生成的图像,P_{ij}^{l} 和 F_{ij}^{l} 分别表示第 l 层重建图像特征和输入图像特征中第 i 个滤波器第 j 位置的激活值,内容图像重建的平方

误差损失为

$$L_{\text{content}}(\boldsymbol{p}, \boldsymbol{x}, \boldsymbol{l}) = \frac{1}{2} \sum_{i,j} (\boldsymbol{F}_{ij}^l - \boldsymbol{P}_{ij}^l)^2 \tag{6.2}$$

内容损失函数的导函数为

$$\frac{\partial L_{\text{content}}}{\partial \boldsymbol{F}_{ij}^l} = \begin{cases} (\boldsymbol{F}^l - \boldsymbol{P}^l)_{ij}, & \boldsymbol{F}_{ij}^l > 0 \\ 0, & \boldsymbol{F}_{ij}^l < 0 \end{cases} \tag{6.3}$$

采用标准的误差反向传播计算相对于图像 $\boldsymbol{x}$ 的梯度。因此，可以改变最初的随机图像 $\boldsymbol{x}$，直到在卷积神经网络的某一层中产生与原始图像 $\boldsymbol{p}$ 相同的响应。

3. 风格特征提取

为了表征输入图像的风格，研究者们引入了一个专门用于捕捉纹理信息的特征空间。这个空间基于网络各层的滤波器反应建立，其核心是滤波器反映的相互关系，这种关系的计算是在特征映射的整个空间维度上完成的。这些特征相关性由 Gram 矩阵给出，$\boldsymbol{G}_{ij}^l$ 为 l 层中向量化的特征映射 i 和 j 之间的内积，其公式为

$$\boldsymbol{G}_{ij}^l = \sum_k \boldsymbol{F}_{ik}^l \boldsymbol{F}_{jk}^l \tag{6.4}$$

Gram 矩阵定义的代码如下：

```
def gram_matrix(input):
a, b, c, d = input.size()
        # a=batch size(=1);b=number of feature maps;(c,d)=dimensions of a f. map (N=c*d)
features = input.view(a * b, c * d)   # resise F_XL into \hat F_XL
G = torch.mm(features, features.t())   # 计算 gram 内积, torch.mm 是矩阵相乘, 计算叉乘
return G.div(a * b * c * d)   # 通过对 gram 积除以每一层的神经元数目, 对其实现归一化
```

通过多个层特征的相关性，可以得到输入图像的静态、多尺度表示，从而捕捉其纹理信息，但未捕捉到全局布局。同样地，可以通过构建一个与给定输入图像的风格表示相匹配的图像，可视化这些建立在网络不同层上的风格特征空间所捕捉到的信息。为了实现这一点，我们使用梯度下降从一个白噪声图像开始，最小化原始图像的 Gram 矩阵条目与生成图像的 Gram 矩阵之间的均方距离。假设 $\boldsymbol{a}$ 为输入风格图像，$\boldsymbol{x}$ 为生成图像，$\boldsymbol{A}^l$ 为风格图像第 l 层的风格表示，$\boldsymbol{G}^l$ 为生成图像第 l 层的风格表示，则第 l 层风格损失为

$$E_l = \frac{1}{4 N_l^2 M_l^2} \sum_{i,j} (\boldsymbol{G}_{ij}^l - \boldsymbol{A}_{ij}^l)^2 \tag{6.5}$$

总的风格损失为

$$L_{\text{style}}(\boldsymbol{a}, \boldsymbol{x}) = \sum_{l=0}^{L} w_l E_l \tag{6.6}$$

其中，w_l 是各层对总损失函数贡献的权重因子。

网络中不同卷积层提取的风格图像信息可以通过图像重建进行可视化。可视化结果如图 6.7 所示，其中图 6.7(a)～图 6.7(e)分别表示由浅层网络到深层网络特征信息的重建结果。浅层的特征对应图像中浅层的像素特征，反映了图像中的局部内容；网络高层的输出对应的是输入图像的高级特征，反映了输入图像的整体风格。

风格特征重建图

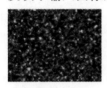    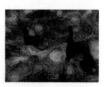

(a)第一层特征　　(b)第二层特征　　(c)第三层特征　　(d)第四层特征　　(e)第五层特征

图 6.7　风格特征重建图

4. 风格迁移

根据 Gatys 等人的研究成果，使用预训练的 VGG 网络能够从风格和内容图像中提取多尺度特征。为了实现图像的风格迁移，一张随机生成的白噪声图像被送入 VGG 网络。这个过程的目标是减少白噪声图像与内容图像在网络高层特征上的差异，以及白噪声图像与风格图像在网络多个层次上的风格表示差异。通过反复迭代，这种方法能够创造出具有目标风格的图像，如图 6.8 所示。

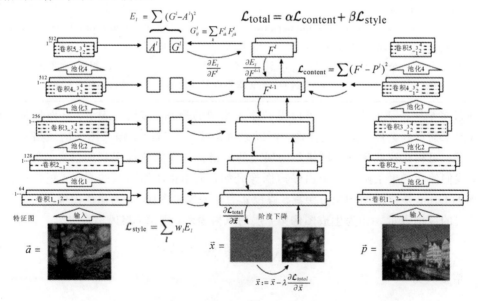

图 6.8　风格迁移算法示意图

给定随机生成的白噪声图像 x、内容图像 p 和风格图像 a，将它们输入到 VGG-19 网络中，提取并存储内容和风格特征。风格图像 a 通过网络计算和存储在所有层上的风格表示为 A^l。内容图像 p 通过网络计算和存储在其中一层的内容表示为 p^l。然后通过网络传输随机白噪声图像 x，并计算和存储其风格特征 G^l 和内容特征 F^l。在风格表示所包含的每一层上，计算 G^l 和 A^l 之间的元素平均平方差，再计算出风格损失 L_{style}。同时计算 F^l 和 P^l 之间的均方差，从而得出内容损失 L_{content}，总损失 L_{total} 是内容损失和风格损失的线性组合，它相对于像素值的导数可以通过误差反向传播计算。该梯度用于迭代更新图像 x，直到它同时符合风格图像 a 的风格特征和内容图像 p 的内容特征。迭代过程的总损失为

$$L_{\text{total}}(\boldsymbol{p},\ \boldsymbol{a},\ \boldsymbol{x}) = \alpha L_{\text{content}}(\boldsymbol{p},\ \boldsymbol{x}) + \beta L_{\text{style}}(\boldsymbol{a},\ \boldsymbol{x}) \tag{6.7}$$

其中，α 和 β 分别为内容损失和风格损失的权重因子。通过多次迭代最小化损失，最终得到风格化图像。

Gatys 等人成功使用卷积神经网络进行风格迁移并且取得了很好的效果，通过提取给定图像的内容和风格特征，同时采用图像重建构建具有上述两种特征的图像，最终产生的风格化图像在视觉效果上表达了特定的风格。但是，这类基于图像优化的风格迁移方法，每生成一次风格化图像都需要进行多次迭代，这意味着这类方法需要耗费大量的计算资源，且不具有实时性。

6.2　基于多级自适应的图像风格迁移算法研究

AdaIN 和 WCT 方法通过将风格特征映射到特征空间中的内容特征上，实现了快速风格迁移，但以上两种方法不能控制风格的局部统计特性以及内容结构特征。针对上述问题，相关研究人员提出注意力机制特征细化的方法，利用注意力机制对风格和内容图像局部特征之间的细粒度进行建模。Park 等人提出了 SANet 网络匹配内容和风格特征。Yao Y 等人利用这种注意框架考虑了不同类型的风格。Deng Y Y 等人提出了一个多级自适应模块，该模块对内容特征采用点向注意，对风格特征采用渠道向注意。然而，这些方法仅仅在深度 CNN 特征上建立注意机制，而不考虑浅层特征，只是简单地将内容特征和重新加权的风格特征进行混合。因此，它们可能会扭曲原始的内容结构，并导致生成的风格化图像质量不好。本节以改进的 VGG-19 网络和损失函数为切入点提高风格化图像质量。

6.2.1　多级自适应网络

现有的一些研究都取得了一定成效，但也存在一定的局限性，例如风格迁移输出的风格化图像不能同时保持全局和局部风格，甚至内容结构扭曲，呈现的视觉效果仍有提升的空间。

为了解决上述问题，本节提出了一个前馈网络，该网络由编解码体系结构、协同风格迁移模块（Co-Adaptation，CA）和混合注意力模块（Convolution Block Attention Module，

CBAM)组成,如图6.9所示。该风格迁移网络采用预训练的 VGG-19 网络作为编码器,并联合训练一个对称的解码器、三个集成的混合注意力模块和协同风格迁移模块,以内容图像和风格图像作为输入,通过分离内容和风格特征之间的长期局部相似性来调整风格分布以适应内容分布,生成风格化图像。

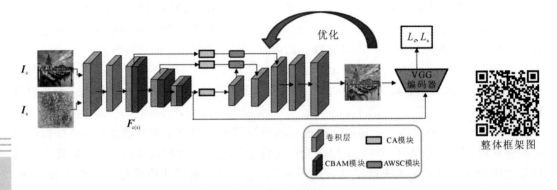

图 6.9　整体框架图

给定一张内容图像 I_c 和风格特征 I_s,采用 VGG-19 网络提取相应的特征映射 $F_c = E(I_c)$ 和 $F_s = E(I_s)$,可得内容特征 F_c^3、F_c^4、F_c^5 以及风格特征 F_s^3、F_s^4、F_s^5。将编码器提取的不同层特征输入到 CBAM 模块进行特征细化,可得到细化内容特征 $F_c^{i''}$ 和细化风格特征 $F_s^{i''}$,表示为

$$F_c^{i''} = A(F_c^i) \tag{6.8}$$

$$F_s^{i''} = A(F_s^i) \tag{6.9}$$

其中,i 表示不同层,A 表示混合注意力模块。上式可分解为

$$F_c^{i'} = M_{\text{channel}}(F_c) \otimes F_c \tag{6.10}$$

$$F_s^{i'} = M_{\text{channel}}(F_s) \otimes F_s \tag{6.11}$$

$$F_c^{i''} = M_{\text{spatial}}(F_c^{i'}) \otimes F_c^{i'} + F_c \tag{6.12}$$

$$F_s^{i''} = M_{\text{spatial}}(F_s^{i'}) \otimes F_s^{i'} + F_s \tag{6.13}$$

其中,M_{channel} 表示一维的通道注意力图,M_{spatial} 表示二维的空间注意力图,$\otimes$ 表示按元素相乘;+ 表示按元素相加。

将特征细化内容图和风格图作为 CA 模块的输入,该模块以非局部方式统计内容与风格特征之间的局部相似性,根据内容表征重新排列风格表示的分布,将不同层的内容特征和风格特征进行特征融合,输出的风格化特征表示为

$$F_{cs}^i = CA(F_c^{i''}, F_s^{i''}) \tag{6.14}$$

将不同层的风格化特征 $F_{cs}(F_{cs}^3、F_{cs}^4、F_{cs}^5)$ 输入到对称的解码器中,输出对应层的风格化图像 $I_{cs}(I_{cs}^3、I_{cs}^4、I_{cs}^5)$,不同层的风格化图像通过自适应权重跳跃连接(Adaptive Weight

智
能
图
像
处
理

Skip Connection，AWSC)将对齐后的特征提供给解码器，表示为

$$I_{cs} = D(F_{cs}^3、F_{cs}^4、F_{cs}^5)$$ (6.15)

1. 混合注意力模块

Wang F 等人提出残差注意力网络(Residual Attention Network，RAN)并提出混合注意力概念。2018 年提出的混合注意力模块 CBAM 如图 6.10 所示。

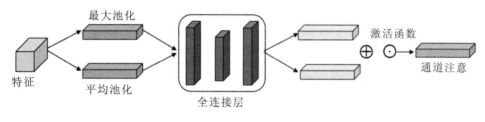

（a）通道注意力模块

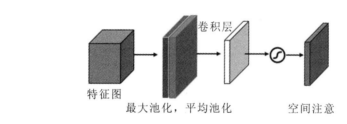

（b）空间注意力模块

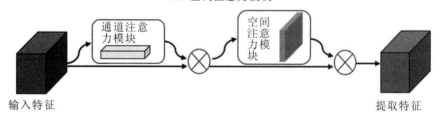

（c）混合注意力模块

图 6.10　混合注意力模块结构图

CBAM 模块主要分为两个部分：通道注意力模块和空间注意力模块。通道注意力模块：利用特征通道间的关系生成通道注意图，如图 6.10(a)所示。输入内容特征 F_c 或风格特征 F_s，经过两个并行的最大池化和平均池化，将 $C×H×W$ 的特征转换为 $C×1×1$ 的特征，再将其输入到共享全连接层。然后通过 $1×1$ 卷积降维和 $1×1$ 卷积升维，将得到的两张特征图相加求和。最后通过 Sigmoid 函数，生成通道注意力特征图。空间注意力模块：与通道注意力模块不同的是，该模块关注输入特征图的位置关系，对通道注意力机制的输出特征图进行空间域处理，如图 6.10(b)所示。首先，特征图分别经过最大池化与平均池化操

作，将输出的特征图在通道维度叠加，然后使用 1×1 卷积调整通道数，最后经过 Sigmoid 激活函数生成空间注意力特征图。

使用 PyTorch 框架对 CBAM 网络结构进行实现，关键代码如下：

```python
import torch
import torch.nn as nn
class CBAMLayer(nn.Module):
    def __init__(self, channel, reduction=16, spatial_kernel=7):
        super(CBAMLayer, self).__init__()
        # channel attention, 压缩 H、W 为 1
        self.max_pool = nn.AdaptiveMaxPool2d(1)
        self.avg_pool = nn.AdaptiveAvgPool2d(1)
        # shared MLP
        self.mlp = nn.Sequential(
            # Conv2d 比 Linear 方便操作
            # nn.Linear(channel, channel // reduction, bias=False)
            nn.Conv2d(channel, channel // reduction, 1, bias=False),
            # inplace=True, 直接替换, 节省内存
            nn.ReLU(inplace=True),
            # nn.Linear(channel // reduction, channel, bias=False)
            nn.Conv2d(channel // reduction, channel, 1, bias=False)
        )
        # spatial attention
        self.conv = nn.Conv2d(2, 1, kernel_size=spatial_kernel, padding=spatial_kernel // 2, bias=False)
        self.sigmoid = nn.Sigmoid()
    def forward(self, x):
        max_out = self.mlp(self.max_pool(x))
        avg_out = self.mlp(self.avg_pool(x))
        channel_out = self.sigmoid(max_out + avg_out)
        x = channel_out * x
        max_out, _ = torch.max(x, dim=1, keepdim=True)
        avg_out = torch.mean(x, dim=1, keepdim=True)
        spatial_out = self.sigmoid(self.conv(torch.cat([max_out, avg_out], dim=1)))
        x = spatial_out * x
        return x
```

2. 多级自适应模块

为了高效灵活地融合全局和局部风格，采用多级策略的思想实现多级自适应模块，网络结构如图 6.11 所示。具体实现过程如下：① 编码器是一个预先训练好的 VGG-19 网络，在训练过程中是固定的。对于给出的 I_c 和 I_s，在 VGG 编码器的第三层、第四层和第五层分别提取多个尺度的特征。② 将得到的多尺度特征经过 CBAM，对内容特征和风格特征进行细化，该模块不仅可以提高网络性能，还能进一步提取关键特征，保留关键信息。③ 分别在编码器集成多个协同风格迁移模块，用于特征融合。④ 将生成的风格化特征作为解码器的输入，通过自适应权重跳跃连接将对齐后的特征提供给解码器，有助于保留内容结构，从而可以恢复更多的细节，以实现逼真的风格迁移。

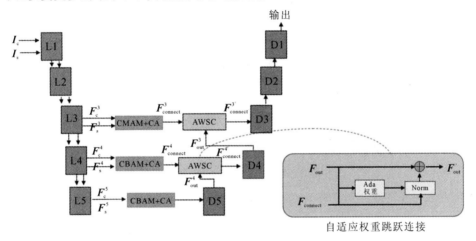

图 6.11　多级自适应模块图

AWSC 对齐由编码器产生的低级内容和样式特征，并跳跃连接将对齐后的特征提供给解码器。具有较高分辨率的低水平特征编码了更多的图像细节，其目的是帮助解码器恢复更多的细节，以实现逼真的风格化图像。

F_c^i、F_s^i 和 F_{cs}^i 分别为编码器第 i 层输出的内容特征、风格特征和融合后的特征图，$\hat{F}_{cs}^i$ 表示编码器第 i 层的输出，第 $i-1$ 个自适应权重跳跃连接模块的输入为 $F_{out}^{i-1} = \hat{F}_{cs}^i$ 和 $F_{connect}^{i-1} = F_{cs}^{i-1}$，则 $F_{out}' = \sigma(F_{connect})\left(\dfrac{F_{out} - \mu(F_{out})}{\sigma(F_{out})}\right) + \mu(F_{connect})$。在自适应权重跳跃连接模块中，利用均值和方差对 F_{out}^{i-1} 连接的特征进行自适应归一化。通过引入 AWSC 模块，解码器将使用包含细节的特征 $F_{connect}$ 和包含更多语义信息的特征 F_{out}，以产生逼真的风格化图像。

3. 协同风格迁移模块

将混合注意力机制提取的风格与内容关键特征输入到 CA 模块计算解纠缠特征之间的

相关性，并将它们自适应地重新组合到输出特征图上。生成的结果不仅可以保留突出的内容结构，而且还可以根据相关性使用适当的风格模式来调整语义内容。图 6.12 为 CA 模块框架图。首先，将风格的特征图 $\boldsymbol{F}_s$ 和内容特征图 $\boldsymbol{F}_c$ 分别去风格化，得到 $\boldsymbol{F}_{ss}$ 和 $\boldsymbol{F}_{cc}$。然后，将 $\boldsymbol{F}_{ss}$ 和 $\boldsymbol{F}_{cc}$ 输入两个卷积层，生成 $\boldsymbol{F}'_{ss}$ 和 $\boldsymbol{F}'_{cc}$。同时，将特征映射 $\boldsymbol{F}_s$ 输入到另一个卷积层，生成一个新的特征映射 $\boldsymbol{F}'_c$。内容和风格特征中第 i 和第 j 个位置之间的相关性 $\boldsymbol{A}_{cs}$ 为

$$\boldsymbol{A}_{cs} = \mathrm{Softmax}(\boldsymbol{F'}_{cc}^{\mathrm{T}} \otimes \boldsymbol{F}'_{ss}) \tag{6.16}$$

然后，将重新排列的风格特征 $\boldsymbol{F}_{rs}$ 映射为

$$\boldsymbol{F}_{rs} = \boldsymbol{A}_{cs}^{\mathrm{T}} \otimes \boldsymbol{F}'_s \tag{6.17}$$

最后，将重新排列的风格特征 $\boldsymbol{F}_{rs}$ 与 $\boldsymbol{F}_c$ 相加，得到

$$\boldsymbol{F}_{cs} = \boldsymbol{F}_{rs} \oplus \boldsymbol{F}_c \tag{6.18}$$

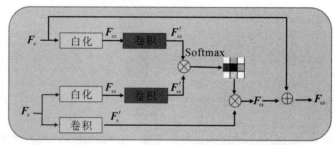

图 6.12　CA 模块

使用 PyTorch 框架对 CA 模块结构进行实现，关键代码如下：

```
class CA(nn. Module):
    def __init__(self, in_dim):
        super(CA, self). __init__()
        self. f = nn. Conv2d(in_dim , in_dim , (1,1))
        self. g = nn. Conv2d(in_dim , in_dim , (1,1))
        self. h = nn. Conv2d(in_dim , in_dim , (1,1))
        self. softmax = nn. Softmax(dim=-1)
        self. out_conv = nn. Conv2d(in_dim, in_dim, (1, 1))
    def forward(self,content_feat,style_feat):
        B,C,H,W = content_feat. size()
        F_Fc_norm = self. f(normal(content_feat)). view(B,-1,H * W). permute(0,2,1)
        B,C,H,W = style_feat. size()
        G_Fs_norm =  self. g(normal(style_feat)). view(B,-1,H * W)
        energy =  torch. bmm(F_Fc_norm,G_Fs_norm)
        attention = self. softmax(energy)
```

```
        H_Fs = self.h(style_feat).view(B,-1,H*W)
        out = torch.bmm(H_Fs,attention.permute(0,2,1))
        B,C,H,W = content_feat.size()
        out = out.view(B,C,H,W)
        out = self.out_conv(out)
        out += content_feat
        return out
class Style_SA(nn.Module):
    def __init__(self, in_dim):
        super(Style_SA, self).__init__()
        self.f = nn.Conv2d(in_dim , in_dim , (1,1))
        self.g = nn.Conv2d(in_dim , in_dim , (1,1))
        self.h = nn.Conv2d(in_dim , in_dim , (1,1))
        self.softmax  = nn.Softmax(dim=-1)
        self.out_conv = nn.Conv2d(in_dim, in_dim, (1, 1))
    def forward(self,style_feat):
        B,C,H,W = style_feat.size()
        F_Fc_norm  = self.f(style_feat).view(B,-1,H*W)
        B,C,H,W = style_feat.size()
        G_Fs_norm =   self.g(style_feat).view(B,-1,H*W).permute(0,2,1)
        energy =   torch.bmm(F_Fc_norm,G_Fs_norm)
        attention = self.softmax(energy)
        H_Fs = self.h(normal(style_feat)).view(B,-1,H*W)
        out = torch.bmm(attention.permute(0,2,1), H_Fs)
        out = out.view(B,C,H,W)
        out = self.out_conv(out)
        out += style_feat
        return out
```

6.2.2 损失函数

1. 内容感知损失

内容感知损失(简称内容损失)可以计算输出风格图像与输入内容图像之间的内容结构差异,加入内容损失函数可以使网络更好地提取并保留图像的内容结构信息,减小风格化图像的内容失真。不同于传统的逐像素计算内容损失,本节采用高层特征来计算内容感知损失,使用编码器输出的原内容图像和风格化图像的不同层特征线性叠加,计算多尺度的内容损失。本节选用编码器输出 ReLU_3_1 层、ReLU_4_1 层和 ReLU_5_1 层特征计算它们的欧氏距离，得到内容损失函数如公式(6.19)所示。

$$L_c = \sum_{l=3}^{5} \| \boldsymbol{F}_{cs\_l\_1} - \boldsymbol{F}_{c\_l\_1} \|_2 \tag{6.19}$$

其中，$\| \cdot \|_2$ 为欧氏距离及 L_2 范数符号表示；$\boldsymbol{F}_{c\_l\_1}$ 和 $\boldsymbol{F}_{cs\_l\_1}$ 表示 ReLU_l_1 层输出的内容图像特征以及风格图像特征。

2. 风格感知损失

风格感知损失(简称风格损失)用来衡量输出风格化图像与输入风格图像之间的艺术风格差异，风格损失函数的加入可以使网络更好地提取并保留图像的艺术风格信息，使图像能够呈现目标风格。不同于传统的用 Gram 矩阵计算风格损失，本节通过编码器在不同层输出的风格特征的均值与输出风格化特征的均值之间的欧氏距离，以及编码器在不同层输出的风格特征的方差与输出风格化特征的方差之间的欧式距离的和来计算风格损失，从而更好地得到全局风格特征，对风格化图像的全局风格和局部风格进行调整，风格损失函数如公式(6.20)所示。

$$L_s = \frac{1}{N_l} \sum_{l=1}^{N_l} \| \mu(\phi_l(\boldsymbol{I}_{cs})) - \mu(\phi_l(\boldsymbol{I}_s)) \|_2 + \| \sigma(\phi_l(\boldsymbol{I}_{cs}) - \sigma(\phi_l(\boldsymbol{I}_s))) \|_2 \tag{6.20}$$

其中，$\phi_l(\cdot)$ 为预训练的 VGG-19 中第 l 层提取的特征；$\mu(\cdot)$ 表示特征的均值；$\sigma(\cdot)$ 表示特征的方差；l 表示当前层；N 表示计算风格损失所用到的层。

由于编码器不同层的输出特征具有不同特点，低层特征反映像素级的色彩等基础元素，而高层特征能捕获到图像整体纹理走向等风格特点，因此本节选择使用从低层到高层的风格特征线性叠加计算风格损失，具体为使用编码器输出的 ReLU_1_1、ReLU_2_1、ReLU_3_1、ReLU_4_1 和 ReLU_5_1 五个层的加权和来计算风格损失。

3. 恒等损失

恒等损失如图 6.13 所示，风格迁移中的内容图像和风格图像在特征上有较大差异，所以在特征匹配过程中会出现风格化图像失真、边缘模糊等情况。

恒等损失关注图像本身内容结构的保留而不是风格的改变，可以较好地保留内容图像的结构和风格图像的风格，定义不同于全局风格损失和局部特征损失，需要在风格和内容结构的控制上进行权衡。用恒等损失计算相同的输入图像之间的差异过程如下：

$$L_{identity} = \lambda_1 L_{identity1} + \lambda_2 L_{identity2} \tag{6.21}$$

$$L_{identity1} = \| (\boldsymbol{I}_{cc} - \boldsymbol{I}_c) \|_2 + \| (\boldsymbol{I}_{ss} - I_s) \|_2 \tag{6.22}$$

$$I_{identity2} = \sum_{l=1}^{N} (\| \phi_l(\boldsymbol{I}_{cc}) - \phi(\boldsymbol{I}_c) \|_2 + \| \phi_l(\boldsymbol{I}_{ss}) - \phi_l(\boldsymbol{I}_s) \|_2) \tag{6.23}$$

其中，$\boldsymbol{I}_{cc}$ 与 $\boldsymbol{I}_{ss}$ 表示同时使用一幅自然图像作为内容图像和风格图像生成的风格化图像；

$\phi_l(\cdot)$ 表示编码器第 l 层提取的特征；l 表示当前层；N 表示计算特征损失所用到的层；λ_1 和 λ_2 为特征损失权重。

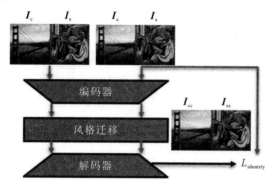

图 6.13　恒等损失

4. 解纠缠损失

解纠缠损失：风格特征应该独立于目标内容，以分离风格和内容表示。当使用公共内容图像和不同风格的图像生成风格化图像时，内容分离丢失与从风格化图像中提取的内容特征相似。当使用公共风格图像和不同的内容图像生成一系列风格化图像时，风格解纠缠损失使从风格化图像中提取的风格特征相似。因此，本节采用新的解纠缠损失如下：

$$L_{dis} = \lambda_3 L_{dis\_content} + \lambda_4 L_{dis\_style} \tag{6.24}$$

$$L_{dis\_content} = \sum_{l=1}^{N} \parallel \phi_l(\boldsymbol{I}_{c|s_1}) - \phi_l(\boldsymbol{I}_{c|s_2}) \parallel_2 \tag{6.25}$$

$$L_{dis\_style} = \sum_{l=1}^{N} \parallel \mu(\phi_l(\boldsymbol{I}_{s|c_1})) - \mu(\phi_l(\boldsymbol{I}_{s|c_2})) \parallel_2 + \sum_{l=1}^{N} \parallel \sigma(\phi_l(\boldsymbol{I}_{s|c_1})) - \sigma(\phi_l(\boldsymbol{I}_{s|c_2})) \parallel_2 \tag{6.26}$$

其中，$\boldsymbol{L}_{dis\_content}$ 是内容解纠缠损失，$\boldsymbol{L}_{dis\_style}$ 是风格解纠缠损失，$\boldsymbol{I}_{c|s_1}$ 和 $\boldsymbol{I}_{c|s_2}$ 是使用公共内容图像和不同风格图像生成的结果，$\boldsymbol{I}_{s|c_1}$ 和 $\boldsymbol{I}_{s|c_2}$ 表示使用公共风格图像和不同内容图像生成的结果，λ_3 和 λ_4 为解纠缠损失权重。

5. 总变分正则损失

为了避免出现输出图像的空间平滑度过低的情况，本节采用了总变分正则函数：

$$L_{tv}(\hat{y}) = \sum_n \parallel \hat{y}_{n+1} - \hat{y}_n \parallel_2^2 \tag{6.27}$$

其中，$\hat{y}$ 表示模型预测的结果，$\hat{y}_{n+1}$ 和 $\hat{y}_n$ 表示 $\hat{y}$ 中的相邻像素。

6. 整体损失

整体损失函数如公式(6.28)所示。

$$L=\lambda_c L_{con}+\lambda_s L_s+L_{identity}+L_{tv}+L_{dis} \tag{6.28}$$

其中，L_{con}表示语义内容损失；L_s表示风格损失；$L_{identity}$表示恒等损失；L_{tv}表示总变分正则损失；L_{dis}表示解纠缠损失；λ_c 和 λ_s 分别为语义内容损失和风格感知损失的权重。

为了更好地实现风格迁移效果，通常希望最小化上述损失函数。如何实现损失函数的最小化是算法设计中的关键环节，本节采用 Adam 优化器进行迭代优化。在设置超参数时，要确保内容损失和风格损失的数量级相同。除此之外，基于相关领域知识和先前的工作，我们还手动调整了参数，并在实验部分描述了具体的参数设置。

使用 PyTorch 框架实现损失函数，关键代码如下：

```
# extract relu1_1，relu2_1，relu3_1，relu4_1，relu5_1 from input image
    def encode_with_intermediate(self, input):
        results = [input]
        for i in range(5):
            func = getattr(self, 'enc_{:d}'.format(i + 1))
            results.append(func(results[-1]))
        return results[1:]
    def forward(self, content, content1, style, style1):
        # print(content.size())
        style_feats = self.encode_with_intermediate(style)
        content_feats = self.encode_with_intermediate(content)
        style_feats1 = self.encode_with_intermediate(style1)
        content_feats1 = self.encode_with_intermediate(content1)
        Ics = self.decoder(self.ma_module(content_feats, style_feats))
        Ics_feats = self.encode_with_intermediate(Ics)
        # Content loss
        Ics1 = self.decoder(self.ma_module(content_feats, style_feats1))
        Ics1_feats = self.encode_with_intermediate(Ics1)
        Ic1s = self.decoder(self.ma_module(content_feats1, style_feats))
        Ic1s_feats = self.encode_with_intermediate(Ic1s)
        # Identity losses lambda 1
        Icc = self.decoder(self.ma_module(content_feats, content_feats))
        Iss = self.decoder(self.ma_module(style_feats, style_feats))
        # Identity losses lambda 2
        Icc_feats=self.encode_with_intermediate(Icc)
        Iss_feats=self.encode_with_intermediate(Iss)
        return style_feats, content_feats, style_feats1, content_feats1 ,Ics_feats,Ics1_feats,Ic1s_feats,
        Icc,Iss,Icc_feats,Iss_feats
```

6.2.3　实验与分析

本节使用 MS-COCO 作为内容数据集，WikiArt 作为风格数据集来训练模型，风格和内容图像随机裁剪为 512×512 像素，支持任意大小的图像。所有实验均在同一台计算机上完成，实验环境为 64 位 Windows 10 操作系统，NVIDIA GeForce 9RTX 2080 Ti 显卡，在 Python 3.7.3、PyTorch1.1.0、CUDA9.0 等软件环境下运行。

模型训练过程中，将训练集中的每张图像尺寸缩放到 512×512，保持横纵比，然后随机裁剪为 256×256，测试阶段支持任意大小的图像。编码器使用在 ImageNet 数据集上预训练好的 VGG-19 模型，解码器结构与编码器对称。使用编码器的 ReLU_1_1、ReLU_2_1、ReLU_3_1、ReLU_4_1 和 ReLU_5_1 层提取图像的特征，并将五层提取的特征均用于计算风格损失。损失函数的权重设置为 $\lambda_c=1$、$\lambda_s=5$、$\lambda_1=1$、$\lambda_2=50$、$\lambda_3=1$、$\lambda_4=1$，迭代次数、学习率、图像批量大小分别为 16 000、e^{-4}、8。

1. 整体网络的风格迁移效果评价

为了验证本节所提方法的有效性，在相同的实验环境下，将其与四种较主流的风格迁移方法（AdaIN、SANet、MAST 和 ArtFlow 算法）进行对比，结果如图 6.14 所示。

本节方法能够灵活地匹配语义上最接近的风格特征和内容特征，保持较好的空间一致性。图 6.14 中的第 1 行与第 6 行的船只和桥梁与湖面能很好地呈现不同风格，且两种风格区域的边界较为明显，保持了两者的语义相关性；第 3 行与第 5 行人物更多地保留了细节信息。从图中可以看出，相较于 AdaIN、SANet、MAST 和 ArtFlow 等主流算法，本节提出的模型在内容保持与风格迁移方面更有优势。AdaIN 算法根据风格图像的二阶统计数据对内容图像进行全局调整，但忽略了内容与风格之间的局部相关性。因此风格化图像存在与语义内容不匹配问题（如图 6.14 的第 1 行、第 3 行、第 5 行、第 6 行），天空与建筑物渲染成同种风格，人的脸部也产生了一些多余的风格元素，并且风格化图像在不同的图像位置上有相似的重复纹理。SANet 算法使用风格注意力将风格特征与内容特征空间重新加权，然后再融合重新加权的风格特征和内容特征，不考虑特征分布，并且只提取编码的深层特征进行融合。这导致内容结构损坏，丢失重要特征，不能很好地迁移全局与局部风格，存在内容图像扭曲的语义结构问题（图 6.14 中的第 1 行与第 3 行），在没有特征分离的情况下，风格化图像中的内容结构是不清楚的。此外，多层特征的使用导致结果中出现了重复的风格补丁（图 6.14 中第 5 行的眼睛）。MAST 算法对内容特征应用点式注意，对风格特征应用通道式注意。该算法仅基于深度 CNN 特征构建注意力机制，而不考虑浅层特征，并且只是简单地混合内容特征和重新加权的风格特征。因此，它往往会极大地扭曲原始内容结构，并对人眼产生不良的效果（图 6.14 中的第 1 行、第 3 行、第 5 行、第 6 行）。ArtFlow 采用基于流的模型，该模型可以防止内容信息泄露，但是由于特征表示能力有限，因此 ArtFlow 的结果通常存在风格不足的问题。

实验结果对比图

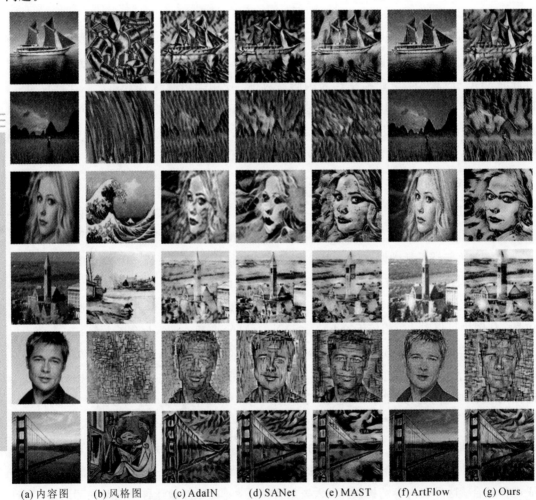

(a) 内容图　　(b) 风格图　　(c) AdaIN　　(d) SANet　　(e) MAST　　(f) ArtFlow　　(g) Ours

图 6.14　实验结果对比图

本节网络中的解纠缠内容和风格特征可以很好地代表一个领域特有的特征，因此该方法生成的风格化图像可以进一步保留内容和风格信息的空间一致性。此外，本节方法可以通过自适应调整分离的内容和风格特征，产生良好的结果，具有独特的内容结构和丰富的风格模式。

为了更加客观地反映不同模型产生的风格化图像的质量，本节采用 L_c、LPIPS 和 L_s 作为评价指标，对模型进行定量对比。如表 6.1 所示，本节方法在上述指标上都取得了较好的结果，表明其不仅能完成风格迁移还能更好地保留内容图像的细节信息。计算风格化图像与输入内容图像之间的内容损失，以及风格化图像与输入风格图像之间的风格损失，作为风格迁移质量的间接指标，以衡量输入内容和风格的保存程度。表 6.1 中最佳结果用粗体表示，次优结果用下划线标注。随机选择 26 张风格图像和 14 张内容图像，生成 364 张风格化图像。总的来说，本节的方法得到的内容损失和风格损失最低，ArtFlow 算法次之。ArtFlow 是基于流的模型，因此特征表示能力有限，其结果通常存在风格不足的问题。在风格损失方面，AdaIN、SANet 和 MAST 算法的表现优于其他方法，但是以上方法基于深度 CNN 特征构建注意力机制，不考虑浅层特征，往往会极大地扭曲原始内容结构，并使人眼的感官体验不佳。因此，用本节方法生成的风格化图像可以有效地保留内容图像的内容与风格图像的风格。

表 6.1　不同方法的定量指标数据对比

模型	LPIPS	L_c	L_s
AdaIN	0.3891	2.34	1.91
SANet	0.3771	2.44	**1.18**
MAST	0.3556	2.46	1.55
ArtFlow	<u>0.3211</u>	<u>2.13</u>	3.08
Ours	**0.3193**	**2.10**	<u>1.41</u>

本节方法在编码器中引入混合注意力模块，对关键信息进行细化，增加自适应权重跳跃连接。由编码器产生的低级内容和风格特征，通过跳跃连接将对齐后的特征提供给解码器，解码器可以恢复更多的细节，以实现逼真的风格迁移。除此之外，本节方法采用了恒等损失函数，该函数可以消除图像伪影并更好地保留内容结构信息。实验结果表明，能够生成视觉效果更优的高质量风格化图像。

2. 改进模块对图像风格迁移效果的影响

研究改进模块对图像风格迁移效果的影响以 MASTNet 作为基准方法，输入相同的内容和风格图像，将改进后的模型与原始模型进行比较，消融实验结果如图 6.15 所示。

消融实验效果图

(a) 内容/风格　　　(b) 基线　　　(c) 使用CBAM　　　(d) 使用恒等损失　　　(e) Ours

图 6.15　消融实验效果图

由图 6.15 可以看出采用 MASTNet 网络作为基准方法，生成的风格化图像轮廓不清晰，丢失了大部分内容信息，图像扭曲，风格化图像存在与语义内容不匹配等问题。仅使用多级自适应风格迁移网络，该网络集成了多个混合注意力模块，对内容和风格信息细化，高效灵活地捕获深层与浅层特征信息，导致模型收敛速度较慢，并且风格化图像出现伪影，背景和前景渲染成同种风格，建筑物的形状、天空、地面产生混乱。采用添加恒等损失的多级自适应的图像风格迁移可以很好地解决内容结构信息损失严重与伪影问题。本节方法的消融实验在 SSIM 和 LPIPS 评价指标上的分析结果如表 6.2 和表 6.3 所示，最佳结果用粗体表示。

表 6.2　消融实验 SSIM 指标数据对比

模　型	MAX SSIM	AVG SSIM	MIN SSIM
Baseline	0.4788	0.1743	0.0212
w/o $L_{identity}$	0.6924	0.2522	0.0252
w/o CBAM	0.6939	0.2860	**0.0326**
Full Model	**0.7680**	**0.3127**	0.0322

表 6.3　消融实验 LPIPS 指标数据对比

模　型	MAX LPIPS	AVG LPIPS	MIN LPIPS
Baseline	**0.9713**	0.7781	0.6099
w/o $L_{identity}$	1.0259	0.7201	0.3556
w/o CBAM	1.0028	0.7090	0.3874
Full Model	0.9960	**0.6843**	**0.3193**

实验数据表明，多级自适应网络的图像风格迁移效果最好，在 AVG SSIM 上最高，在 AVG LPIPS 上最低，相较于风格迁移网络分别提高了 0.1384、降低了 0.0938；相较于增加恒等损失的风格迁移网络分别提高了 0.0605、降低了 0.0358；相较于多级自适应风格迁移网络分别提高了 0.0267、降低了 0.0247。

从表 6.2 和表 6.3 可以看出，将混合注意力机制加入编码器中，可以提高算法的语义匹配性。通过学习映射内容特征和风格特征之间的关系，在内容特征图的每个位置迁移恰当的风格，可以更好地保持空间一致性。编解码器之间的自适应权重跳跃连接能够高效灵活地整合局部风格和全局风格，特征损失函数用于消除伪影。实验结果表明，本节方法使用整体框架比只使用其中部分框架能够更好地达到满意效果。

6.3　基于 CNN-Transformer 的风格融合模型研究

研究近几年的模型可以发现，目前人工智能的研究重心已经迁移到更大的注意力模型。随着视觉变换器（Vision Transformer，ViT）的出现，Transformer 被应用到各类视觉任务，其网络基于自注意力机制提取特征，能够获取全局上下文信息。相比 CNN 需要不断渐变式提升感受野且无法感知之前的视觉特征，Transformer 能够考虑到图像的前后关联，提取更加完善的视觉特征。然而，Transformer 模型利用大卷积（比如 16×16）将图像分割成不重叠的视觉块，这种操作会失去图像边缘的信息和图像细节，并且在自注意力操作时，输入特征尺寸会很大，影响计算速度且耗费计算资源。

随着 Transformer 在计算机视觉领域的成功应用，图像风格迁移任务被重新赋予生命力。与 CNN 不同，视觉 Transformer 依赖注意力机制在网络浅层即可捕获图像全局信息，建模图像块间的长距离依赖关系与人类通过形状辨认物体的视觉感知特性相似。然而，视觉 Transformer 无法有效表征各图像块内部的像素相关性，即图像局部特征刻画能力较差，存在形状偏差。现有代表性方法大致遵循原始视觉 Transformer 结构设计，即先基于自注意力机制进行图像编码，再通过计算内容编码与风格编码间的交叉注意力实现特征融合，从而将内容图像映射至目标风格域。这类方法无法准确塑造风格图像中的色彩分布与显著风格，当参考风格中存在精细纹理时，风格整体呈现质量可能不及最先进的 CNN 方法。

6.3.1　CNN-Transformer 网络

针对卷积神经网络的感受野有限、提取特征并保留图像的全局信息比较困难和 Transformer 计算成本较高等问题，本节提出基于 CNN-Transformer 的位置注意神经网络。该网络由 CNN-Transformer 编码器（CNN and Transformer Encoder，CATE）、解码器模块和风格迁移模块组成，网络结构如图 6.16 所示。

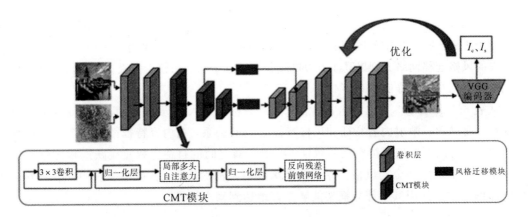

图 6.16　CNN-Transformer 网络结构图

　　CNN-Transform 网络以一组内容图像和风格图像作为输入，采用 CATE 编码器捕捉内容图像和风格图像的特征映射 $\boldsymbol{F}_c^i=E(\boldsymbol{I}_c)$ 和 $\boldsymbol{F}_s^i=E(\boldsymbol{I}_s)$，$i\in\{1,2,\cdots,L\}$。本节提出了双分支位置风格注意模块（Double Branch Position Style Attention Module，DBPSAM），通过自适应过程将风格和内容表征分离，然后通过共适应过程将分离后的风格分布根据内容分布重新排列，从而获得风格化特征 $\boldsymbol{f}_{cs}$。

　　CATE 编码器基于典型 CNN 的图像风格迁移方法，偏向于内容表示，提取的输入内容结构将发生巨大的变化。为了克服卷积神经网络的局部性，本节基于 VGG 网络结构思想，提出了 CATE 编码器，有助于捕捉中间特征的局部和全局结构信息，提高网络的表征能力。该模块由卷积层、CMT 模块组成，其结构如图 6.17 所示。

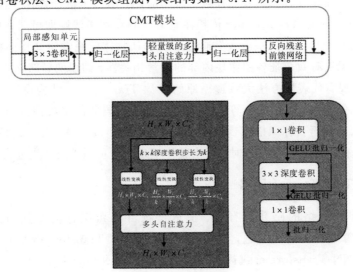

图 6.17　CATE 模块

卷积层由 3×3 的卷积、激活层和池化层组成。卷积层用于提取图像局部特征；激活层将卷积层的线性计算结果进行非线性映射操作，从而使深度卷积网络的能力进一步增强；池化层可以缩小输入图像的大小，防止过拟合现象发生。

CMT 模块由局部感知单元、轻量级的多头注意力模块和反向残差前馈网络（Inverted Residual Feed-Forward Network，IRFFN）组成，可以表述为

$$Y_c^i = \text{LPU}(F_c^{i-1}) \tag{6.29}$$

$$Z_c^i = \text{LMHSA}(L_N(F_c^i)) + F_c^i \tag{6.30}$$

$$F_c^i = \text{IRFFN}(L_N(Z_c^i)) + Z_c^i \tag{6.31}$$

其中，F_c^{i-1} 表示上一层输入的特征，Y_c^i 和 Z_c^i 分别表示第 i 个块的局部感知单元（Local Perception Unit，LPU）和轻量级的多头自注意（Lightweight Multi-head Self-attention，LMHSA）模块的输出特征，L_N 表示图层的归一化。

由于 Transformer 忽略了特征块内部的局部关系和结构信息。为了缓解这些局限性，本节采用 LPU 提取局部信息，其定义为

$$\text{LPU}(F_c^i) = \text{DWConv}(F_c^i) + F_c^i \quad \text{DWConv}(\cdot) \tag{6.32}$$

其中，$F_c^i \in \mathbf{R}^{H \times W \times d}$，$H$ 和 W 为当前阶段输入特征图的高和宽，d 为特征的通道数，$\text{DWConv}(\cdot)$ 为深度卷积层。

对于 LMHSA 模块，给定一个大小为 $\mathbf{R}^{n \times d}$ 的输入，线性转换为查询（Query）$Q \in \mathbf{R}^{n \times d_k}$，键值（Key）$K \in \mathbf{R}^{n \times d_k}$ 和值（Value）$V \in \mathbf{R}^{n \times d_v}$，其中 $n = H \times W$ 为特征块数量，符号 d、d_k 和 d_v 分别是输入查询、键和值的维度。原始的多头注意力机制首先会生成相应的 Q、K 和 V（和原始输入大小一致），再通过 Q 和 K 的点积，生成一个大小为 $\mathbf{R}^{n \times n}$ 的权重矩阵：

$$\text{Attn}(Q, K, V) = \text{Softmax}\left(\frac{QK^{\text{T}}}{\sqrt{d_k}}\right)V \tag{6.33}$$

由于输入特征尺寸较大，耗费大量的计算资源，给网络的训练和部署带来难度。利用两个 $k \times k$ 的深度分离卷积分别对 K 和 V 的生成进行降采样处理，降低其空间大小，获得两个相对较小的特征 K' 和 V'：

$$K' = \text{DWConv}(K) \in \mathbf{R}^{\frac{n}{k^2} \times d_k} \tag{6.34}$$

$$V' = \text{DWConv}(V) \in \mathbf{R}^{\frac{n}{k^2} \times d_v} \tag{6.35}$$

在每个自注意模块中添加一个相对位置偏差 B，并将相应的轻量级注意定义为

$$\text{LightAttn}(Q, K, V) = \text{Softmax}\left(\frac{QK'^{\text{T}}}{\sqrt{d_k}} + B\right)V' \tag{6.36}$$

其中，B 是随机初始化和通过训练可学习的，学习到的相对位置偏置也可以很容易地通过双边缘插值迁移到 B_0，$B_0 = \text{Bicubic}(B)$，且 $B_0 \in \mathbf{R}^{m_1 \times m_2}$。

本节采用的反向残差前馈网络类似于反向残差块，由扩展层、深度卷积和全连接层组成。通过残差连接，可以获得更好的性能：

$$\text{IRFFN}(\boldsymbol{F}_c^i) = \text{Conv}(F(\text{Conv}(\boldsymbol{F}_c^i))) \tag{6.37}$$

$$F(\boldsymbol{F}_c^i) = \text{DWConv}(\boldsymbol{F}_c^i) + \boldsymbol{F}_c^i \tag{6.38}$$

反向残差前馈网络包括激活层和最后的批标准化线性层，但去除了激活层。深度卷积用于提取局部信息，计算成本可以忽略不计，通过残差连接，可以提高梯度跨层的传播能力。

6.3.2　双分支位置风格注意模块

双分支位置风格注意模块由空间分支、Transformer 分支和自注意力模块组成，如图6.18 所示。空间分支由卷积层和捕捉局部特征的瓶颈层组成。Transformer 分支包括一个基于轴向注意力的 Transformer，可以捕捉特征的远程依赖关系，对特征进行细化。在风格注意力模块中引入位置编码，可以更好地保留内容图像的语义结构。最后，将风格化特征作为输入，训练解码器，得到风格化图像。

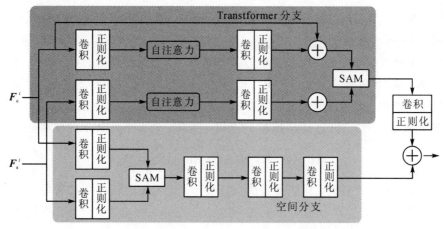

图 6.18　DBPSAM 模块

由于自注意力机制的计算复杂度是二次，本节采用独立轴向注意力以确保全局连接和高效计算，在垂直和水平两个轴向注意层都采用多头注意机制，以这种形式降低计算复杂度。

Wang 等人（见本章参考文献[67]）设计了一种位置敏感的自注意力机制，设 $\boldsymbol{f}_c \in \mathbf{R}^{C \times H \times W}$，给定的输入 x，沿 h 轴向注意层定义如下：

$$y_{ij} = \sum_{h=1}^{H} \text{Softmax}_b(\boldsymbol{q}_{ij}^{\mathsf{T}} \boldsymbol{k}_{ih} + \boldsymbol{q}_{ij}^{\mathsf{T}} \boldsymbol{r}_{ih}^q + \boldsymbol{k}_{ib}^{\mathsf{T}} \boldsymbol{r}_{ih}^k)(\boldsymbol{v}_{ib} + \boldsymbol{r}_{ih}^v) \tag{6.39}$$

其中，r^q、r^k、$r^v \in \mathbf{R}^{H \times H}$为$h$轴的位置嵌入，轴向注意可将复杂性降低到$O(hwm)$。这使得全局接受域是通过将跨度$m$直接设置为整个输入特征来实现的。另外，还可以使用固定的m值，以减少巨大特性映射上的内存占用。

风格注意模块（Style Attention Module，SAM）由 MHSA 模块（多头自注意模块）和风格迁移模块组成。MHSA 模块旨在从图像中提取长距离的结构信息。在进行风格迁移时，保留内容图像的语义结构信息很重要，因此在多头注意力模块引入了位置编码，捕捉内容结构特征中的长程信息，SAM 模块如图 6.19 所示。

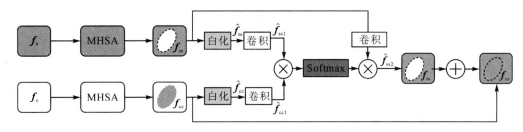

图 6.19　SAM 模块

给定一张内容特征图$f_c \in \mathbf{R}^{C \times H \times W}$和风格特征图$f_s \in \mathbf{R}^{C \times H \times W}$，输入特征中添加了一个位置编码。多头注意力机制在此基础上，将$\boldsymbol{Q}$、$\boldsymbol{K}$、$\boldsymbol{V}$矩阵分别通过不同的线性映射，然后再做自注意力机制的计算，从而得到更为全面的注意力信息，计算如下：

$$\mathrm{Attention}(\boldsymbol{Q}, \boldsymbol{K}, \boldsymbol{V}) = \mathrm{Softmax}\left(\frac{\boldsymbol{Q}\boldsymbol{K}^{\mathrm{T}}}{\sqrt{d_k}}\right)\boldsymbol{V} = \boldsymbol{A}\boldsymbol{V} \tag{6.40}$$

其中，注意矩阵$\boldsymbol{A} \in \mathbf{R}^{n \times n}$计算对应于$\boldsymbol{Q}$中给定元素$k$的相似性，$\boldsymbol{Q}$、$\boldsymbol{K}$和$\boldsymbol{V}$具有相同的大小，并对应于图 6.20 所示的最高层次特征图的不同学习嵌入。嵌入矩阵分别记为$\boldsymbol{W}_q$、$\boldsymbol{W}_k$和$\boldsymbol{W}_v$，在另一个嵌入组合之前，分别在多个头部中计算注意力。此外，为了考虑绝对的上下文信息，在输入特征中添加了一个位置编码，以捕获内容图像之间的绝对和相对位置。

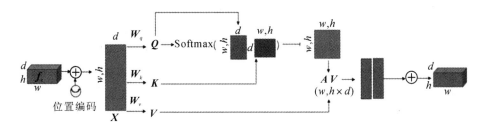

图 6.20　MHSA 模块

对于风格迁移模块，受 Deng 等人（见本章参考文献[65]）的启发，本节引入了 CA 模块。输入内容和风格特征图，通过 MHSA 模块得到特征图的关键信息f_{cc}和f_{ss}，作为风格迁移模块的输入特征，将得到的内容特征和风格特征白化为 $\hat{f}_{ss}$ 和 $\hat{f}_{cc}$，通过使用白化变换去除与风格相关的纹理信息。然后再将 $\hat{f}_{ss}$ 和 $\hat{f}_{cc}$ 输入到两个卷积层，生成两个新的特征图 $\hat{f}_{cc1}$ 和 $\hat{f}_{ss1}$，同时将特征 f_{ss} 输入到另一个卷积层，生成特征映射 $\hat{f}_{ss2}$。将 $\hat{f}_{cc1}$、$\hat{f}_{ss1}$ 和 $\hat{f}_{ss2}$ 大小转换为 $\mathbf{R}^{C \times N}$，$N = H \times W$，相关特征映射特征图 $\boldsymbol{A}_{cs} \in \mathbf{R}^{N \times N}$ 表示为

$$\boldsymbol{A}_{cs} = \mathrm{Softmax}(\hat{f}_{cc1}^{\mathrm{T}} \otimes \hat{f}_{ss1}) \tag{6.41}$$

其中，位置 (i, j) 的值 $\boldsymbol{A}_{cs}$ 表示内容特征中的第 i 个位置与风格特征中的第 j 个位置之间的相关性。然后，重新排列的样式特征映射 f_{rs} 被映射为

$$f_{rs} = f_{ss2} \otimes \boldsymbol{A}_{cs}^{\mathrm{T}} \tag{6.42}$$

最后，风格化特征图为

$$f_{cs} = f_{rs} + f_{cc} \tag{6.43}$$

6.3.3　实验与分析

采用 MS-COCO 作为内容数据集，WikiArt 作为风格数据集来训练本节模型。训练阶段，所有图像被随机裁剪为 512×512 的固定分辨率图像，用于训练和测试。采用 Adam 优化器，该模型内容感知损失 L_c、风格损失 L_s、恒等损失函数 L_{id1} 和 L_{id2} 的权重 λ_c、λ_s、λ_{id1} 和 λ_{id2} 分别设置为 7、12、50 和 1，迭代次数、学习率、图像批量大小分别为 160 000、e^{-4} 和 8。

本节的所有实验均在相同的实验环境下完成，实验设备为 64 位 Windows10 操作系统，NVIDIA GeForce 9RTX 2080 Ti 显卡，在 Python3.7.3、PyTorch1.1.0、CUDA9.0 等环境下运行。

1. 整体网络的风格迁移效果评价

为了验证本节方法的有效性，在相同的实验环境下，将本节方法与 AdaIN、SANet、MAST、ArtFlow、IEST 和 StyTr2 等六种较主流的风格迁移方法进行比较，结果如图 6.21 所示。

AdaIN、SANe 和 MAST 都是基于卷积神经网络的图像风格迁移方法，AdaIN 通过将内容图像和风格图像的均值和方差进行调整和匹配，以实现风格化效果。虽然 AdaIN 通过传输特征信息有效地结合了内容图像的结构信息和风格信息，但是该方法得到的风格化图像存在裂纹、伪影和严重的细节丢失现象（第 1 行、第 4 行、第 7 行）。SANet 和 MAST 采用注意机制，将风格特征集中地迁移到深层的内容特征中，这将导致内容结构损坏（第 1 行、第 3 行和第 5 行）和杂乱的纹理（第 1～4 行）。

采用不同方法的
实验效果对比图

(a) 内容　(b) 风格　(c) AdaIN　(d) SANet　(e) MAST　(f) ArtFlow　(g) IEST　(h) StyTr2　(i) 本节方法

图 6.21　采用不同方法的实验效果对比图

ArtFlow 是基于流的网络，以最小化图像重建误差和恢复偏差，因此 ArtFlow 的风格化图像通常存在风格不足或不准确的问题（第 1 行、第 2 行和第 6 行）。IEST 利用两种对比性损失的内部-外部风格迁移方法，即利用单个风格图像的内部统计数据来确定风格化图像的颜色和纹理模式。同时利用大规模风格数据集的外部信息学习人类感知的风格信息，使风格化图像中的颜色分布和纹理模式更加合理和谐，该方法的视觉质量优于其他方法。然而，该方法生成的风格化图像可能与输入图像的风格不一致（第 1 行、第 7 行）。StyTr2 采用了 Transformer 的架构以捕获输入图像特征的长期依赖关系，避免丢失内容和风格细节。然而该方法将图像裁剪为特征块，会忽略图像的结构与空间局部信息以及存在计算量大的问题(第 5 行)。相比之下，本节提出的 CNN-Transformer 的位置注意神经网络，有效地解决了卷积操作导致的内容细节缺失和 Transformer 忽略图像内部的结构与空间局部信息的问题，可以灵活地捕捉足够级别的风格特征，无须最大限度地对齐内容和风格特征，并且不存在较大的域间隙(第 1 行、第 4 行)。

风格迁移结果的优劣难以用定量指标描述，本节采用内容损失和风格损失两个评价指标进行模型的定量对比，可以在一定程度上评价模型生成结果的质量。指标的值越低，表示模型性能越优。

计算风格化图像与输入内容图像之间的内容损失和生成结果与输入风格图像之间的风格损失，作为风格迁移质量的两个间接指标，以衡量输入内容和风格的保存程度。如表 6.4 所示，最佳结果用粗体表示，次优结果用下划线标注。随机选择 32 张风格图像和 21 张内容图像，生成 672 张风格化图像。

表 6.4　不同方法内容和风格损失比较

方法	L_c	L_s
AdaIN	1.694	2.26
SANet	1.752	**1.65**
MAST	1.772	1.95
ArtFlow	<u>1.542</u>	5.22
IEST	1.723	5.38
StyTr2	1.683	<u>1.87</u>
本节方法	**1.495**	1.92

总的来说，本节的方法得到的内容损失最低，ArtFlow 次之，该方法基于流的模型，其特征表示能力有限，结果往往存在风格表达不足的问题。相比之下，StyTr2 方法采用基于 Transformer 的网络，能够更好地捕捉输入图像特征的长期依赖关系，同时避免丢失内容和风格的细节信息。然而，该方法将图像划分为特征块，会忽略图像的整体结构和空间信息。IEST 可以较好地保持内容图像的结构信息，但是存在风格特征与输入的风格特征不一致的情况。在风格损失方面，StyTr2、SANet 和 MAST 的表现优于其他方法，但是这些方法基于深度 CNN 特征构建注意力机制，不考虑浅层特征，往往会极大地扭曲原始内容结构，并使人眼的感官体验不佳。因此，本节的方法得到的风格化图像可以有效地保留内容

智能图像处理

图像的内容与风格图像的风格。

本节提出了将 CNN 和 Transformer 的混合模型作为编码器，该编码器可以更好地捕获内容图像和风格图像的长程和局部的依赖关系，并避免丢失内容图像和风格图像的细节信息。除此之外，采用 DBPSAM 可以更充分地进行风格迁移。因此，本节的研究结果可以实现保存良好的内容结构和理想的风格模式。

2. 改进模块对图像风格迁移效果评价

本节设计了相关消融实验，以验证 CATE、DBPSAM 等改进模块的有效性，除了有无改进模块的区别外，其他参数设置均相同。本节基于 SANet 网络建立模型，因此采用 SANet 作为基线方法，结果如图 6.22 所示。

消融实验结果

| (a) 内容 | (b) 风格 | (c) Baseline | (d) +CATE | (e) +DBPSAM | (f) 完整模块 |

图 6.22 消融实验结果

从图 6.22 可以看出，使用 CATE 作为编码器时，可以更好地保留图像内容结构信息和图像的细节信息，建筑物的整体形状、人像的面部和头发，以及树木都得到了较好的保留。除此之外，从图 6.22 的第 4 列可以明显看出，采用 VGG-19 作为编码器，忽略了特征图的长程依赖关系，会降低算法语义匹配性，不能很好地将房屋与草地以不同的风格描述，且难以保持空间一致性。从图 6.22 的第 3 列和第 5 列可以看出，为了丰富风格特征采用了多分支风格迁移模块。本节将不同层(ReLU_4_1 和 ReLU_5_1)编码的特征映射作为输入，并结合两个输出特征映射，使用双分支位置风格注意模块，以自适应地捕获内容特征中的远程信息。该模块增加了位置编码，可以灵活地将语义最近的风格特征与内容特征相匹配。多级特征嵌入使 DBPSAM 和解码器能够尽可能地保留内容结构，同时丰富风格特征。

表 6.5 为本节方法的消融实验在 L_c 和 L_s 评价指标上的分析结果。实验结果表明，采用基于位置注意的混合神经网络的效果最好，内容损失和风格损失值最小，相较于采用 DBPSAM 降低了 0.13 和 0.01，相较于采用 CATE 降低了 0.08 和 0.17。由表 6.5 可以看出，本节提出的 CNN-Transformer 编码器，同时利用 CNN 和 Transformer 捕获局部和全局信息，提高了网络的表示能力，可以保留更多的内容信息。此外，本节还提出了双分支位置风格注意模块，该模块增加了位置编码，可以灵活地将语义最近的风格特征与内容特征相匹配。实验结果表明，本节方法使用整体框架比只使用其中部分框架能够更好地达到满意效果。

表 6.5　消融实验 L_c 和 L_s 指标数据对比

方　法	L_c	L_s
Baseline	1.75	2.05
+ DBPSAM	1.62	1.92
+ CATE	1.57	2.08
完整模块	**1.49**	**1.91**

6.4　基于神经网络的大数据系统图像风格转换映射

图像风格迁移可以实现不同风格图像之间的相互转换，是大数据系统中一个必不可少的应用。利用基于神经网络的图像数据挖掘技术可以有效地挖掘图像中的有用信息，提高信息的利用率。然而，当使用深度学习方法转换图像风格时，往往存在内容信息丢失的问题。针对这一问题，我们在 VGG-19 网络的基础上进行改进，以减少图像风格和内容的差异；增加感知损失来计算特征映射的语义信息，以提高模型的感知能力。实验结果表明，本节提出的方案在保持图像内容信息的同时，提高了风格迁移的能力。

6.4.1　图像风格迁移

1. 内容特征表示

图像风格迁移是在保留内容图像基本内容信息的基础上，通过模型和算法将风格图像的风格信息加入内容图像中。因此，在图像风格迁移映射关系挖掘的过程中，需要提取图像的内容信息特征。然而，图像特征表示和人类视觉理解之间存在显著差距，我们可以通过局部归一化计算亮度图，提取全局范围内的统计亮度特征，进而获得全局范围内高阶导数的直方图来提取纹理特征，以此作为内容信息。当然我们还可以使用神经网络的方法，利用深度学习的特征学习能力来提取图像的重要内容特征表示，并降低图像的维数。由于网络的复杂度与深度正相关，网络越深，复杂度越高，得到的内容特征图像越抽象，图像的内容特征难以保留。为了得到更清晰的内容特征图像，最大限度地保留内容图像的纹理特征，我们利用网络挖掘出的低级特征信息作为内容特征表示，提高图像的风格化效果。

2. 风格特征表示

与内容信息相比，风格信息是一种更抽象的语义信息，因此风格特征的表达与内容特征的表达不一致。随着网络层数的加深，从神经网络模型中挖掘出的风格特征信息变得更加抽象，得到的风格特征信息具有高级语义表达效果。我们可以使用基于可变形组件的模型提取图像的风格特征信息，以找出相同风格的共同特征以及不同风格之间的差异。虽然特征信息可以与协方差矩阵相关联，但它只包含图像的纹理信息，缺乏全局信息，因此图像的风格信息无法在空间上进行扩展。神经网络提取的图像风格特征与卷积核密切相关，不同卷积核的卷积运算的输出结果都会对其产生影响。因此，我们采用 Gram 矩阵来表示图像的风格特征信息，通过迭代优化得到与输入风格图像一致的风格特征信息。

3. 风格转换

根据提取的图像内容特征信息和风格特征信息，对输入图像进行风格化处理，其本质是将内容图像和风格图像结合起来，并通过神经网络建立输入图像和风格化图像的映射关系。我们可以通过最小化内容重构损失和风格重构损失，结合两幅图像的特征信息，得到风格化的图像。虽然这种方法可以重建高质量的风格化图像，但仍然需要大量的计算。为了解决这个问题，本节提出了基于前馈网络的快速图像风格化方法，使用预先训练的网络模型来提取图像特征信息。

6.4.2 改进风格转化算法

1. 网络结构

VGG 网络是由 Simonyan 等人提出的卷积神经网络，它使用三个 3×3 卷积核代替 7×7 卷积核，使用两个 3×3 卷积核替代 5×5 卷积核，保持相同感受野的同时增加网络层数，使神经网络的效果得到一定程度的提升。与直接使用大卷积核相比，通过多个小卷积核的叠加实现大卷积核的功能，既减少了参数量和计算量，又保持了感受野不变，因此分类精度高于大卷积核，VGG-19 网络模型的结构如图 6.23 所示。

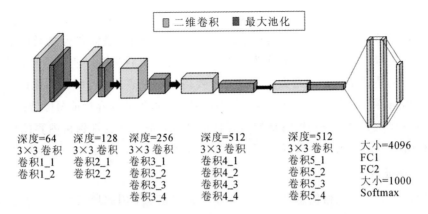

深度=64
3×3 卷积
卷积1_1
卷积1_2

深度=128
3×3 卷积
卷积2_1
卷积2_2

深度=256
3×3 卷积
卷积3_1
卷积3_2
卷积3_3
卷积3_4

深度=512
3×3 卷积
卷积4_1
卷积4_2
卷积4_3
卷积4_4

深度=512
3×3 卷积
卷积5_1
卷积5_2
卷积5_3
卷积5_4

大小=4096
FC1
FC2
大小=1000
Softmax

图 6.23   VGG -19 网络结构

　　根据算法的实际需求，对 VGG-19 模型进行了修改。与之前算法中使用的网络模型不同，我们使用预训练的 VGG-19 网络模型获取输入图像的每个卷积层的特征图像。每一层的特征图像用于计算损失函数，并为模型的下一步训练提供方向。因此，我们使用卷积层后的特征图像来存储风格图像和内容图像的信息。通过遍历风格图像和内容图像所在的卷积层，裁剪没有用到的卷积层，本节方法使用的 VGG-19 网络模型的参数如表 6.6 所示。

表 6.6   VGG-19 网络参数

网络层	输出特征图	卷积核
Conv1-1	[−1, 64, 224, 224]	[3×3, 1]
ReLU1-1	[−1, 64, 224, 224]	—
Conv1-2	[−1, 64, 224, 224]	[3×3, 1]
ReLU1-2	[−1, 64, 224, 224]	—
MaxPool	[−1, 64, 112, 112]	[2×2, 2]
Conv2-1	[−1, 128, 112, 112]	[3×3, 1]
ReLU2-1	[−1, 128, 112, 112]	—
Conv2-2	[−1, 128, 112, 112]	[3×3, 1]
ReLU2-2	[−1, 128, 112, 112]	—
MaxPool	[−1, 128, 56, 56]	[2×2, 2]
Conv3-1	[−1, 256, 56, 56]	[3×3, 1]
ReLU3-1	[−1, 256, 56, 56]	—

为了获取图像的内容和风格信息，从基于 ImageNet 数据集训练的 VGG-19 模型中的前两个卷积层进行特征提取，每次卷积后执行非线性激活操作。为了减少计算量并保持特征图像的不变性，在每一层特征提取之后都紧接一个最大池化层，再进行一次卷积运算，得到最终的特征图。

2. 损失函数

我们定义了内容损失和风格损失，使用内容损失来描述图像的底层信息，即描述轮廓、纹理像素位置等坐标信息。风格损失用于判断图像的高层语义信息，描述风格图像的笔画、颜色等更抽象的图像特征。使用 Python 实现风格损失函数，具体代码如下：

```python
class StyleLoss(nn.Module):
    def __init__(self, target_feature):
        super(StyleLoss, self).__init__()
        self.target = gram_matrix(target_feature).clone().detach()    # 计算 target_feature 的 gram 矩阵
    def forward(self, input):
        G = gram_matrix(input)
        self.loss = F.mse_loss(G, self.target)
                        # 使用 mse 度量目标风格的图像与输入图像之间的 gram 矩阵的 mse 损失
        return input
    def backward(self, retain_graph=True):
        self.loss.backward(retain_graph=retain_graph)
        return self.loss
```

使用预训练的 VGG-19 网络的前 5 个卷积层提取输入内容图像和白噪声的特征，将网络各层提取的特征图像进行比较，计算平方差损失，对各层的损失求和。内容损失如下：

$$L_c(\boldsymbol{x}, \boldsymbol{z}, \boldsymbol{l}) = \sum_{i=1}^{W} \sum_{j=1}^{H} (\boldsymbol{F}_{ij}^l - \boldsymbol{P}_{ij}^l)^2 \tag{6.44}$$

$$\boldsymbol{F}_{ij}^l = \varphi^l(\boldsymbol{x}) \tag{6.45}$$

$$\boldsymbol{P}_{ij}^l = \varphi^l(\boldsymbol{z}) \tag{6.46}$$

其中，W 和 H 表示输入内容图像和白噪声图像的分辨率，$\boldsymbol{F}_{ij}^l$ 和 $\boldsymbol{P}_{ij}^l$ 分别表示输入图像 $\boldsymbol{x}$ 和白噪声图像 $\boldsymbol{z}$ 在 l 层网络的特征信息，通过网络提取的层特征信息分别表示输入内容图像和白噪声图像。

风格图像的风格特征是卷积层的 Gram 矩阵通过计算一组向量的内积得到的对称矩阵，Gram 矩阵定义如下：

$$\begin{bmatrix} (\boldsymbol{x}_1, \boldsymbol{x}_1) & (\boldsymbol{x}_1, \boldsymbol{x}_2) & \cdots & (\boldsymbol{x}_1, \boldsymbol{x}_n) \\ (\boldsymbol{x}_2, \boldsymbol{x}_1) & (\boldsymbol{x}_2, \boldsymbol{x}_2) & \cdots & (\boldsymbol{x}_2, \boldsymbol{x}_n) \\ \vdots & \vdots & \vdots & \vdots \\ (\boldsymbol{x}_n, \boldsymbol{x}_1) & (\boldsymbol{x}_n, \boldsymbol{x}_2) & \cdots & (\boldsymbol{x}_n, \boldsymbol{x}_n) \end{bmatrix} \tag{6.47}$$

其中，$(\boldsymbol{x}_i, \boldsymbol{x}_j) = \boldsymbol{x}_i^{\mathrm{T}} \boldsymbol{x}_j$，即采用标准内积来表示欧几里得空间中的内积。

3. 互信息值

互信息值（Mutual Information，MI）通常用于衡量两个图像的相似性。互信息的概念来自信息论，可以将其理解为一个随机变量由于已知另一个随机变量而产生的不确定性。MI 反映了两个随机变量之间的信息相关性，这种相关性主要用信息熵来表示，两幅图像之间的互信息值计算方法如下：

$$\mathrm{MI}(A, B) = H(A) + H(B) - H(A, B) \tag{6.48}$$

其中，$H(A)$ 和 $H(B)$ 分别表示图像 A 和图像 B 的信息熵，$H(A, B)$ 表示这两幅图像的联合信息熵。信息熵的具体计算公式如下：

$$H(A) = -\sum_{i=0}^{N-1} p_i \log p_i \tag{6.49}$$

$$H(A, B) = -\sum_{a, b} p_{AB}(a, b) \log_{AB}(a, b) \tag{6.50}$$

其中，N 表示图像中不同灰度值的个数，p_i 表示灰度值为 i 的像素出现在图像中的频率。$p_{AB}(a, b)$ 是同一位置像素的灰度值 a 在图像 A 中和灰度值 b 在图像 B 中的概率。MI 值范围在 $[0, 1]$ 之间，越接近 1，表示两幅图像之间的信息熵越接近。

6.4.3 实验与分析

使用公开的 COCO 图像数据集和 monet2photo 图像数据集进行风格迁移实验，所有的实验均在 64 位 Windows 10 操作系统、Intel Core i7-10510U CPU@1.80 GHz & 2.30 GHz 处理器、AMD Radeon RX 640 图像处理显卡，搭载 PyTorch 1.8.1、Python3.7.10 的计算机上进行。

1. 使用不同损失函数的风格迁移效果对比

为了验证本节方法中用 L_1 损失函数代替 MSE 损失函数所达到的优化效果，在使用相同风格图像和内容图像的情况下，将改进后的模型与改进前的模型进行比较，实验结果如图 6.24 所示。从图中可以看出，在相同的训练次数下，使用 L_1 损失函数的模型通过减少内容图像和风格图像之间的差异，可以更好地将风格转移到内容图像上，获得更好的转换效果。

不同损失函数的图像风格迁移效果

(a) 风格图像　　　　(b) 内容图像　　　　(c) MSE损失迁移效果　　　　(d) L₁损失迁移效果

图 6.24　不同损失函数的图像风格迁移效果

2. 整体图像风格迁移效果

在相同的实验环境中，设置相同的实验参数（如训练时间、学习率等），将 Gatys 方法和 Ulyanov 方法与本节改进的图像风格迁移方法进行比较，实验结果如图6.25所示。图 6.25 中第一列和第二列是输入到神经网络模型的风格图像和内容图像，最后三列依次为 Gatys 方法、Ulyanov 方法和本节的方法得到的图像风格化结果。

不同图像风格
迁移算法效果
对比

(a) 风格图像　　　(b) 内容图像　　　(c) Gatys方法　　　(d) Ulyanov方法　　　(e) 本节方法

图 6.25　不同图像风格迁移算法效果对比

第 6 章　图像风格迁移

从图中可以看出，Gatys 方法未能保留内容图像的内容特征，而 Ulyanov 方法无法达到良好的转换效果。与这两种方法生成的风格迁移图像相比，我们改进的 VGG-19 网络使用低级卷积层来保存内容图像的内容，并利用更深的卷积层来保存风格图像的风格内容。因此，本节方法可以更好地保留内容图像的内容信息，改进网络可以更加完整地提取风格图像的风格特征，最终使得风格迁移图像的内容和风格更平衡。

3. 客观指标对比

我们采用了三种客观评价指标对不同方法得到的风格图像进行衡量，实验结果如表 6.7～表 6.9 所示。从表 6.7 中可以看出，使用 SSIM 作为评价指标对风格化图像和输入风格图像进行评价时，本节方法明显优于其他两种方法。此外，与 Ulyanov 方法和 Gatys 方法相比，本节方法生成的风格化图像在 SSIM 平均值上分别增加了 0.7591% 和 5.6108%，证明改进方法可以提高生成图像与风格图像的结构相似度，提取图像风格变换中的映射关系。

表 6.7 不同图像风格迁移方法的 SSIM 评价结果

风格迁移方法	最大值/%	最小值/%	平均值/%
Gatys 方法	20.7939	6.2844	12.5553
Ulyanov 方法	28.7179	7.6269	17.4070
本节方法	25.7809	8.1672	18.1661

表 6.8 不同图像风格迁移方法的 CS 评价结果

风格迁移方法	最大值	最小值	平均值
Gatys 方法	0.978 107	0.894 537	0.937 293
Ulyanov 方法	0.967 248	0.840 555	0.921 298
本节方法	0.978291	0.832 243	0.938 164

表 6.9 不同图像风格迁移方法的 MI 评价结果

风格迁移方法	最大值/%	最小值/%	平均值/%
Gatys 方法	58.8975	23.1423	36.1654
Ulyanov 方法	57.0730	27.5080	41.4540
本节方法	66.9391	26.4541	41.6496

从表 6.8 中可以看出，本节方法改进损失函数后在 CS 指标下取得了最好的测试结果，本节方法与 Gatys 和 Ulyanov 的方法相比 CS 指标的平均值分别提高了 0.000 871 和 0.016 866。这证明增加感知损失可以提高风格化效果，提高对图像高层语义信息的感知，从而生成风格化效果更好的图像。

以 MI 指标作为质量评价的依据，对不同模型生成的风格迁移图像质量进行评价。从表 6.9 中可以看出，本节方法与 Gatys 方法相比，MI 指标的平均值提高了 5.4842%。与 Ulyanov 方法相比，我们改进的网络模型能够更好地保持内容图像中的详细信息，因此 MI 指标的平均值提高了 0.1956%。

为了充分利用大规模图像数据中的图像特征信息，有效保留内容图像和风格图像中的纹理特征和艺术风格，本节提出一种改进的图像风格迁移映射关系挖掘方法，通过减小输入图像和风格迁移图像的差异，提高了图像的风格化效果。实验结果表明，改进方法可以有效挖掘图像内容与风格的映射关系，平衡风格图像和内容图像之间的特征信息，生成具有较好艺术效果的风格化图像。

本 章 小 结

随着深度学习在计算机视觉领域的蓬勃发展，神经网络在图像处理中的应用也越来越广泛。在图像风格迁移领域，深度学习也同样发挥了重大作用，各种基于迭代的深度学习风格迁移方法崭露头角并取得成效，这些方法主要围绕图像风格迁移速度、风格化图像质量和模型的灵活性展开研究。首先，本章介绍了图像风格迁移的传统算法和深度学习算法，并总结了风格迁移流程。其次，针对当前一些算法存在不能同时保持全局和局部风格，甚至内容结构扭曲的问题，设计了多级自适应风格迁移网络，采用多级策略，以渐进的方式整合多级上下文信息；针对卷积操作感受野只能捕获图像局部关联先验知识的问题，提出一种新颖的混合 Transformer 网络，以增强网络捕捉局部-全局特征的能力，并降低计算复杂性。

参考文献及扩展阅读

[1] LI H A, WANG L Y, LIU J. Application of multi-level adaptive neural network based on optimization algorithm in image style transfer[J]. Multimedia Tools and Applications, 2024, 83:73127-73149.

[2] 李洪安，王兰叶. 基于深度学习的图像风格智能迁移软件 V1.0[CP]. 计算机软件著作权, 中华人民共和国国家版权局, 2023 年 9 月 18 日, 登记号:2023SR1096051.

[3] LI H A, ZHENG Q X, YAN W J, et al. Image super-resolution reconstruction for secure data transmission in Internet of Things environment[J]. Mathematical Biosciences and Engineering, 2021, 18(5):6652-6671.

[4] 董虎胜. 卡通风格人脸图像生成研究[J]. 现代计算机, 2021, 27:94-98.

[5] 纪宗杏，贝佳，刘润泽，等. 基于双路视觉 Transformer 的图像风格迁移[J]. 北京航空航天大学学报, 2024. DOI:10.13700/j. bh. 1001-5965.2023.0392.

［6］ 时新月，胡文瑾，乔浪，等. 融合特征位置编码和误差修正的唐卡图像风格迁移模型［J］. 计算机辅助设计与图形学学报，2024. DOI：10.3724/SP.J.1089.2023-00068.

［7］ 蒋亨畅，张笃振. 保留细节特征的图像任意风格迁移［J］. 计算机系统应用，2024，33(03)：118-125.

［8］ 夏明桂，田人君，姜会钰，等. 基于改进 ResNet 网络和迁移学习的服装图像风格识别研究［J］. 纺织工程学报，2024，2(01)：12-20.

［9］ HE K M，ZHANG X Y，REN S Q，et al. Deep residual learning for image recognition［C］. IEEE conference on computer vision and pattern recognition，2016：770-778.

［10］ VASWANI A，SHAZEER N，PARMAR N，et al. Attention is all you need［C］. Advances in neural information processing systems，2017：5998-6008.

［11］ KARRAS T，LAINE S，AILA T. A style-based generator architecture for generative adversarial networks［C］. IEEE/CVF Conference on Computer Vision and Pattern Recognition (CVPR)，2019：4396-4405.

［12］ KARRAS T，LAINE S，AITTALA M，et al. Analyzing and improving the image quality of stylegan ［C］. IEEE/CVF Conference on Computer Vision and Pattern Recognition （CVPR），2020：8107-8116.

［13］ GATYS L A，ECKER A S，BETHGE M. A neural algorithm of artistic style［J］. Journal of Vision，2016，16(12)：326. DOI：10.1167/16.12.326.

［14］ GATYS L A，ECKER A S，BETHGE M. Image style transfer using convolutional neural networks ［C］. IEEE conference on computer vision and pattern recognition，2016：2414-2423.

［15］ 王琪，魏纵横，崔曼曼. 基于深度学习的传统剪纸图像风格迁移算法研究［J］. 电脑知识与技术，2023，19(5)：1-5.

［16］ 贺希，侯植. 基于人工神经网络风格迁移的水墨动画应用研究［J］. 西北美术，2022(3)：90-95.

［17］ 徐鹏飞，周腾骅，武仲科，等. 低算力深度学习下的图像卡通风格化研究［J］. 北京师范大学学报（自然科学版），2021，57(6)：888-895.

［18］ 艾立超. 基于风格化绘制的非真实感渲染研究［D］. 广州：华南理工大学，2010.

［19］ 钱小燕. 基于图像的非真实感艺术绘制技术综述［J］. 工程图学学报，2010，31(01)：6-12.

［20］ 张东，唐向宏，张少鹏，等. 小波变换与纹理合成相结合的图像修复［J］. 中国图象图形学报，2015（07)：882-894.

［21］ DRORI I，COHEN-OR D，YESHURUN H. Example-based style synthesis［C］. IEEE Computer Society Conference on Computer Vision and Pattern Recognition，2003：Ⅱ-143.

［22］ JOHSON J，ALAHI A，FEI-FEI L. Perceptual losses for real-time style transfer and super-resolution［C］. European Conference on Computer Vision，2016：694-711.

［23］ ULYANOV D，LEBEDEV V，VEDALDI A，et al. Texture networks：feed - forward synthesis of textures and stylized images ［J］. International Conference on Machine Learning，2016，48：1349-1357.

［24］ MIRZA M，OSINDEROS. Conditional generative adversarial nets［C］. International Conference on Neural Information Processing Systems，2014，2：2672-2680.

智能图像处理

[25] CHOI Y, CHOI M, KIM M, et al. Stargan: unified generative adversarial networks for multi-domain image-to image translation [C]. IEEE Conference on Computer Vision and Pattern Recognition, 2018: 8789-8797.

[26] LI Y H, WANG N Y, LIU J Y, et al. Demystifying neural style transfer[EB/OL]. arXiv, (2017-07-01)[2025-01-11]. https://arxiv.org/pdf/1701.01036.

[27] NIKULIN Y, NOVAK R. Exploring the neural algorithm of artistic style[EB/OL]. arXiv, (2016-03-13)[2025-01-11]. https://arxiv.org/abs/1602.07188.

[28] NOVAK R, NIKULIN. Improving the neural algorithm of artistic style[EB/OL]. arXiv, (2016-05-15) [2025-01-11]. https://arxiv.org/abs/1605.04603.

[29] RISSER E, WILMOT P, BARNES C. Stable and controllable neural textures synthesis and style transfer using histogram losses[EB/OL]. arXiv, (2017-02-01)[2025-01-11]. https://arxiv.org/abs/1701.08893.

[30] YIN R. Content aware neural style transfer[EB/OL]. arXiv, (2016-01-18)[2025-01-11]. https://arxiv.org/abs/1601.04568.

[31] YEH MC, TANG S. Improved style transfer by respecting inter-layer correlations[EB/OL]. arXiv, (2018-01-05)[2025-01-11]. https://arxiv.org/abs/1801.01933.

[32] CHAMPANDARD A J. Semantic style transfer and turning two-bit doodles into fine artworks[EB/OL]. arXiv, (2016-03-05)[2025-01-11]. https://arxiv.org/abs/1603.01768.

[33] LIAO J, YAO Y, YUAN L, et al. Visual attribute transfer through deep image analogy[J]. ACM Transactions on Graphics (TOG), 2017, 36(4):1-15.

[34] SIMONYAN K, VEDALDI A, ZISSERMAN A. Deep inside convolutional networks: visualising image classification models and saliency maps[EB/OL]. arXiv, (2013-12-20)[2025-01-11]. https://arxiv.org/abs/1312.6034.

[35] SUN, J, SUN, J, XU, Z, et al. Image super-resolution using gradient profile prior[C]. IEEE Conference on Computer Vision and Pattern Recognition, 2008: 1-8.

[36] WANG X, OXHOLM G, ZHANG D, et al. Multimodal transfer: a hierarchical deep convolutional neural network for fast artistic style transfer[C]. IEEE Conference on Computer Vision and Pattern Recognition, 2017: 7178-7186.

[37] ULYANOV D, LEBEDEV V, VEDALDI A, et al. Improved texture networks: maximizing quality and diversity in feedforward stylization and texture synthesis[C]. IEEE Conference on Computer Vision and Pattern Recognition, 2017: 4105-4113.

[38] GOODFELLOW I, POUGET-ABADIE J, MIRZA M, et al. Generative adversarial networks[J]. Communications of the ACM, 2020, 63(11): 139-144.

[39] ISOLA P, ZHU J-Y, ZHOU T, et al. Image-to-image translation with conditional adversarial networks[C]. IEEE Conference on Computer Vision and Pattern Recognition (CVPR), 2017: 5967-5976.

[40] KARRAS T, AITTALA M, LAINE S, et al. Alias-free generative adversarial networks[J]. Advances in neural information processing systems, 2021, 34: 852-863.

[41] DUMOULIN V, SHLENS J, KUDLUR M. A learned representation for artistic style[C]. International Conference on Learning Representations (ICLR), 2017: 1-9. DOI: 10.48550/arXiv.1610.07629.

[42] LI Y, FANG C, YANG J, et al. Diversified texture synthesis with feed-forward networks[C]. IEEE conference on computer vision and pattern recognition, 2017: 3920-3928.

[43] ZHANG H, DANA K. Multi-style generative network for real-time transfer[C]. Computer Vision, 2019: 349-365.

[44] CHEN T Q, SCHMIDT M W. Fast patch-based style transfer of arbitrary Style[EB/OL]. arXiv, (2016-12-13)[2025-01-11]. https://arxiv.org/abs/1612.04337.

[45] PARK D Y, LEE K H. Arbitrary style transfer with style-attentional net-works[C]. IEEE Conference on Computer Vision and Pattern Recognition2019: 5880-5888.

[46] RICHARDSON E, ALALUF Y, PATASHNIK O, et al. Encoding in style: a stylegan encoder for image-to-image translation[C]. IEEE/CVF conference on computer vision and pattern recognition, 2021: 2287-2296.

[47] YAO Y, REN J, XIE X, et al. Attention-aware multi-stroke style transfer[C]. IEEE/CVF Conference on Computer Vision and Pattern Recognition (CVPR), 2019: 1467-1475.

[48] LIU S H, LIN T W, HE D L, et al. Adaattn: revisit attention mechanism in arbitrary neural style transfer[J]. IEEE/CVF international conference on computer vision, 2020: 6649-6658.

[49] YU, YUE, DING LI, et al. Multi-style image generation based on semantic image[J]. The Visual Computer, 2023: 1-16.

[50] CHEN H B, WANG Z Z, ZHANG H M, et al. Artistic style transfer with internal-external learning and contrastive learning[J]. Advances in Neural Information Processing Systems (NeurIPS), 2021: 2-6.

[51] LIN T Y, Maire M, BELONGIE S, et al. Microsoft COCO: common objects in context[C]. Computer Vision - ECCV 2014, Lecture Notes in Computer Science, 2014: 740-755.

[52] A. VASWANI, N. SHAZEER, N. PARMAR, et al. Attention is all you need[J]. Advances in Neural Information Processing Systems (NeurIPS), 2017: 3-7.

[53] PAUL S, CHEN P Y. Vision transformers are robust learners[C]. AAAI conference on Artificial Intelligence, 2022, 36(2): 2071-2081.

[54] VASWANI A, SHAZEER N, PARMAR N, et al. Attention is all you need[J]. Advances in neural information processing systems, 2017: 30-35.

[55] DEVLIN J, CHANG M W, LEE K, et al. BERTt: Pre-training of deep bidirectional transformers for language understanding[C]. Conference of the North American Chapter of the Association for Computational Linguistics: Human Language Technologies, 2018, 1: 4171-4186.

[56] CARION N, MASSA F, SYNNAEVE G, et al. End-to-end object detection with transformers[C]. European conference on computer vision (ECCV), 2020: 213-229.

[57] DENG Y Y, TANG F, DONG W M, et al. Stytr2: image style transfer with transformers[C]. IEEE/CVF conference on computer vision and pattern recognition, 2022: 11326-11336.

[58] JADERBERG M, SIMONYAN K, ZISSERMAN A. Spatial transformer networks[J]. Advances in neural information processing systems, 2015: 28-29.

[59] ALMAHAIRI A, BALLAS N, COOIJMANS T, et al. Dynamic capacity networks [C]. International Conference on Machine Learning, PMLR, 2016: 2549-2558.

[60] WANG X, GIRSHICK R, GUPTA A, et al. Non-local neural networks[C]. IEEE conference on computer vision and pattern recognition, 2018: 7794-7803.

[61] HU J, SHEN L, SUN G. Squeeze-and-excitation networks[C]. IEEE conference on computer vision and pattern recognition, 2018: 7132-7141.

[62] LI X, WANG W, HU X, et al. Selective kernel networks[C]. IEEE/CVF conference on computer vision and pattern recognition, 2019: 510-519.

[63] WOO S, PARK J, LEE J Y, et al. CBAM: convolutional block attention module[C]. European conference on computer vision (ECCV), 2018: 3-19.

[64] F. PHILLIPS, B. MACKINTOSH. Wikiart gallery, inc: a case for critical thinking[J]. Issues in Accounting Education, 2011, 26(3): 593-608.

[65] DENG Y Y, TANG F, DONG W M, et al. Arbitrary style transfer via multi-adaptation network [C]. ACM International Conference on Multimedia, 2020: 2719-2727.

[66] AN J, HUANG S, SONG Y, et al. ArtFlow: unbiased image style transfer via reversible neural flows[C]. IEEE/CVF Conferences on Computer Vision and Pattern Recognition (CVPR), 2021: 862-871.

[67] WANG H, ZHU Y, GREEN B, et al. Axial-deeplab: stand-alone axial-attention for panoptic segmentation[C]. European conference on computer vision (ECCV), 2020: 108-126.

[68] 尹宝才, 王文通, 王立春. 深度学习研究综述[J]. 北京工业大学学报, 2015, 1: 48-59.

[69] 张翠平, 苏光大. 人脸识别技术综述[J]. 中国图象图形学报, 2000, 5(11): 885-894.

[70] 陈淑環, 韦玉科, 徐乐, 等. 基于深度学习的图像风格迁移研究综述[J], 2019, 36(8): 2250-2255.

[71] GATYS LA, ECKER AS, BETHGE M. Image style transfer using convolutional neural networks [C]. IEEE conference on computer vision and pattern recognition, 2016: 2414-2423.

[72] CHEN Y, LAI Y K, LIU Y J. Cartoongan: generative adversarial networks for photo cartoonization[C]. IEEE Conference on Computer Vision and PatternRecognition, 2018: 9465-9474.

[73] GOODFELLOW I J, POUGET-ABADIE J, MIRZA M, et al. Generative adversarial networks[J]. Advances in Neural Information Processing Systems, 2014, 3:2672-2680.

[74] 李盛超. 基于深度学习的图像水墨风格渲染应用[D]. 南京: 南京大学, 2017.

[75] PORTILLA J, SIMONCELLI EP. A parametric texture model based on joint statistics of complex wavelet coefficients[J]. International journal of computer vision, 2000, 40(1): 49-70.

[76] LEDIG C, THEIS L, HUSZÁR F, et al. Photo-realistic single image super-resolution using a generative adversarial network[C]. IEEE conference on computer vision and pattern recognition, 2017: 4681-4690.

[77] ZHU J Y, PARK T, ISOLA P, et al. Unpaired image-to-image translation using cycle-consistent adversarial networks[C]. IEEE international conference on computer vision, 2017: 2223-2232.

[78] 曾凡霞, 张文生. 非贪婪的鲁棒性度量学习算法[J]. 中国图象图形学报, 2020, 25(09): 1825-1836.

[79] 季新宇, 朱留存, 张震, 等. 基于改进感知损失函数的图像快速风格迁移[J]. 电子技术与软件工程, 2021, 3: 135-139.

[80] 朱海峰, 邵清. 基于深度学习的图像风格转换研究[J]. 软件, 2020, 41(03): 102-106.

[81] 张月, 刘彩云, 熊杰. 基于 VGG-19 图像风格迁移算法的设计与分析[J]. 信息技术与信息化, 2020, 1: 70-72.

[82] 刘明昊. 基于 VGG-16 的图像风格迁移[J]. 电子制作, 2020, 12: 52-54.

[83] LI H A, ZHENG Q X, ZHANG J, et al. Pix2Pix-Based grayscale image coloring method[J]. Journal of Computer-Aided Design & Computer Graphics, 2021, 33(6): 929-938.

[84] REDDYG T, REDDY M P K, LAKSHMANNA K, et al. Analysis of dimensionality reduction techniques on big data[J]. IEEE Access, 2020, 8: 54776-54788.

[85] YANG W, AGHASIAN E, GARG S, et al. A survey on blockchain-based internet service architecture: requirements, challenges, trends, and future [J]. IEEE Access, 2019, 7: 75845-75872.

[86] ULYANOV D, LEBEDEV V, VEDALDI A, et al. Texture networks: feed-forward synthesis of textures and stylized images [C]. International Conference on Machine Learning, 2016, 48: 1349-1357.

[87] WANG Z, XIANG X, ZHAO Z, et al. Deep image retrieval: indicator and gram matrix weighting for aggregated convolutional features[C]. IEEE International Conference on Multimedia and Expo (ICME), 2018: 1-6.

[88] SARA U, AKTER M, UDDIN M S. Image quality assessment through FSIM, SSIM, MSE and PSNR: a comparative study[J]. Journal of Computer and Communications, 2019, 7(3): 8-18.

[89] 翟月. 计算机图像非真实感渲染研究综述[J]. 吉林广播电视大学学报, 2015, 4: 9-10.

[90] 王万良, 李卓蓉. 生成式对抗网络研究进展[J]. 通信学报, 2018, 2: 135-148.

[91] 王坤峰, 苟超, 段艳杰, 等. 生成式对抗网络 GAN 的研究进展与展望[J]. 自动化学报, 2017, 43(3): 321-332.

[92] HERTZMAN A. Image analogies[C]. conference on Computer graphics and interactive techniques, 2023: 327-340.

[93] LI H A, ZHANG M, YU Z H, et al. An improved pix2pix model based on Gabor filter for robust color image rendering[J]. Mathematical Biosciences and Engineering, 2022, 19(1): 86-101.

智能图像处理

[94] DONG C, CHEN C L, HE K, et al. Image super-resolution using deep convolutional networks[J]. IEEE Transactions on Pattern Analysis and Machine Intelligence, 2016, 38(2): 295-307.

[95] HAN X, LU J, ZHAO C, et al. Semi-supervised and weakly supervised road detection based on generative adversarial networks[J]. IEEE Signal Processing Letters, 2018, 25(4): 551-555.

[96] BALLIHI L, AMOR B B, DAOUDI M, et al. Boosting 3-D-Geometric features for efficient face recognition and gender classification[J]. IEEE Transactions on Information Forensics & Security, 2012, 7(6): 1766-1779.

[97] WANG M, GAO Y, LU K, et al. View-Based discriminative probabilistic modeling for 3D object retrieval and recognition[J]. IEEE Transactions on Image Processing, 2013, 22(4): 1395-1407.

[98] MIRZA M, OSINDERO S. Conditional generative adversarial nets[J]. Computer Science, 2014: 2672-2680.

[99] SHANG W, SOHN K, ALMEIDA D, et al. Understanding and improving convolutional neural networks via concatenated rectified linear units[J]. international conference on machine learning. PMLR, 2016: 2217-2225.

[100] QIN Y, MITRA N, WONKA P. How does lipschitz regularization influence GAN training? [C]. European Conference on Computer Vision. Springer, Cham, 2020: 310-326.

[101] ROSASCO L, VITO E D, CAPONNETTO A, et al. Are loss functions all the same? [J]. Neural Computation, 2014, 16(5): 1063-1076.

第7章 图像分割

图像分割作为图像处理和分析的重要组成部分，自 1970 年以来一直受到国内外学者的广泛关注。图像分割是智能图像处理研究中的经典问题，也是智能图像处理的基础和重要组成部分。图像分割作为学术界和工业界的研究热点，利用人工智能的基本方法为医学诊断、场景分析和自动驾驶提供了有力的技术支持。基础部分中主要讲述基于阈值的、基于边缘检测的、基于区域的图像分割算法。在应用部分中我们主要讲述基于数据挖掘方法、深度学习方法的图像分割以及基于 Gabor 滤波的人脸图像分割。

7.1 图像分割算法

图像分割是智能图像处理的基础，也是图像处理中最困难的问题之一。图像分割是指根据图像的颜色、灰度、空间纹理、几何形状等特征将图像分割成多个不相交区域，使图像特征在同一区域内表现出一致性或相似性，但在不同区域之间表现出明显的差异。对于灰度图像，它的像素通常与灰度相似，并且在区域边界处存在灰度不连续现象。虽然目前还没有一种通用的、完善的图像分割方法，但人们对图像分割的一般规则已经达成了共识，并产生了大量的研究成果和方法。

7.1.1 图像分割概述

由于图像分割的重要性和难度，自 20 世纪 70 年代以来，图像分割方法不断涌现。传统的图像分割方法很多，各种方法之间存在重叠。早期图像分割一般采用阈值法、区域法和边界法。这些方法对噪声敏感，不适合复杂图像的分割。从像素的角度出发，根据像素是单个聚集过程还是反向聚集过程，将图像分割分为聚类法和图解法。基于聚类的方法逐步采集不同区域的像素，而基于图解的方法则从整个图像开始，对像素图像进行分割，得到分割结果。

图像分割是将原始图像分割成不重叠的小区域。这些小区域是指具有共同特征的连通像素集合，即每个区域的像素具有相同或相似的功能，但不同区域的像素之间存在显著差异。我们可以使用数学中的集合对图像分割进行更正式的定义：令集合 R 代表整个图像区域，则图像分割可视为将 R 划分为 n 个子区域 $R_1, R_2, \cdots, R_n$ 的过程，即

(1) $\bigcup_{i=1}^{n} R_i = R$；

（2）$R_i \cap R_j = \varnothing$；

（3）$P(R_i) = \text{TURE}$，$i = 1, 2, \cdots, n$；

（4）$P(R_i \cup R_j) = \text{FALSE}$，对任意的 i 和 j，$i \neq j$；

（5）R_i 是一个连通的区域，$i = 1, 2, \cdots, n$。

其中，$P(R_i)$ 是定义在集合 R_i 上的一个分割，$\varnothing$ 是空集。

上述条件不仅在图像分割中起着重要的作用，还为图像分割提供了数学定义。一般来说，较好的图像分割应遵循以下原则：同一分割区域内的像素应具有一定的一致性特征，如颜色、灰度、纹理等，且这些区域相对简单，无太多噪声；相邻区域的分割特征存在显著差异，且边界必须平滑。更好的图像分割应尽可能满足上述要求，且不需要过多的融合或分割。这些标准往往相互矛盾，不能同时得到遵守。

7.1.2　基于数据挖掘方法的图像分割

数据挖掘是从大量混沌、模糊和噪声数据中提取有用信息的过程。由于大量数据信息及相关概念具有不确定性和不精确性，因此有必要通过数据挖掘分支的软计算来解决这一问题。如何从这些快速增长的数据中提取有用的信息已成为一项紧迫的任务。

聚类分析作为统计学的一个分支，在模式识别、医学诊断等领域有着广泛的应用。聚类是将一组未标记的对象按照一定的特征划分为若干不同的类，从而使同一类中的对象更加相似。聚类策略大致可以分为两种：硬聚类划分和软聚类划分。硬聚类划分要求每个对象对一个类别的隶属度不为 0 即为 1；软聚类划分中属于特定类的每个对象的隶属度可以为 0 到 1 之间的数值。这通常与实际应用相一致，因为在许多情况下，对象之间没有明确的边界。在软聚类划分中，最常用的算法是模糊 C 均值（Fuzzy C-Means，FCM）。该算法于 1973 年由 Dunn 首次提出，1981 年由 Bezdek 进一步改进。该算法基于目标函数的最小化原理，通过更新隶属度函数和聚类中心来生成最终的聚类结果。

图像分割问题可以看作是将每个图像像素聚类成一个对象的问题。因此，在 20 世纪 70 年代，聚类分析的思想被应用于图像分割。模糊 C 均值算法是最常用的图像分割算法之一，因为它比硬聚类算法更能存储图像信息，所以最终的分割效果更好。然而，该算法本身也存在一些不可避免的缺陷，如难以确定模糊聚类的数量和中心，缺乏对相邻像素间空间信息的利用等。随着模糊集和图论的出现，结合这些具体理论的图像分割方法应运而生。

1. 结合遗传算法的分割方法

遗传算法是一种利用迭代求解最优解的数学模型来模拟生物进化的过程。图像分割通常是一个阈值求解或多参数优化的问题。遗传算法的出现为这一问题提供了一种解决方案。一方面可以大大缩短计算时间，另一方面可以得到全局最优解。首先，采用模糊 C 均值聚类方法对图像进行分割，作为预处理步骤。其次，将度量准则作为遗传算法在归一化区域迭代优化的适应性函数。最后，优化标准化切割准则，将其归到最终的分割结果中。魏志成等人对自适应遗传算法中的变异算子进行改进，提出了一种新的自适应选择图像分割算法。由于遗传算法具有较强的全局寻优能力，因此它在图像分割领域具有广阔的发展前景。

2. 结合图割理论的分割方法

图论图像分割是图像分割问题和图的最小分割问题的结合。将图像赋值给一个带边权的无向图，图像中的每个像素都与图像中的每个节点相关联。每个相邻的像素对由每条边连接，每个边缘的权值表示图像特征中相邻像素之间的非负相似。每个分段的子区域对应于图中的一个子区域，分割出来的容量映射到一个能量函数中。

图的分割可以通过最大流量算法和最小流量算法来实现。最小分割对应的结果就是目标区域与背景区域的边界。分割的基本原则是同一分割区域内像素之间的特征相似度尽可能高，而相邻区域像素之间的特征相似度非常低。基于图像分割理论的图像分割方法实际意义是通过最小化能量函数去除一些边缘，然后将图像分割成多个不相交的部分。目前，基于图论的 Graphcut、Grabcut 和 Random Walk 方法已经被广泛应用。基于图论的图像分割研究主要集中在以下两个方面：一个是割集准则的设计，最常见的割集标准包括平均割集、最小割集、归一化割集和最小最大割集；另一个是高效实现图形分割的算法设计，如 Y. Boykov 的算法 $\alpha\text{-}\beta$ swap 和 α-expansion 等。

3. 结合聚类理论的分割方法

聚类分析是数据挖掘中无监督学习的一个重要分支，也是统计学的一个方面。根据对象对类的隶属度，聚类分析方法一般分为两类：硬聚类和模糊聚类。最常用的传统硬聚类方法是 K 均值聚类法。模糊聚类方法是一种基于目标函数最小化的迭代聚类方法。每个类别的每个对象的隶属度值区间为 $[0,1]$，每个类别的每个对象的隶属度之和为 1，即认为每个簇的对象具有大或小的隶属关系。

模糊聚类方法反映了图像像素之间的不确定性，因而该方法的性能优于传统方法。图像分割可以归结为像素聚类，所以模糊聚类方法在图像分割中得到了广泛的应用，最常用的算法是模糊 C 均值聚类方法，但传统的模糊聚类方法在图像分割中仍然存在不可避免的缺陷。由于没有考虑像素之间的空间信息，所以目前有很多工作要做：一方面是对聚类效果进行分析，得到聚类所需的参数；另一方面是结合空间信息对聚类算法进行改进。

7.1.3 基于深度学习方法的图像分割

随着人工智能技术的出现，基于深度神经网络的图像分类模型大量涌现，基于深度学习的图像分割方法与以往方法相比也有了质的飞跃。这类模型没有使用传统模型中的 HOG（直方图有向梯度）和 SIFT（尺度不变特征变换）方法提取特征，而是使用深度神经网络提取从平面到顶部的层次特征，描述图像的抽象语义信息，提高分类精度。

图像分割的目的是将图像分割成多个具有独特属性的特定区域。图像目标识别是利用检测技术识别图像中多个目标的类别，进行定位，然后预测目标在图像中的位置和大小。

图像语义分割是图像分割与目标识别的结合，除了预测图像中每个目标的位置和形状，还必须预测目标的语义类别。图像分割在像素级上是准确的，能够勾画出目标类的轮廓。因此，图像分割被认为是最具挑战性的任务，它比分类识别更具挑战性。

深度卷积神经网络(Deep Convolutional Neural Network，DCNN)是应用最广泛的深度神经网络之一。1989 年，Lecun 等人确定了卷积神经网络的结构，并将其应用于手写字符识别。DCNN 是一种包含卷积运算的前馈神经网络。它通常由输入层、卷积层、池化层、全连接层和输出层组成。卷积层、池化层和全连接层称为隐藏层。DCNN 从输入层输入数据，通过卷积层的共享权值提取卷积特征，输出到池化层，并执行池化操作以逐步获得每一层的特征，最后通过全连接层和输出层对任务进行特征映射。其网络结构如图 7.1 所示。

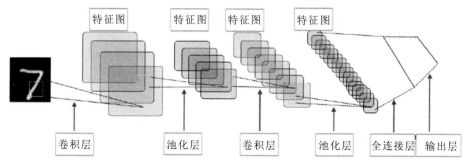

图 7.1　深度卷积神经网络

DCNN 的训练过程分为三个步骤：网络正向传输、反向传递和参数更新。在网络正向传输过程中，从当前网络参数提取特征，得到预测结果；反向传递过程根据预测结果与实际标签进行比较，获得参数的偏导数；最后使用梯度下降算法更新网络各层的参数。目前，人们普遍认为 DCNN 起源于被称为深度卷积神经网络祖先的 AlexNet 网络。与以前的卷积网络相比，AlexNet 最显著的特点是层数加深，参数规模更大，其具体网络结构如图 7.2 所示。

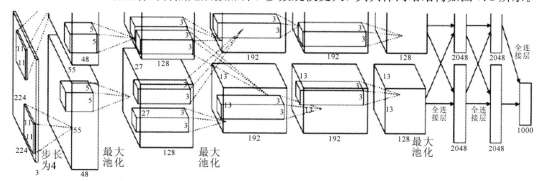

图 7.2　AlexNet 网络结构

AlexNet 由 5 个卷积层、3 个池化层和 3 个完全连接的层组成。网络采用 ReLU 激活功能和退出机制，并采用重叠池操作，有效避免过度拟合。它在 ImageNet LSVRC 2012 图像识别挑战赛中获得冠军。继 AlexNet 网络之后，各种深度卷积神经网络开始发展，但 DCNN 就像一个黑匣子，人们不知道为什么它学习到的功能更好。ZFNet 的出现是为了了解网络的内部特征。从网络结构来看，ZFNet 与 AlexNet 相比没有太大的变化。该网络的主要贡献是通过反卷积核可视化技术揭示了神经网络各层的作用以及训练过程中特征的变化。通过可视化，发现 AlexNet 第一层的特征包含大量的高频和低频信息混合，而第二层存在大量特征混叠。

随着网络深度的增加，出现了越来越多的问题，使网络过于拟合，并且计算量也越来越大。因此 GoogLeNet 提出了一种概念机制，即多尺度图像处理，它将不同尺度的多个卷积层和聚合层集成到一个概念模块中。在进行多尺度卷积操作之前，采用 1×1 卷积来减小特征通道的大小，这样做是为了减少网络的参数，使网络运行速度更快，并且使用更多的激活函数来改善非线性表示。GoogLeNet 网络的深度已达到 22 层，但参数数量已减少到 AlexNet 的一半。一个原因是引入了概念模块，另一个原因是删除了最后一个全连接层，并将其替换为全局平均池化层。

VGG 网络也与 GoogLeNet 在同一年产生，网络结构简单，主要是使用了小尺寸的卷积核。所有卷积层的卷积核规模为 3×3，步长为 1。为了确保卷积后特征尺寸保持不变，对图像进行填充，所有池化核的规模为 2×2，步长为 2。与 AlexNet 相比，VGG 网络去除了局部响应规范化层，采用多层小卷积核实现了更大的接收场，减少了参数数量。VGG 网络有两种类型：VGG-16 和 VGG-19。不同之处在于网络层的数量。VGG-16 网络结构如图 7.3 所示。

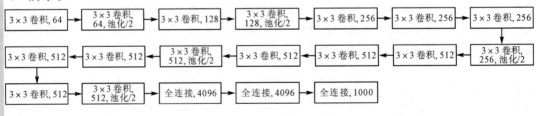

图 7.3　VGG-16 网络结构

随着网络层次的增加，网络分类识别的效果更好。然而，当网络太深时，由于梯度消失，网络的训练效果很差。ResNet 网络用于解决随着网络深度的加深而出现的梯度下降问题。ResNet 网络解决了由于层间跳接和拟合残差过多造成的问题。ResNet 在 2015 年 ImageNet lsvrc 分类任务中获得第一名，预测模型的前几个结果的错误率为 3.57%。ResNet 根据网络层的数量分为 ResNet-50、ResNet-101 和 ResNet-152。

一些研究学者对 GoogLeNet 进行了一系列改进，并制作了诸如 Inception-v2、Inception-v3 和 Inception-v4 等网络。Zoph 等人提出了 NASNet 网络，可以为小数据集设计相应的 DCNN 网络，并使用迁移学习技术使设计的网络很好地迁移到大数据集。Zagoruyko 等人认为，ResNet 网络中只有少数剩余模块学习有用的表达式，而大多数剩余模块几乎没有效果，因此他们设计了一个浅而宽的网络 WRN。对于图像分割任务，VGG 和 ResNet 网络被广泛使用。这主要是因为 VGG 网络具有很强的可扩展性，在迁移到其他数据集时具有良好的泛化能力，以及 ResNet 网络具有高分割精度。

　　根据分类目标的不同，图像语义分割分为两类：基于区域的分类和基于像素的分类。图 7.4 显示了基于深度学习的图像语义分割的一般过程，其中 DCNN 基本上用于特征提取。基于区域分类方法需要获得图像中的目标分割候选；基于像素分类方法可以直接训练分割网络，无需此过程。

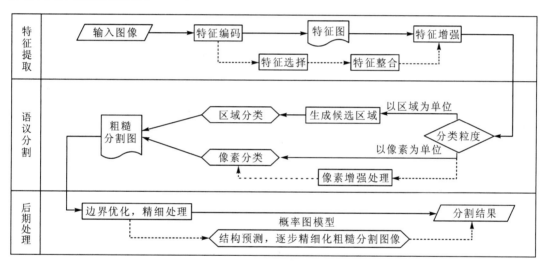

图 7.4　基于深度学习的图像语义分割方法流程

7.2　基于 Gabor 滤波的人脸图像分割

　　伴随着生物识别技术的迅速发展，人脸识别已经广泛地应用在许多领域。作为人脸识别的基础研究，人脸图像分割是人脸识别系统中举足轻重的一步，准确和快速地分割出人脸是提高识别速度和准确性的关键。然而由于头部位置、图像方向、光照条件和面部表情等因素的影响，使得面部分割更加困难。为此 *Facial image segmentation based on gabor filter* 结合 Adaboost 算法和 Gabor 纹理分析算法对人脸图像进行分割，从而有效降低了人脸图像分割的误检率。在人脸图像分割中，首先对含有人脸信息的图像用 Gabor 进行纹理分析，利用类肤色区域和肤色区域的阈值不同，设定合适的阈值，将图像背景信息中类似于皮肤的区域进行去除。然后利用 Adaboost 算法对准人脸区域进行检测，最后将检测出的人脸区域分割出来。该方法能够快速准确地将待检图像中的面部区域分割出来，并且有效降低漏检率及误检率。

7.2.1 人脸图像分割概述

早期的人脸图像研究主要集中在调整模型、调整子图和变形模型等方面，检测的方法通常只能检测背景简单和其他条件不变的正面人脸图像区域，所以它们的检测形式比较固定。基于这些人脸图像检测系统，即使没有影响人脸图像检测条件的变化，也需要微调一些系统的参数。当时人们更关注正面的人脸图像研究、人脸识别和视频编码系统，近年来，人脸图像分割才开始成为研究的热点。研究人员们提出了许多的方法，包括利用检测运动、肤色和一般信息的方法。其中统计方法和神经网络的使用能够使模型发现复杂背景下的人脸信息，这些基础研究极大提高了人脸图像分割的精确度。另外，在设计可以处理精确位置的面部特征的方法方面已经取得了相当大的进步。人脸图像分割的最新研究集中在统计分析模型、神经网络的学习方法、SVM 方法及其他一些统计知识、马尔可夫随机域方法、BDF、基于肤色的人脸检测等。

现如今人脸图像分割与识别快速发展，应用也更加广泛，我们将现有的人脸图像分割及识别的方法主要分为三大类。第一类是基于知识的方法，主要难点在于将人类的感知经验转化为明确的规则和方法，以及在这些检测规则之外的人脸区域难以正确检测并导致特征丢失。同时，如果这些规则过于笼统，则会导致错误检测。此外，该方法不能识别所有可能的情况，所以难以在不同位置检测面部。第二类是基于肤色的方法，皮肤颜色能够显露出面部的位置，皮肤的颜色是面部的重要信息之一，而且不依赖于脸部的细节信息。它可以旋转、表达、蚀刻，相对稳定，可以与大多数背景中的复杂多样的颜色进行区分，具有姿态及速度不变性等优点。第三类是基于模型匹配的方法，这类方法可以使用存储的面部信息和算法来创建标准模型，例如眼睛、鼻子等的形状或灵活的模型，然后计算检测区域和标准模型之间的类似情况，用于确定检测区域是面部还是相应实体。

为了解决现有的人脸图像分割算法大多不能应对脸内部变化或者外在条件变化，从而导致人脸检测成功率降低的问题，我们结合 Adaboost 算法和 Gabor 纹理分析对人脸图像进行分割。首先用 Gabor 滤波处理含有人脸信息的图像，提取图像的纹理信息，可以得到纹理特征图。然后设定一个阈值，提取出类肤色区域，这样可以在背景信息中添加深色的像素点，显著降低与肤色信息非常接近的背景信息被错误分割的可能性。最后利用 Adaboost 算法进行人脸图像分割，从而得到最终的人脸区域图像。实验证明结合 Adaboost 算法和 Gabor 纹理分析的方法对人脸图像进行分割能显著提升准确率，尤其是在背景复杂时效果更加明显。

智能图像处理

7.2.2 人脸图像分割流程

Adaboost 算法最初的目的是用于提高简单分类算法的性能，其主要思想是对相同的训练集训练各种弱分类器，接着把这些弱分类器结合成一个强分类器，即最终分类器。我们采用基于 Haar-like 矩形特征的 Adaboost 算法进行人脸检测，Adaboost 算法以人脸的边缘灰度特征作为基础，迭代寻找能区分出人脸和背景的特征向量。迭代过程中依据上次训练集分类正确率来更新本次迭代的权重，最终实现改变数据分布的目的。

人脸图像分割流程图如图 7.5 所示，具体步骤如下：

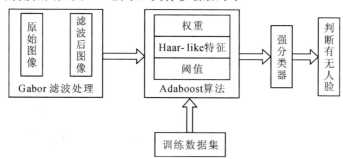

图 7.5　人脸图像分割流程示意图

（1）寻找训练数据集。从图像中人工分割出人脸区域和非人脸区域，分别作为正、负训练样本集。

（2）提取 Haar-like 特征。特征值用来表示矩形范围内人脸区域灰度和背景区域灰度对比度，特征值越大，表示边缘特征越明显，此时大概率检测到人脸。特征值定义如下：

$$f(r) = \left| c \times \sum_{(x,\ y) \in S_B} i(x,\ y) - \sum_{(x,\ y) \in S_W} i(x,\ y) \right| \tag{7.1}$$

式中，$f(r)$ 表示矩形特征对应的特征值，$i(x,\ y)$ 表示矩形区域内像素点 $(x,\ y)$ 的灰度值，$\sum\limits_{(x,\ y) \in S_B} i(x,\ y)$ 表示人脸区域灰度和，$\sum\limits_{(x,\ y) \in S_W} i(x,\ y)$ 表示背景区域灰度和，c 表示矩形特征中背景区域和人脸区域大小之比。

（3）选择分类器。迭代过程中调整权重，减少正确分类样本的权重。这一过程可以通过公式(7.2)来实现：

$$w_{t+1,\ i} = w_{t,\ i} \beta_t^{1-\epsilon_t} \tag{7.2}$$

其中，$i = 1,\ 2,\ \cdots,\ N$。当样本 i 分类正确时，ϵ_t 取一个介于 0 和 1 之间的值，权值减小，否则设置 $\epsilon_t = 1$，并增加权值。式中 $\beta_t = \dfrac{\xi_t}{1-\xi_t}$，更新权重后继续迭代，直到从矩形特征中选择最有效的 N 个特征作为弱分类器，再使用 Adaboost 算法进行强分类器的集成。

（4）合成强分类器。由于 N 个弱分类器对同一张脸可能检测多次，因此我们对检测结果进行合并。对于边界有相交区域的检测结果，对其四个顶点分别取最值作为新顶点，合成一个检测结果，从而降低人脸检测时出现的重复检测。

Haar 分类器是一个基于树的分类器，它建立了 boost 筛选式级联分类器。它的主要内容包括类 Haar 特征、积分图法、Adaboost 算法和级联，它的主要操作步骤为：

（1）提取类 Haar 的特征，使用积分图法对类 Haar 特征的提取进行快速处理；

（2）利用 Adaboost 算法不断训练，得到强分类器，以此区分出面部及非面部；

（3）通过筛选式级联方式，可以把强分类器级联在一起，从而有效提高检测准确度。

Haar-like 特征用于描述人脸，有白色矩阵和黑色矩阵两个矩形。特征值被定义为黑色矩阵像素之和减去白色矩阵像素之和，这些 Haar 特征值其实表达的是图像灰度级的变化情况。由于矩形特征仅对简单的图形结构敏感，例如边和线段，因此它只能描述特定趋势的结构。

通过更改模型的大小及位置，我们可以在图像窗格中罗列出大量的特征元素。图 7.6 中的函数模型被称为"特征原型"。我们从图中改变子窗口之中的位置及各类模板的大小，可以得到许多矩形特征，然后依据这些特征值计算出所有在子窗口中的特征值。

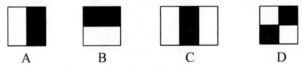

图 7.6　特征原型

图 7.7 显示了矩形特征对人脸图像分割的一些功能。中间表示眼睛区域的颜色比脸颊的颜色深，而最右侧的矩形表示鼻梁的颜色比鼻子侧面的颜色浅。对于诸如嘴等其他目标也是如此，也可以由适当的矩形元素表示。与像素的简单使用相比，特征的使用具有很大的优越性且计算速度更快。

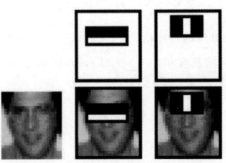

图 7.7　矩形特征

7.2.3　实验与分析

为了证明算法的优越性，我们采取实验组和对照组进行人脸图像分割。实验组先进行

Gabor 滤波处理，然后使用 Adaboost 进行分割。对照组直接进行 Adaboost 人脸分割。实验在 64 位 Windows 10 操作系统、Intel Core i5-6300HQ CPU @ 2.30 GHz & 2.30 GHz 处理器、8 GB 内存、NVIDIA GeForce GTX960MX 显卡，搭载 OpenCV4.0.1、Visio Studio2017 的电脑上运行。

对于图 7.8 中的人脸图像，其中未进行 Gabor 滤波的对照组在对人脸分割时，人脸分割的准确率较低，存在较多的漏检，同时存在将衣服误检为人脸的状况。对于实验组来说，因为 Gabor 滤波能够很好地描述对应于空间频率、空间位置及方向选择性的局部结构信息，保留图像的细节特征，并且对于光照变化不敏感，实验组经过 Gabor 滤波处理后的图像没有误检发生，并且很大程度提高了人脸分割准确率。

使用Gabor滤波和不使用Gabor滤波进行检测对比

(a)原始图像　　　　(b) Gabor+Adaboost检测结果图像　　　(c) Adaboost检测结果图像

图 7.8　使用 Gabor 滤波和不使用 Gabor 滤波进行检测对比

Python 实现 Adaboost 算法的代码如下：

```
import time
import numpy as np
def calc_e_Gx(trainDataArr, trainLabelArr, n, div, rule, D)：  ♯ 计算分类错误率
```

```
e = 0    # 初始化分类误差率为 0
x = trainDataArr[:, n]
 # 将训练数据矩阵中特征为 n 的那一列单独剥出来做成数组，直接对庞大的训练集进行操作会很慢
y = trainLabelArr
predict = []
if rule == 'LisOne'：
  L = 1
  H = −1
else：
  L = −1
  H = 1
for i in range(trainDataArr.shape[0])：   # 遍历所有样本的特征 m
  if x[i] < div：
    predict.append(L)
    if y[i] ! = L：   # 如果预测错误，分类错误率要加上该分错的样本的权值
      e += D[i]
  elif x[i] >= div：
    predict.append(H)
    if y[i] ! = H：
      e += D[i]
return np.array(predict)，e   # 返回预测结果和分类错误率 e
def createSigleBoostingTree(trainDataArr, trainLabelArr, D)：   # 返回单层的提升树
  m, n = np.shape(trainDataArr)   # 获得样本数目及特征数量
  sigleBoostTree = {}   # 单层树的字典，用于存放当前层提升树的参数
  sigleBoostTree['e'] = 1   # 误差率最高只能达到 100%，因此初始化为 1
  for i in range(n)：   # 对每一个特征进行遍历，寻找用于划分的最合适的特征
    for rule in ['LisOne', 'HisOne']：
      Gx, e = calc_e_Gx(trainDataArr, trainLabelArr, i, div, rule, D)
               # 按照第 i 个特征，以值 div 进行切割，进行当前设置得到的预测和分类错误率
      if e < sigleBoostTree['e']：
               # 如果分类错误率 e 小于当前最小的 e，那么将它作为最小的分类错误率保存
        sigleBoostTree['e'] = e   # 存储分类误差率、最优划分点、划分规则、预测结果、特征索引
        sigleBoostTree['div'] = div
        sigleBoostTree['rule'] = rule
```

```python
        sigleBoostTree['Gx'] = Gx
        sigleBoostTree['feature'] = i
    return sigleBoostTree
def createBosstingTree(trainDataList, trainLabelList, treeNum=50):    # 创建提升树
    trainDataArr = np.array(trainDataList)    # 将数据和标签转化为数组形式
    trainLabelArr = np.array(trainLabelList)

    finallpredict = [0] * len(trainLabelArr)    # 每增加一层后，预测结果的最终列表
    m, n = np.shape(trainDataArr)    # 获得训练集数量以及特征个数
    D = [1 / m] * m
    tree = []    # 初始化提升树列表，每个位置为一层
    for i in range(treeNum):    # 循环创建提升树
        curTree = createSigleBoostingTree(trainDataArr, trainLabelArr, D)    # 得到当前层的提升树
        alpha = 1 / 2 * np.log((1 - curTree['e']) / curTree['e'])
        Gx = curTree['Gx']    # 获得当前层的预测结果
        D = np.multiply(D, np.exp(-1 * alpha * np.multiply(trainLabelArr, Gx))) / sum(D)
                                    # D 是一个行向量，取代了式中的 wmi，然后 D 求和为 Zm
        curTree['alpha'] = alpha    # 在当前层参数中增加 alpha 参数，预测的时候需要用到
        tree.append(curTree)    # 将当前层添加到提升树索引中
        finallpredict += alpha * Gx    # 最终输出预测
        error = sum([1 for i in range(len(trainDataList)) if np.sign(finallpredict[i]) != trainLabelArr
[i]])    # 计算当前最终预测输出与实际标签之间的误差
        finallError = error / len(trainDataList)    # 计算当前最终误差率
        if finallError == 0:    # 如果误差为 0，提前退出即可
            return tree
    return tree    # 返回整个提升树
def predict(x, div, rule, feature):    # 输出单独层预测结果
    if rule == 'LisOne':    # 依据划分规则定义小于及大于划分点的标签
        L = 1
        H = -1
    else:
        L = -1
        H = 1
    if x[feature] < div:    # 判断预测结果
        return L
    else:
        return H
```

7.3　基于循环残差注意力网络的医学图像分割

医疗图像分割是医疗影像处理中的一个重点研究方向。医疗图像分割能够从医疗影像中有效分割出异常组织和结构，帮助定位病变组织和清晰化呈现组织结构，临床诊疗中可以辅助医生做出合适的治疗方案。为了解决传统基于 U-Net 网络的医疗图像分割算法分割细胞核数据出现细胞核粘连、训练时大量耗费时间和资源的问题，研究人员提出了基于循环残差注意力卷积神经网络（Recurrent Residual Attention Convolutional Neural Network RRA-CNN）的医学图像分割方法。RRA-CNN 网络集成了递归神经网络、残差网络、U-Net 网络，可以抑制由于神经网络层数增加所出现的梯度消失和梯度爆炸问题，从而提高分割准确率；通过堆叠注意力机制来提取图像的深度特征，同时可以提高训练效率，减少训练时间。利用 RRA-CNN网络对 dsb2018 肺部数据集分割很少出现细胞核粘连的情况，同时节省时间和计算资源，提高了分割模型的准确率和效率。

7.3.1　医学图像分割流程

1. 注意力机制

注意力机制类似人类感知过程，使用顶部信息来指导自下而上的前反馈过程，现已应用于深度神经网络和递归神经网络。注意力模块中每个注意掩码不仅可以在向前推导中用作特征选择器，还可以在反向传播中用作梯度更新器。本节采用的注意力网络是通过叠加多个注意力模块构建的，堆叠结构的增量性质可以细化对复杂图像的处理，随着深度加深，特征会变得更加清晰。本节引入注意力模块是为了给目标区域分配更大的权重，更好地提取输入特征。注意力模块内部结构如图 7.9 所示。第一步是下采样 g 层特征图经过卷积运算得到结果，和上采样上一层特征图经过卷积后的结果相加。第二步是经过 ReLU 再卷积运算。第三步是将第二步得到的结果经过 Sigmoid 激活函数得到注意力系数，该系数是 0到 1 之间的值，并且给目标区域分配更大的系数。采样 g 可以学到更多东西，得到的信息更准确，将其与 x^l 结合以后，同一点的像素值比没有结合下采样的更大，等于告诉了网络学习的重点，最后目标区域值接近 1，背景区域值趋于 0，从而实现图像分割。

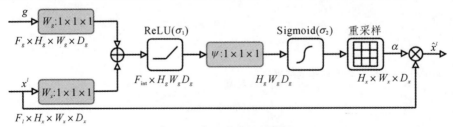

图 7.9　注意力模块结构图

2. 循环卷积模块

对高层语义特征采用反卷积预测得到的特征图会出现模糊现象，采用循环卷积神经网络处理具有序列特性的数据非常有效，能挖掘数据中的时序信息以及语义信息，通过时间迭代来增强空间分辨能力。循环卷积模块可以提取前一层的特征并结合当前层的输入对很长的序列进行处理，解决全连接层无法结合上下文去训练模型的问题，以及提取特征出现的模糊现象。

本节的循环卷积模块如图 7.10 所示，数据输入以后经过两层循环卷积和激活函数最终输出，在中间两层中，将每一层卷积模块和激活函数替换成了循环卷积模块和激活函数 ReLU。递归结构和模型可以从头开始训练，也可以从一个预先训练的非循环模型进行再训练，从而使循环卷积模块在不同的训练环境下非常灵活。通过循环张量的快速乘法，该模块可以大幅度减少卷积层的参数数量，大大节省计算成本。

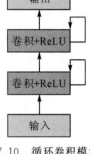

图 7.10　循环卷积模块图

3. 残差模块

残差网络可以解决训练过程中梯度消失和过拟合等问题，残差网络不再是不同层的堆叠映射而是残差映射。经典的残差网络是由残差块所构成的，如图 7.11 所示，$F(x)+x$ 可以通过跳跃连接的前馈神经网络来实现，通过跳跃一层或者多层来简单地执行身份映射，并且输出会累加到堆叠层的输出里。残差块定义的公式为

$$y = F(x, W_i) + x \tag{7.3}$$

其中，x 表示输入向量值，y 表示输出向量值，$F(x, W_i)$ 表示模型将要学习的残差映射。图中间层一共有两层，$F = W_2 \& (W_1 x)$，$\&$ 是 ReLU 激活函数。本节所采用的网络架构也使用了残差模块，如图 7.12 所示。经过两次卷积进入残差模块和直接进入残差模块形成了残差映射。

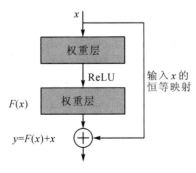

图 7.11　残差网络示意图

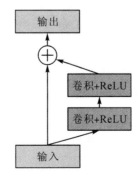

图 7.12　残差模块示意图

4. 循环残差注意力网络

  X线摄影、CT、MRI 这三种成像方式是目前医疗影像成像最主流的三种方式，随着医疗设备的发展，获取的医疗影像质量越来越高，但是医疗图像分割依旧存在分割准确率低、分割效率低等问题。在已有的图像分割网络中，更深的网络能取得更好的分割效果，但随着网络层数的加深，会出现梯度消失和梯度爆炸等问题，同时需要耗费大量资源。为此我们使用循环卷积神经网络，该神经网络结合了卷积网络和残差网络，可以在相同参数下获得更好的效果。为了进一步在解码前提取特征并且减少训练的时间，我们又在该网络的基础上加入了注意力机制，命名为循环残差注意力卷积神经网络，该网络架构如图 7.13 所示，采用 5 个循环卷积模块、4 个循环上采样模块和 4 个注意力模块进行图像特征提取，第一个循环卷积模块读取输入图像通道数为 64，卷积核经过后面 4 个循环卷积模块后通道数变为 1024。

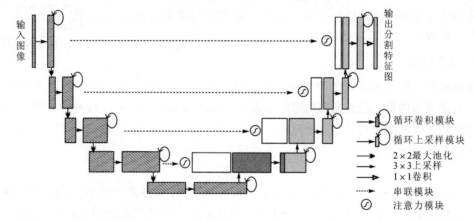

图 7.13 RRA-CNN 网络架构图

  循环残差注意力卷积神经网络 RRA-CNN 集合了深度残差模型、循环残差卷积神经网络和 U-Net 这三种深度学习模型的优势。循环残差注意力卷积神经网络每一层的输入数据经过循环卷积模块、残差模块和注意力模块，输出数据至下一层进行传递。其中残差模块中的循环卷积层（Recurrent Convolutional Layers，RCL）有助于开发更高效的深层模型，RCL 是根据离散时间步长执行的，离散时间步长由循环卷积神经网络（Recurrent Convolutional Neural Network，RCNN）表示。假设循环残差卷积神经网络 l^{th} 层的输入样本 x_i 和 RCL 中 k^{th} 特征映射上的输入样本位于 (i,j) 像素处，同时网络 $O_{ijk}^l(t)$ 的输出在时间步长 t 处，输出可表示为

$$O_{ijk}^l(t)=(w_k^f)^{\mathrm{T}}\times x_l^{f(i,j)}(t)+(w_k^r)^{\mathrm{T}}\times x_l^{r(i,j)}(t-1)+b_k \qquad (7.4)$$

其中，$x_l^{f(i,j)}(t)$ 和 $x_l^{r(i,j)}(t-1)$ 分别是标准卷积层和 l^{th} RCL 的输入，w_k^f 和 w_k^r 分别是标准层

和 k^{th} 特征映射的 RCL 权重，b_k 是偏差，RCL 的输出反馈至 ReLU 激活函数 F：

$$F(\boldsymbol{x}_l, \boldsymbol{w}_l) = f(O^l_{ijk}(t)) = \max(0, O^l_{ijk}(t)) \tag{7.5}$$

式中 $F(\boldsymbol{x}_l, \boldsymbol{w}_l)$ 表示的是输出 RCNN 单元的 l^{th} 层，$F(\boldsymbol{x}_l, \boldsymbol{w}_l)$ 的输出分别用于 RRA-CNN 模型的卷积编解码单元中的下采样层和上采样层，RRCNN 模块的输出 $\boldsymbol{x}_{l+1}$ 为

$$\boldsymbol{x}_{l+1} = \boldsymbol{x}_l + f(\boldsymbol{x}_l, \boldsymbol{w}_l) \tag{7.6}$$

其中，$\boldsymbol{x}_l$ 表示 RRCNN 模块的输入样本。在循环卷积神经网络 RRA-CNN 的编码和解码卷积单元中，单个样本 $\boldsymbol{x}_{l+1}$ 用于直接输入到后续的子采样或上采样层。

由于循环卷积网络增加了训练的层数，后一层的输入与前一层的输出有关，会增加训练的时间，因此综合考虑以后，本节设计了网络模型 RRA-CNN。如图 7.13 所示，每个解码模块包含卷积、激活处理和注意力模块。其中激活函数采用 ReLU 函数，ReLU 函数可以处理非线性问题并解决梯度消失问题。在解码阶段加入一个注意力模块，可以更好地提取特征，同时减少训练时间。

7.3.2 实验与分析

为了证明本节算法的优越性，我们采取实验组和对照组进行医疗图像分割。实验组分别采用了 R2U-Net 和 RRA-CNN 网络结构进行训练，R2U-Net 分割出的细胞核如图 7.14(b) 所示，RRA-CNN 分割出的细胞核如图 7.14(c) 所示，掩模图像如图 7.14(d) 所示。我们对每个网络选取六组相同的分割图像，如图 7.14(b) 所示，R2U-Net 未加注意力机制时，由于细胞核较密集，无法集中地分割细胞核，导致分割出的细胞核出现了大面积的细胞粘连现象。

注意力模块可以给细胞核分配更高的权重来实现更好的细胞核分割。如图 7.14(c) 所示，加了注意力机制以后的 RRA-CNN 很好地解决了细胞核粘连问题，分割出的细胞核更加清晰并且和掩模图像也较为相似，表明加入注意力机制以后取得了不错的效果。分别将图 7.14(b)、图 7.14(c) 与图 7.14(d) 进行对比，对于数据集掩模相同细胞核区域，R2U-Net 没有标记完全甚至是缺失了一部分，而 RRA-CNN 只出现了一点点掩模中未标记为细胞核区域的地方误标记为了细胞核区域，基本没有出现掩模中标记为细胞核的区域，而 RRA-CNN 没有分割出该标记区域的情况。

在实验中我们发现，Iou、Dice、Loss 和 Hd 四个指标在 100 轮训练之后开始趋于稳定，因此实验中统一采用 200 轮训练，得出 R2U-Net 和 RRA-CNN 的数据如表 7.1 所示。由表可知加入注意力机制可以减少训练的时长，R2U-Net 由于加入了循环神经模块和残差模块，网络结构更加复杂，训练时长会比原始的 U-Net 长，而 RRA-CNN 明显减少了相应的训练时长。

分割结果对比图

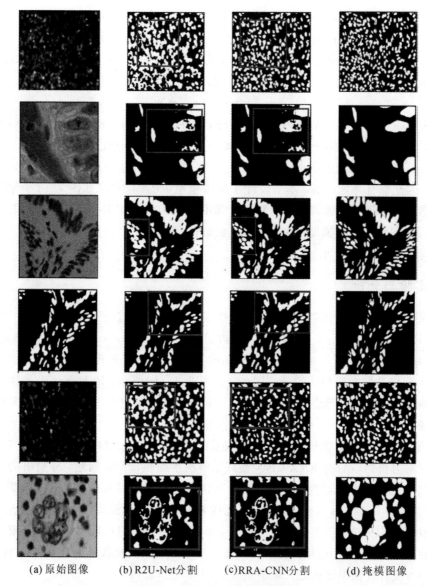

| (a) 原始图像 | (b) R2U-Net分割 | (c)RRA-CNN分割 | (d) 掩模图像 |

图 7.14 分割结果对比图

表 7.1 训 练 时 长 表

网络名称	时长/min
R2U-Net	1189.6
RRA-CNN	706.4

为了验证循环残差注意力网络的有效性，我们采用 Iou、Dice、Hd、Loss 指标进行定量分析。Iou 是图像分割的一个常用指标，表示分割出的物体和原物体的面积相似程度。假设 A 表示分割出物体的面积，B 表示原物体的面积，计算公式为

$$\text{Iou}(A, B) = \frac{A \bigcap B}{A \bigcup B} \tag{7.7}$$

如图 7.15 和表 7.2 所示，在 100 轮训练之后 Iou 指标趋于稳定，RRA-CNN 的 Iou 指标值明显高于 R2U-Net，且最后稳定于高 7 个百分点。

Dice 系数是医疗图像分割另一个常用的指标，表示集合样本相似度，它的值介于 0 到 1 之间，并且也是值越大表明模型分割出的图像越好。Dice 系数的计算如式 (7.8) 所示，A 代表预测值，B 代表真实值，A 和 B 的交集代表预测正确区域。

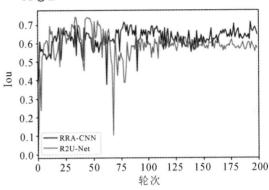

图 7.15　Iou 对比图

$$\text{Dice}(A, B) = \frac{2|A \bigcap B|}{|A| + |B|} \tag{7.8}$$

表 7.2　Iou 变化表

网络名称	50 轮	100 轮	150 轮	200 轮
R2U-Net	0.69	0.58	0.58	0.57
RRA-CNN	0.57	0.59	0.62	0.64

本节的两种网络分割出的图像在不同训练轮数下的 Dice 系数如图 7.16 和表 7.3 所示，稳定后 RRA-CNN 的 Dice 系数明显高于 R2U-Net，且高出 7 个百分点。

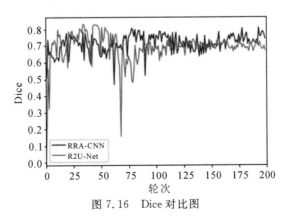

图 7.16　Dice 对比图

表 7.3　Dice 变化表

网络名称	50 轮	100 轮	150 轮	200 轮
R2U-Net	0.79	0.68	0.67	0.67
RRA-CNN	0.65	0.76	0.73	0.74

与 Dice 系数不同的是，Hd 系数对分割出图像的边界较为敏感，而 Dice 系数是对分割出图像的内部填充区域较为敏感，Hd 值越小越好。假设有两组集合 $A=\{a_1, a_2, \cdots, a_n\}$ 和 $B=\{b_1, b_2, \cdots, b_n\}$，计算公式如下：

$$H(A, B)=\max(h(A, B), h(B, A)) \tag{7.9}$$

其中，$h(A, B)=\max_{a \in A}\{\min_{b \in B} \| a-b \|\}$，$h(A, B)$ 和 $h(B, A)$ 分别指 A 集合到 B 集合和 B 集合到 A 集合的单向 Hausdorff 距离。$h(A, B)$ 首先对 A 集合中每个点 a_i 到距离此点最近的 B 集合中的 b_j 点之间距离排序，最后取该距离最大值作为 $h(A, B)$。表 7.4 是不同网络在不同训练轮数下的 Hd 系数。如图 7.17 所示，稳定后 RRA-CNN 的 Hd 系数明显低于 R2U-Net。

表 7.4　Hd 变化表

网络名称	50 轮	100 轮	150 轮	200 轮
R2U-Net	5.38	5.98	6.09	6.13
RRA-CNN	6.20	5.95	5.99	5.63

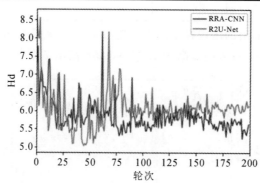

图 7.17　Hd 对比图

损失函数通常用来评价真实值和预测值之间的不一致情况，值越小越好，目前医疗图像分割中经常使用交叉熵损失函数。交叉熵损失函数首先检查每个像素并对每个像素进行类预测，然后对所有像素求平均值，进而更好地分割图像。本节网络采用多分类交叉熵损失函数 BCELoss，此损失函数不仅可以用于二分类，还可以用于多分类，并且已经有研究表明这个函数在多分类图像分割问题上有较好的效果。BCELoss 的计算公式为

$$\text{BCELoss} = -\frac{1}{N}\sum_{i=1}^{N}\left[y_i\log(p_i)+(1-y_i)\log(1-p_i)\right] \tag{7.10}$$

式中 N 是样本总数，y_i 是第 i 个样本的所属类别，p_i 是第 i 个样本的预测值。

如图 7.18 和表 7.5 所示，随着轮数的增加，RRA-CNN 与 R2U-Net 的 Loss 值越来越小，网络分割出的图像更加准确。

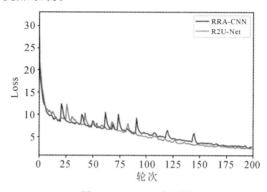

图 7.18　Loss 对比图

表 7.5　Loss 变化表

网络名称	50 轮	100 轮	150 轮	200 轮
R2U-Net	7.35	5.09	3.28	2.44
RRA-CNN	7.18	5.10	3.12	2.36

在 Iou、Dice、Hd、Loss 和时间 5 个参数上，RRA-CNN 相比于 R2U-Net 都有较好的提升效果。从实际分割出的医疗图像来看，RRA-CNN 分割出的细胞核比 R2U-Net 分割出的细胞核更加符合真实图像。由于注意力模块集合资源处理有用信息，因此大幅度减少了训练时间。同时堆叠注意力模块对图像深度特征收集更加出色，因此训练出的 RRA-CNN 网络在分割医疗图像时有更好的效果，减少分割时出现的细胞粘连现象。

7.4　哈达玛积和双尺度注意力门的医学图像分割网络

医学图像分割在现代医学领域中具有重要的应用价值，它可以帮助医生精确地定位和分析影像中的组织结构、病变区域以及器官边界，为临床诊断和治疗提供关键信息支持。但目前医学图像分割在分割准确性上仍存在大量问题，因此本节提出了一种基于哈达玛积

(The Hadamard Product)和双尺度注意力门的医学图像分割网络(DAU-Net)。首先，在编解码器第五层的结构中引入哈达玛积进行逐元素相乘，从而可以生成更具表征能力的特征表示；其次，在跳跃连接模块提出双尺度注意力门(Dual Scale Attention Gating, DSAG)，突出更具价值的特征，实现更加高效的跳跃连接；最后，在解码器特征结构上，聚合各个部分提供的特征信息。通过上采样操作实现解码，得到最终的分割结果。通过在两个公开数据集 Luna 和 isic2017 上进行实验，与 U-Net、U-Net＋＋、Attention-UNet 等经典分割模型相比，得出 DAU-Net 能够更高效地使用不同模块提取特征信息，具有更好的分割效果，同时也验证了该模型的有效性。

7.4.1 DAU-Net 网络

大多数改进模型的关注点都在跳跃连接策略上，却忽略了编码器头部高分辨率特征信息的丢失。为了解决这一问题，本节提出了一个将哈达玛积和双尺度注意力门结合的医学图像分割网络，即 DAU-Net，其主要贡献可概括如下：

（1）提出了一个全卷积医学图像分割模型(DAU-Net)。在编码器头部引入了一个 stem 模块用来提取图像的原始特征，以防顶层的跳跃连接而丢失掉过多的特征信息。在编解码器的最后一层运用哈达玛积运算，可将特征图的特征信息进行逐元素相乘，从而生成更具表征能力的特征表示，有助于改善不同层次语义信息的理解，提高分割的准确性。

（2）在解码器阶段，将上采样操作与提出的双尺度注意力门(DSAG)相结合。该模块主要运用逐点卷积和扩张卷积，再配置激活函数和批归一化处理，将这两种卷积连接起来，进行特征融合并进行信息传递。最后再通过一个投票机制的卷积筛选出更具价值的特征，提高了模型的性能和适用性。

（3）使用 CT 图像中肺部分割和皮肤病变分割两个不同的数据集进行实验分析，实验结果表明，本节提出的 DAU-Net 模型在 Iou 和 Dice 系数等方面都优于之前的 SOTA 分割模型，有更好的分割性能和更高的准确性。

本节提出的 DAU-Net 的网络架构如图 7.19 所示，它与 U-Net 有着相似的编解码器结构，从上到下一共由五层组成，分为编码器和具有跳跃连接的解码器两个阶段。网络通道数 C1～C5 分别设置为 32、64、128、256、512。在编码器阶段，通过构建卷积神经网络来提取医学图像的语义特征信息，并用卷积块来扩展通道数。在解码器阶段，将双尺度注意力门提取的特征与解码器的上采样特征相融合，实现了对医学图像的全局语义信息采集并准确分割。

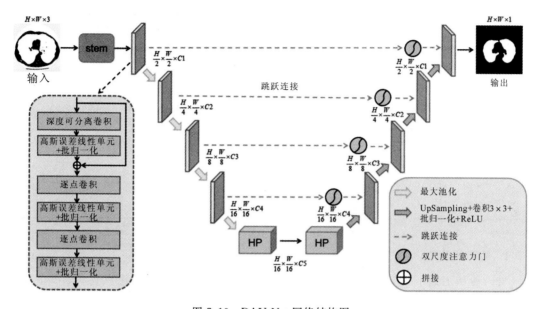

图 7.19　DAU-Net 网络结构图

使用 PyTorch 框架对 DAU-Net 网络结构进行实现，关键代码如下：

```
classDAUNet(nn. Module)：
    def __init__(self, input_channel＝3, num_classes＝1, dims＝[32, 64, 128, 256, 512], depths＝[1,
1, 1, 3, 1], kernels＝[3, 3, 7, 7, 7])：
        super(DAUNet, self).__init__()
        ♯ 编码器
        self. Maxpool ＝ nn. MaxPool2d(kernel_size＝2, stride＝2)
        self. stem ＝ conv_block(ch_in＝input_channel, ch_out＝dims[0])
        self. encoder1 ＝ DAUNetBlock(ch_in＝dims[0], ch_out＝dims[0], depth＝depths[0], k＝kernels[0])
        self. encoder2 ＝ DAUNetBlock(ch_in＝dims[0], ch_out＝dims[1], depth＝depths[1], k＝kernels[1])
        self. encoder3 ＝ DAUNetBlock(ch_in＝dims[1], ch_out＝dims[2], depth＝depths[2], k＝kernels[2])
        self. encoder4 ＝ DAUNetBlock(ch_in＝dims[2], ch_out＝dims[3], depth＝depths[3], k＝kernels[3])
        self. encoder5 ＝ Hadamard_Product(ch_in＝dims[3], ch_out＝dims[4])
        ♯ 解码器
        self. Up5 ＝ Hadamard_Product(ch_in＝dims[4], ch_out＝dims[3])
        self. Up_conv5 ＝ fusion_conv(ch_in＝dims[3] * 2, ch_out＝dims[3])
        self. Up4 ＝ up_conv(ch_in＝dims[3], ch_out＝dims[2])
        self. Up_conv4 ＝ fusion_conv(ch_in＝dims[2] * 2, ch_out＝dims[2])
```

```
self. Up3 = up_conv(ch_in=dims[2], ch_out=dims[1])
self. Up_conv3 = fusion_conv(ch_in=dims[1] * 2, ch_out=dims[1])
self. Up2 = up_conv(ch_in=dims[1], ch_out=dims[0])
self. Up_conv2 = fusion_conv(ch_in=dims[0] * 2, ch_out=dims[0])
self. Conv_1x1 = nn. Conv2d(dims[0], num_classes, kernel_size=1, stride=1, padding=0)
self. sigmoid = nn. Sigmoid()
self. msag4 = DSAG(256)
self. msag3 = DSAG(128)
self. msag2 = DSAG(64)
self. msag1 = DSAG(32)
```

1. 编码器阶段

编码器从上到下一共由五层组成。前四层由深度可分离卷积和逐点卷积、激活函数（GELU）、批归一化和下采样操作组成；第五层时，我们在卷积块中引入了哈达玛积算法，除此之外，我们还在输入图像之后加入了一个 stem 模块用来提取输入图像的原始特征。为了避免顶层的跳跃连接不一致而丢失重要的语义特征信息，我们设置了两个普通的卷积块，分别由一个卷积核大小为 3×3、步幅为 1、填充为 1 的卷积层，一个批处理归一化层和一个 ReLU 激活函数构成。

在编码器部分卷积块的主要组成部分是深度可分离卷积和逐点卷积。与普通卷积相比，深度可分离卷积可以有效降低对内存的需求，并减少卷积操作的计算量。同时，使用较大卷积核的深度卷积来提取每个通道的全局信息，然后进行残差连接。为了充分融合空间和通道信息，我们在深度可分离卷积之后应用了两个逐点卷积，并将两个逐点卷积层之间的隐藏维度设置为输入维度的四倍宽。扩展后的隐藏维度可以更充分全面地混合深度卷积提取的全局空间维度信息。此外，我们在每个卷积之后使用 GELU 激活函数和批处理归一化范数层。编码器部分的卷积块可定义为

$$f'_t = \text{BN}(\sigma_1\{\text{DepthwiseConv}(f_{t-1})\}) + f_{t-1} \tag{7.11}$$

$$f''_t = \text{BN}(\sigma_1\{\text{PointwiseConv}(f'_t)\}) \tag{7.12}$$

$$f_t = \text{BN}(\sigma_1\{\text{PointwiseConv}(f''_t)\}) \tag{7.13}$$

其中，f_t 表示 stem 模块中第一层的输出特征，σ_1 表示 GELU 激活函数，BN 表示批处理归一化层。

2. 哈达玛积

在深度卷积神经网络中，哈达玛积可将不同层次或通道的特征图进行融合。通过两个具有相同维度的特征图 A 和 B 的对应元素相乘，进行逐元素融合，可以将两个特征图的相

关信息结合。我们在编码器和解码器的第五层结构中使用了哈达玛积算法，从而生成更具表征能力的特征表示，有助于改善对不同层次和语义信息的理解，提高分割的准确性。哈达玛积操作的数学表达式为

$$C = A \odot B \tag{7.14}$$

其中，C 是一个新的张量，与 A 和 B 具有相同的形状。C 的每个元素都是 A 和 B 中相应位置元素的乘积，即 C 的第 i 行、第 j 列的元素等于 A 和 B 中第 i 行、第 j 列的元素的乘积。

在该卷积块中，给定一个输入 x 和一个随机初始化可学张量 p，利用双线性插值来调整 p 的大小以匹配 x 的大小。然后，我们在 p 上使用深度可分离卷积，再在 x 和 p 之间进行哈达玛积运算来获得输出。随后，在我们提出双尺度注意力门后，通过对来自不同尺度或分辨率的图像进行哈达玛积操作，实现对图像中在不同尺度下变化的对象的处理，提高了该模型的鲁棒性。

3. 双尺度注意力门

解码器阶段也从上到下一共由五层组成，每层包括一个跳跃连接模块和上采样模块，中间由双尺度注意力门（DSAG）连接，如图 7.20 所示。在 DSAG 中，为了自适应选择不同分辨率的语义特征，我们用一个逐点卷积和一个扩张卷积来提取具有不同感受野的语义特征。其中逐点卷积主要用来降低特征的维度，扩张卷积用来扩大感受野和捕获更多的上下文信息。每个卷积都配有一个 GELU 函数和批处理归一化层，用来进行特征融合和信息传递。将这两种卷积连接起来，生成大小相同的特征图，随后将输出的特征映射连接起来，并通过一个具有投票机制的卷积块选择出最具有价值的特征和 Sigmoid 激活函数，将输出控制在 0～1 之间。该模块可定义为

$$f_{\text{Concat}} = \text{Concat}(\text{BN}\{\sigma_2\{\text{PointwiseConv}(f)\}\}, \text{BN}\{\sigma_2\{\text{DilationConv}(f)\}\}) \tag{7.15}$$

$$f_{\text{m}} = f \times \sigma_3(\text{VoteConv}(f_{\text{Concat}})) + f \tag{7.16}$$

其中，f_{Concat} 表示将特征连接，f_{m} 来自 DSAG 的输出特征，f 代表编码特征，σ_2 和 σ_3 分别表示 GELU 和 Sigmoid 激活。

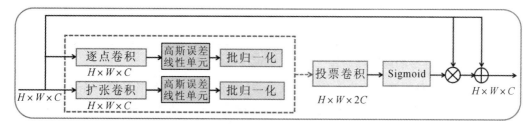

图 7.20 双尺度注意力门

DSAG 的核心代码如下：

```
classDSAG(nn. Module):
    def __init__(self, channel):
        super(DSAG, self).__init__()
        self.channel = channel
        self.pointwiseConv = nn.Sequential(
            nn.Conv2d(self.channel, self.channel, kernel_size=1, padding=0, bias=True),
            nn.GELU(),
            nn.BatchNorm2d(self.channel),
        )
        self.dilationConv = nn.Sequential(
            nn.Conv2d(self.channel, self.channel, kernel_size=3, padding=2, stride=1, dilation=2,
            bias=True),
            nn.GELU(),
            nn.BatchNorm2d(self.channel),
        )
        self.voteConv = nn.Sequential(
            nn.Conv2d(self.channel * 2, self.channel, kernel_size=(1, 1)),
            nn.BatchNorm2d(self.channel),
            nn.Sigmoid()
        )
    def forward(self, x):
        x1 = self.pointwiseConv(x)
        x2 = self.dilationConv(x)
        _x = torch.cat((x1, x2), dim=1)
        _x = self.voteConv(_x)
        x = x + x * _x
        return x
```

4. 具有跳跃连接的解码器阶段

如前所述，解码器部分一共由五层组成，每一层包括一个跳跃连接和一个上采样模块。传统的跳跃连接大多使用普通卷积操作进行特征融合，而在我们的编码器部分，设置了一个分组为 2 的群卷积，分别对跳跃连接和上采样操作取得的特征进行逐个提取，该卷积的卷积核大小设置为 3×3，步长为 1，填充为 1。为了将提取的特征充分融合，我们在群卷积后合并了两个反向逐点卷积，该部分将融合前的特征自适应地分配给群卷积并做了大量的特征融合，每个卷积后面有一个 GELU 激活函数和 BatchNorm 层，具体定义如下：

$$f_n = \text{Concat}(\text{BN}\{\text{OridinaryConv}(f_\epsilon)\}, \text{BN}\{\text{OridinaryConv}(f_\eta)\}) \qquad (7.17)$$

$$f_x = \text{BN}(\sigma_1\{\text{PointwiseConv}(f_n)\}) \qquad (7.18)$$

$$f'_x = \text{BN}(\sigma_1\{\text{PointwiseConv}(f_x)\}) \qquad (7.19)$$

最终，f'_x 表示在解码器中的输出融合特征图，而 f_ϵ 和 f_η 分别表示跳跃连接和上采样操作取得的特征。这一系列操作的目的是将提取的特征进行融合，以产生具有丰富信息的特征表示，有利于模型在任务中取得更好的性能。

7.4.2 实验与分析

1. 实验环境与参数配置

本节实验采用的编程语言为 Python 3.8，深度学习框架采用 PyTorch 1.7，CUDA 版本 11.1。计算机处理器为 Intel Xeon Platinum 8255C，显卡为英伟达 RTX 2080Ti 独立显卡，内存为 40 GB，训练和测试均在 Linux 操作系统上进行。在训练过程中，我们采用二元交叉熵损失函数(Binary Cross Entropy Loss，BCELoss)，批处理大小 Batch size 设置为 4，网络训练过程中迭代次数 epoch 设置为 200 次。

2. 数据集

为验证模型的有效性，采用两个不同类型医学领域公开数据集，分别为 CT 图像中肺部分割和皮肤病变分割。CT 图像中肺部分割数据集 Luna 来自 2017 年 Kaggle 肺结节分析竞赛，在肺部数据 Luna 数据集中，共包含了 267 张图像，其中 213 张图像作为训练集，54 张图像作为测试集。皮肤病变分割数据集 ISIC2017 由国际皮肤成像合作组织(ISIC)提供，ISIC 2017 数据集共有三组：训练集(2000 张图像)、验证集(150 张图像)和测试集(600 张图像)。这些数据集中的掩模图像的地面真实值是使用各种技术生成的。所有的数据都是由具有皮肤镜检查专业知识的执业皮肤科医生审查和组织的，因此是准确和可靠的。

3. 评价指标

实验主要由交并比(Iou)、Dice 相似系数、Hd 系数、交叉熵损失函数综合评价不同模型的性能。Iou 表示分割出的物体和原物体的面积相似程度，Dice 系数衡量两个集合相似度指标，取值范围均为[0，1]。在式(7.20)和(7.21)中，A 为预测结果，B 为真实标签值，指标的值越大，与实际结果的相似度越高，则分割结果越好。Hd 是描述两组点集之间相似程度的一种量度，表示分割结果与标注结果两个点集之间最短距离的最大值，度量二者的最大不匹配程度。在式(7.22)中，$h(A, B)$ 和 $h(B, A)$ 分别是 A 集合到 B 集合和 B 集合到 A 集合的单向 Hausdorff 距离。首先对 A 集合中每个点 a_i 到距离此点最近的 B 集合中 b_j 点之间的距离排序，然后取该距离最大值作为 $h(A, B)$，值越小表示分割结果和标注结果越接近。BCELoss 在多分类图像分割问题上有较好的效果。在式(7.23)中，N 是医疗图像样本总数，y_i 是第 i 个样本的所属类别，p_i 是第 i 个样本的预测值，损失值越小表示模型分割结果和真实标注结果越接近。

$$\mathrm{Iou}(A,\ B) = \frac{A \bigcap B}{A \bigcup B} \tag{7.20}$$

$$\mathrm{Dice} = \frac{2|A \bigcap B|}{|A| + |B|} \tag{7.21}$$

$$H(A,\ B) = \max(h(A,\ B),\ h(B,\ A)) \tag{7.22}$$

$$\mathrm{BCELoss} = -\frac{1}{N}\sum_{i=1}^{N}\left[y_i\log(p_i) + (1 - y_i)\log(1 - p_i)\right] \tag{7.23}$$

4. 实验结果及分析

为验证本节提出的医学图像分割模型在肺部图像分割数据集 Luna 上的性能优势，将其与其他几种经典医学图像分割模型进行比较，包括 U-Net、U-Net＋＋、Attention U-Net、Ce-Net、UNeXt 和 CMUNeXt。表 7.6 为不同模型在肺部图像数据集 Luna 和 ISIC2017 数据集上的数据比较。

表 7.6　DAU-Net 在 Luna 和 ISIC2017 数据集上的实验数据比较

数据集	模型	Iou↑	Dice↑	Hd↓	Loss↓
Luna	U-Net	0.9289	0.9596	6.2947	1.3591
	U-Net＋＋	0.9338	0.9624	6.2583	0.9349
	Attention-UNet	0.9367	0.9675	6.2075	1.2833
	Ce-Net	0.9364	0.9672	6.2092	0.5307
	UNeXt	0.9426	0.9680	6.1321	0.8008
	CMUNeXt	0.9491	0.9703	6.1781	0.8216
	DAU-Net	**0.9546**	**0.9736**	**5.8735**	**0.4634**
ISIC2017	U-Net	0.7929	0.8395	6.7048	2.9444
	U-Net＋＋	0.8031	0.8749	4.7052	3.2741
	Attention-UNet	0.8172	0.8899	5.7462	2.7436
	Ce-Net	0.8105	0.8863	5.7083	1.8351
	UNeXt	0.8266	0.8885	4.7328	1.7669
	CMUNeXt	0.8305	0.8901	4.6858	1.0463
	DAU-Net	**0.8336**	**0.8922**	**4.6569**	**0.7296**

智能图像处理

由表 7.6 的实验结果可以看出，本节提出的 DAU-Net 模型在 Luna 和 ISIC2017 数据集上对比其他模型在 Iou、Dice、Hd 和 Loss 四个指标上有更优的效果。在基础网络 U-Net 中，使用的卷积操作为局部运算，没有更大的感受野，不能充分挖掘到足够的上下文信息，所以会出现语义信息丢失的情况，在后续网络的改进中，效果有了明显的提升。相比之下，我们的模型表现出更好的性能，在 Luna 数据集中，DAU-Net 相较于 CMUNeXt 网络来说，Iou 和 Dice 分别提高了 0.55% 和 0.33%，同时将 Loss 降低了 0.3582。对于 ISIC2017 数据集，我们提出的模型也有着更好的性能。图 7.21 展示了一些分割结果。

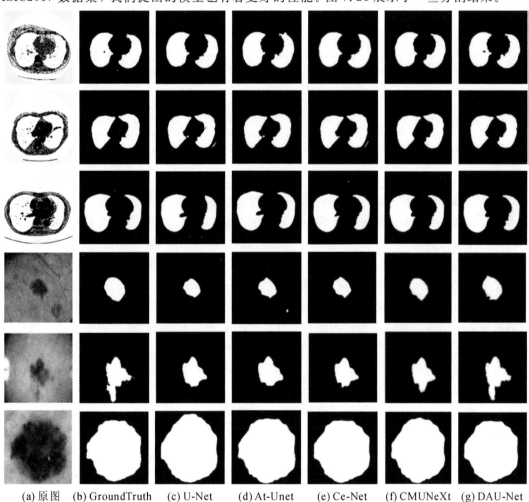

(a) 原图　(b) GroundTruth　(c) U-Net　(d) At-Unet　(e) Ce-Net　(f) CMUNeXt　(g) DAU-Net

图 7.21　Luna 和 ISIC2017 数据集的部分分割结果展示

5．消融实验

为验证该实验模型多个模块的有效性，在 U-Net 网络基础上对 stem、哈达玛积、双尺度注意力门模块进行消融实验。消融实验在 Luna 数据集上进行，结果如表 7.7 所示。

表 7.7　消融实验结果

模　型	Iou↑	Dice↑	Hd↓	Loss↓
U-Net	0.9289	0.9596	6.2947	1.3591
U-Net＋stem	0.9357	0.9643	6.2140	1.3095
U-Net＋hp	0.9346	0.9625	6.2142	1.3142
U-Net＋DSAG	0.9399	0.9683	6.0479	1.2947
U-Net＋hp＋DSAG	0.9468	0.9698	6.1943	1.0439
U-Net＋stem＋DSAG	0.9519	0.9716	5.9837	0.8046
U-Net＋stem＋hp＋DSAG	**0.9546**	**0.9736**	**5.8735**	**0.4634**

从消融实验的数据可以看出，在 U-Net 网络上仅加入 stem 和 hp 模块时，网络的分割性能有较小的提升。由于在增强网络特征提取的时候，提取出的信息没有被充分利用，所以网络的性能没有得到特别大的提升。当加入 DSAG 模块的时候，在扩大感受野的同时将提取的信息进行特征增强，筛选出更具有价值的特征，可以看到模型在 Iou 值上相比 U-Net 提高了 1.1%，说明该模块在网络中起到了一定的积极影响。将 stem 和 hp 模块与 DSAG 融合时，从实验结果中也可以看到网络的性能有明显的提升。当所有的模块加在一起的时候，stem 模块可以降低输入图像特征信息的损失，hp 模块生成更具表征能力的特征表示，用来改善对不同层次和语义信息的理解。最后经过 DSAG 模块时，将来自不同尺度的上下文信息进行特征融合，在提取到足够的特征后发挥注意力机制的性能，增强目标特征。从实验结果来看，相比于 U-Net 网络，Iou 和 Dice 系数分别提高了 2.57% 和 1.4%，说明了我们提出的模型有更好的分割效果和更优的性能。

本节提出了 DSAG 模块将逐点卷积和扩张卷积组合，在不扩大特征维度的同时增大感受野，使其捕获到更多的上下文信息并实现特征映射的融合，从而提高特征的表达能力。除此之外，在编解码器部分引入 stem 模块和哈达玛积算法与卷积相结合，避免丢失掉更多的特征信息，同时生成更具表征能力的特征表示，有助于处理图像在不同尺度下的变化。在此基础上，本节提出了 DAU-Net，并通过实验表明此模型可以高效地提取特征信息，更准确地定位和分割医学图像中的结构和病变区域，表现出较好的性能，同时也能够适用不同的场景。后续还可以进一步优化 DAU-Net 模型，使其适应更多的医疗分割任务。

智能图像处理

本 章 小 结

本章首先介绍了图像分割算法，用于将图像分成若干个特定的区域，并提取出感兴趣的对象。其次，总结了基于数据挖掘方法和深度学习方法的图像分割。在分析当前图像分割领域的发展趋势的基础上，提出了基于 Gabor 滤波的人脸图像分割方法，结合 Adaboost 算法和 Gabor 纹理分析算法对人脸图像进行分割，有效降低了人脸图像分割的误检率。最后，提出了基于循环残差注意力网络的医学图像分割算法及哈达玛积和双尺度注意力门的医学图像分割网络，提高了分割模型的准确率和效率。

参考文献及扩展阅读

[1] LI H A, LIU M, FAN J W, et al. Biomedical image segmentation algorithm based on dense atrous convolution[J]. Mathematical Biosciences and Engineering, 2024, 21(3): 4351-4369. DOI: 10.3934/mbe.2024192.

[2] 李洪安, 刘曼, 范江稳. 基于深度学习的图像智能分割软件 V1.0[CP]. 计算机软件著作权, 中华人民共和国国家版权局, 2023 年 9 月 18 日, 登记号: 2023SR1096063.

[3] ZHANG X Y, HE M M, LI H A. Dau-net: a medical image segmentation network combining the hadamard product and dual scale attention gate[J]. Mathematical Biosciences and Engineering, 2024, 21(2): 2753-2767. DOI: 10.3934/mbe.2024122.

[4] LI H A, FAN J W, HUA Q Z, et al. Biomedical sensor image segmentation algorithm based on improved fully convolutional network measurement[J]. Measurement, 2022, 197: 111307. DOI: 10.1016/j.measurement.2022.111307.

[5] LI H A, ZHANG M, YU K P, et al. A displacement estimated method for real time tissue ultrasound elastography[J]. Mobile Networks and Applications, 2021, 26(3): 1-10. DOI: 10.1007/s11036-021-01735-3.

[6] LI H A, FAN J W, ZHANG J, et al. Facial image segmentation based on gabor filter[J]. Mathematical Problems in Engineering, 2021, 2021(1): 6620742. DOI: 10.1155/2021/6620742.

[7] 周莉莉, 姜枫. 图像分割方法综述研究[J]. 计算机应用研究, 2017, 34(7): 1921-1928. DOI: 10.3969/j.issn.1001-3695.2017.07.001.

[8] 魏志成, 周激流, 吕航, 等. 一种新的图象分割自适应算法的研究[J]. 中国图象图形学报, 2000, 18(05): 216-220. DOI: 10.3969/j.issn.1006-8961.2000.03.008.

[9] 姜枫, 顾庆, 郝慧珍, 等. 基于内容的图像分割方法综述[J]. 软件学报, 2017, 28(1): 160-183. DOI: 10.13328/j.cnki.jos.005136.

[10] REN, MALIK. Learning a classification model for segmentation[C]. In Proceedings ninth IEEE international conference on computer vision, 2003, 1: 10-17. DOI: 10.1109/ICCV.2003.1238308.

[11] 宋熙煜,周利莉,李中国,等. 图像分割中的超像素方法研究综述[J]. 中国图象图形学报,2015,20(05):599-608. DOI:10. 11834/jig. 20150502.

[12] MAULDIN M L. Chatterbots,tinymuds and the turfing test:entering the loebner prize competition [C]. The Twelfth National Conference on Artificial Intelligence,1994,94:16-21.

[13] 白琼,黄玲,陈佳楠,等. 面向大规模图像分类的深度卷积神经网络优化[J]. 软件学报,2018,29(4):1029-1038. DOI:10. 13328/j. cnki. jos. 005404.

[14] TAN T,QIAN Y,HU H,et al. Adaptive very deep convolutional residual networkfor noise robust speech recognition[J]. IEEE/ACM Transactions on Audio,Speech,and Language Processing,2018,26(8):1393-1405. DOI:10. 1109/TASLP. 2018. 2825432.

[15] 范正光,屈丹,闫红刚,等. 基于深层神经网络的多特征关联声学建模方法[J]. 计算机研究与发展,2017,54(5):1036-1044. DOI:10. 7544/issn1000-1239. 2017. 20160031.

[16] LI H A,ZHANG M,YU Z H,et al. An improved pix2pix model based on gabor filter for robust color image rendering[J]. Mathematical Biosciences and Engineering,2022,19(1):86-101. DOI:10. 3934/mbe. 2022004.

[17] 徐晓艳. 人脸识别技术综述[J]. 电子测试,2015(10):30-35,45. DOI:10. 16520/j. cnki. 1000-8519. 2015. 09. 012.

[18] 尹艳鹏,周颖,曾丹,等. 基于多特征融合条件随机场的人脸图像分割[J]. 电子测量技术,2015(6):54-59. DOI:10. 3969/j. issn. 1002-7300. 2015. 06. 014.

[19] WU X,ZHAO J,WANG H. Face segmentation based on level set and improved DBM prior shape [J]. Progress in Artificial Intelligence,2019(8):1-13. DOI:10. 1007/s13748-018-00169-5.

[20] WAZARKAR S,KESHAVAMURTHY B N,HUSSAIN A. Region-based segmentation of social images using soft KNN algorithm[J]. Procedia Computer Science,2018,125:93-98. DOI:10. 1016/j. procs. 2017. 12. 014.

[21] 刘威,刘尚,白润才,等. 互学习神经网络训练方法研究[J]. 计算机学报,2017,40(6):1291-1308. DOI:10. 11897/SP. J. 1016. 2017. 01291.

[22] YING Z,LI B,LU H,et al. Sample-specific SVM learning for person re-identification[C]. IEEE Conference on Computer Vision & Pattern Recognition. 2016:1278-1287. DOI:10. 1109/CVPR. 2016. 143.

[23] 曹家梓,宋爱国. 基于马尔可夫随机场的纹理图像分割方法研究[J]. 仪器仪表学报,2015,36(4):776-786. DOI:CNKI:SUN:YQXB. 0. 2015-04-008.

[24] IXARU L G,BERGHE G V,MEYER H D. Exponentially fitted variable two-step BDF algorithm for first order ODEs[J]. Computer Physics Communications,2003,150(2):116-128. DOI:10. 1016/S0010-4655(02)00676-8.

[25] 明悦. 基于不变性特征的三维人脸识别研究[D]. 北京:北京交通大学,2013.

[26] 曾照华,张永梅. 基于 OpenGL 的三维人脸标准模型[J]. 机械工程与自动化,2007(4):34-36. DOI:10. 3969/j. issn. 1672-6413. 2007. 04. 012.

[27] 梁路宏,艾海舟. 基于多模板匹配的单人脸检测[J]. 中国图象图形学报,1999,4(10):825-830. DOI:10. 11834/jig. 1999010197.

[28] ZHU J,ZOU H,ROSSET S,et al. Multi-class adaboost[J]. Statistics & Its Interface,2006,2(3):349-360. DOI:10.4310/SII.2009.v2.n3.a8.

[29] 杨宏雨,余磊,王森. 基于 Gabor 纹理特征的人脸识别方法[J]. 计算机应用研究,2011,28(10):3974-3976. DOI:10.3969/j.issn.1001-3695.2011.10.103.

[30] LI H A,ZHENG Q X,YAN W J,et al. Image super-resolution reconstruction for secure data transmission in internet of things environment[J]. Mathematical Biosciences and Engineering,2021,18(5):6652-6671. DOI:10.3934/mbe.2021330.

[31] 李伟,何鹏举,杨恒,等. 基于双阈值运动区域分割的 AdaBoost 行人检测算法[J]. 计算机应用研究,2012,29(009):3571-3574. DOI:10.3969/j.issn.1001-3695.2012.09.099.

[32] 豪汪,邦宁吉,刚何,等. 一种提高直肠癌诊断精度的基于 U 型网络和残差块的电子计算机断层扫描图像分割算法[J]. 生物医学工程学杂志,2022,39(1):166-174. DOI:10.7507/1001-5515.201910027.

[33] 戴光智,孙宏伟,杨欧. 超声成像检测中图像分辨率问题研究[J]. 电脑知识与技术,2010,6(21):5937-5939. DOI:10.3969/j.issn.1009-3044.2010.21.115.

[34] SALAMA W M,SHOKRY A. A novel framework for brain tumor detection based on convolutional variational generative models[J]. Multimedia Tools and Applications,2022,81(12):16441-16454. DOI:10.1007/s11042-022-12362-9.

[35] SULTANA S,ROBINSON A,SONG D Y,et al. Automatic multi-organ segmentation in computed tomography images using hierarchical convolutional neural network[J]. Journal of Medical Imaging,2020,7(5):055001. DOI:10.1117/1.JMI.7.5.055001.

[36] VIPIN V,JUSTIN J,VIPIN M D,et al. DTP-Net:a convolutional neural network model to predict threshold for localizing the lesions on dermatological macro-images[J]. Computers in Biology and Medicine,2022,148:105852. DOI:10.1016/j.compbiomed.2022.105852.

[37] PUJAR J H,GURJAL P S,KUNNUR K S. Medical image segmentation based on vigorous smoothing and edge detection ideology[J]. International Journal of Electrical and Computer Engineering,2010,4(8):1143-1149. DOI:10.1016/j.tree.2004.07.004.

[38] BHARGAVI K,JYOTHI S. A survey on threshold based segmentation technique in image processing[J]. International Journal of Innovative Research and Development,2014,3(12):234-239.

[39] JEMIMMA T A,VETHARAJ Y J. Watershed algorithm based DAPP features for brain tumor segmentation and classification[C]. 2018 International Conference on Smart Systems and Inventive Technology (ICSSIT). IEEE,2018:155-158. DOI:10.1109/ICSSIT.2018.8748436.

[40] MADHUKUMAR S,SANTHIYAKUMARI N. Evaluation of k-means and fuzzy c-means segmentation on MR images of brain[J]. The Egyptian Journal of Radiology and Nuclear Medicine,2015,46(2):475-479. DOI:10.1016/j.ejrnm.2015.02.008.

[41] 郑洲,张学昌,郑四鸣,等. 基于区域增长与统一化水平集的 CT 肝脏图像分割[J]. 浙江大学学报（工学版）,2018,52(12):2382-2396. DOI:10.3785/j.issn.1008-973X.2018.12.017.

[42] 钱宝鑫,肖志勇,宋威. 改进的卷积神经网络在肺部图像上的分割应用[J]. 计算机科学与探索,2020,14(8):1673-9418. DOI:10.3778/j.issn.1673-9418.2001042.

[43]　金燕,薛智中,姜智伟. 基于循环残差卷积神经网络的医学图像分割算法[J]. 计算机辅助设计与图形学学报,2022,34(8):1205-1215. DOI:10.3724/SP. J. 1089. 2022. 19153.

[44]　AMJAD R,MAJID H,FARZANEH Z, et al. Detection of lung tumors in CT scan images using convolutional neural networks [J]. IEEE/ACM transactions on computational biology and bioinformatics,2023,21(4):769-777. DOI:10.1109/TCBB. 2023. 3315303.

[45]　LONG J,SHELHAMER E,DARRELL T. Fully convolutional networks for semantic segmentation [C]. Proceedings of the IEEE conference on computer vision and pattern recognition. 2015:3431-3440. DOI:10.1109/CVPR. 2015. 7298965.

[46]　RONNEBERGER O,FISCHER P,BROX T. U-net:convolutional networks for biomedical image segmentation[C]. Medical Image Computing and Computer-Assisted Intervention – MICCAI 2015: 18th International Conference,2015:234-241. DOI:10.1007/978-3-319-24574-4_28.

[47]　OKTAY O, SCHLEMPER J, FOLGOC L L, et al. Attention U-Net:learning where to look for the pancreas [EB/OL]. arXiv, (2018-04-11) [2025-01-12]. https://arxiv. org/abs/1804. 03999.

[48]　ZHOU Z,SIDDIQUEE M M R,TAJBAKHSH N,et al. Unet++:redesigning skip connections to exploit multiscale features in image segmentation[J]. IEEE transactions on medical imaging,2019,39 (6):1856-1867. DOI:10.1109/TMI. 2019. 2959609.

[49]　HUANG H,LIN L, TONG R, et al. Unet 3 +: a full-scale connected unet for medical image segmentation [C]. IEEE International Conference on Acoustics,Speech and Signal Processing,2020: 1055-1059. DOI:10.1109/ICASSP40776. 2020. 9053405.

[50]　HE K,ZHANG X,REN S,et al. Deep residual learning for image recognition[C]. Proceedings of the IEEE conference on computer vision and pattern recognition. 2016:770-778. DOI:10.1109/CVPR. 2016. 90.

[51]　ALOM M Z, HASAN M, YAKOPCIC C, et al. Recurrent residual convolutional neural network based on U-Net (R2U-Net) for medical image segmentation [EB/OL]. arXiv preprint arXiv:1802. 06955, (2018-02-20) [2025-01-12]. https://arxiv. org/abs/1802. 06955.

[52]　CHEN J, LU Y, YU Q, et al. TransUNet:transformers make strong encoders for medical image segmentation [EB/OL]. arXiv preprint arXiv:2102. 04306, (2018-02-08) [2025-01-12]. https:// arxiv. org/abs/2102. 04306.

[53]　RUAN J, XIE M, GAO J, et al. Eeg-unet:an efficient group enhanced unet for skin lesion segmentation[C]. International Conference on Medical Image Computing and Computer-Assisted Intervention. Cham,2023:481-490. DOI:10.1007/978-3-031-43901-8_46.

[54]　VALANARASU J M J,PATEL V M. Unext:mlp-based rapid medical image segmentation network [C]. International Conference on Medical Image Computing and Computer-Assisted Intervention. Cham,2022:23-33. DOI:10.1007/978-3-031-16443-9_3.

[55]　TANG F,DING J,WANG L,et al. Cmunext:an efficient medical image segmentation network based on large kernel and skip fusion [C]. 2024 IEEE International Symposium on Biomedical Imaging (ISBI),2024:1-5. DOI:10.1109/ISBI56570. 2024. 10635609.

第8章 图像修复

图像修复旨在修复受到损坏的图像，使之达到最理想的效果。随着深度学习和智能图像处理的发展，基于生成对抗网络的图像修复、水印去除、去雾去雨等算法引起了国内外学者的广泛关注。本章首先介绍图像修复的算法流程和基于深度学习的图像修复方法。然后介绍基于生成对抗网络的图像修复模型，概述图像修复的发展历程及面临的模型问题。最后，从图像修复算法和生成对抗网络的角度，讲解图像修复和图像水印去除的发展趋势以及可改进点，为提高网络整体性能和实际修复效果提供方向。

8.1　基于生成对抗网络的图像修复

图像修复作为当前计算机视觉(CV)领域的研究热点，吸引了越来越多的研究人员。然而，传统的修复模型无法主动定位需要重建的区域，无法完全重建动态图像，也不能处理时间和空间上的随机故障。近年来，图像处理的快速发展和显著成就为研究人员带来了新的思路和启发。基于深度学习的图像修复技术可以有效弥补传统方法的不足。本节将介绍深度学习中的生成对抗网络，重点讲解基于生成对抗网络和经典修复网络模型的图像修复方法。

8.1.1　图像修复概述

图像修复是利用图像中已知区域的信息来填充未知区域的图像处理任务。图像修复应用广泛，例如从图像中删除不需要的部分、恢复损坏的图像、删除照片上的红眼效果和水印等。近年来，随着深度学习的迅速发展，智能图像处理领域取得了显著进步，大幅提高了图像修复的效率。经典的 LeNet 网络于 1998 年被提出，被认为是卷积神经网络的先驱，但由于计算机的计算能力有限，LeNet 在图像修复领域并未得到广泛应用。随后，研究人员相继提出了 AlexNet、VGG-Net、ResNet 等网络，这些网络在图像修复领域得到了广泛应用。深度学习技术能够捕捉图像的语义信息，并在纹理重建的基础上预测语义内容，有效克服了传统图像重建算法的局限性，使修复结果更加客观和符合实际。

基于深度神经网络的图像修复流行的方法是将被遮挡的图像送入生成器模型，该模型经过训练能够填充被遮挡的图像，从而生成完整的图像。以往基于深度学习的修复方法通常利用深度卷积神经网络提取深度特征，预测未知区域的内容和结构，然后通过连接层传递周围区域的卷积特征到未知像素。然而，这种算法通常会产生人为的修复痕迹，例如模糊和失真。为了解决这一问题，后续的图像修复算法引入了生成对抗网络的概念，并利用对抗训练来不断提高模型的生成性能。生成对抗网络的基本结构如图 8.1 所示。

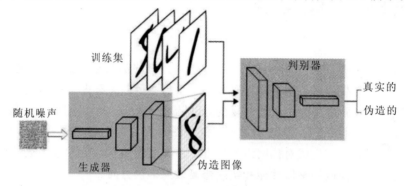

图 8.1　生成对抗网络的基本结构

生成对抗网络由生成器 G(Generator)和判别器 D(Discriminator)两部分组成。生成网络将潜在空间的随机样本作为输入，其输出尽可能地从训练集中的真实数据中学习。生成网络生成的样本或真实图像被用作判别器的输入，判别器的任务是对生成网络的输出与真实图像进行鉴别。生成器网络欺骗判别器网络，使其无法区分生成的图像和真实的图像，两个网络不断地相互斗争，不断地调整其参数，使判别器网络无法区分生成器网络的输出是否真实。

生成器模型 G 用于反映样本数据的分布。噪声 Z 服从均匀分布和高斯分布，用于模拟与真实训练数据相似的数据样本，效果越真实越好。判别模型 D 是一种二元分类器，用于从训练数据中估计样本的概率。如果样本来自真实训练数据，则 D 给出的概率较高；如果样本来自未经调整的数据，D 给出的概率就低。

基于生成对抗网络的图像修复模型由一个生成网络和一个判别网络组成。生成网络采用的是编码和解码结构，它由两部分组成——卷积层和去卷积层。卷积层的采样量小于输入图像以获得深度特征，去卷积层的采样量大于获得的深度特征以匹配输入图像的大小。一旦模型被训练成模拟退化的图像，原始图像就被乘以一个确定退化区域位置的二进制掩码，以获得包括退化区域在内的校正图像。二进制掩码图像的值必须只有 0 和 1，其中 0 代表缺失的区域，1 代表整个区域。修正后的图像被传递给判别网络进行质量评估。判别矩阵给出一个在[0，1]范围内的值来表示概率。概率接近 0 表示判别网络认为输入图像由生成网络生成且不是真实的，而概率接近 1 表示判别网络认为输入图像是真实的数据。

生成对抗网络相对于其他生成模型具有明显的优势，例如完全可见置信网络(Fully Visible Belief Networks，FVBN)模型的生成时间与数据维度有关，贝叶斯网络(BNs)具有非线性的独立概率，需要用同等数量的输入变量和隐藏变量进行分析，而生成对抗网络的功能限制很少。

基于生成对抗网络的图像修复方法主要流程如下：首先，选取待修复的图像组成数据集，并对其进行批量剪切、缩放、丰富数据等图像预处理操作；然后，使用生成对抗网络作为框架模型，通过设计具体的生成器和判别器以及选择合适的损失函数，更稳定、更迅速地进行网络训练；最后，使用训练完成的生成器修复图像。

8.1.2　基于生成对抗网络的图像修复模型

2014 年，Goodfellow 提出了一个由生成器和判别器组成的 GAN 模型。生成器 $G(z)$ 可以将样本 z 从均匀随机分布映射到数据分布，判别器 $D(x)$ 用于确定样本 x 是否属于真实数据分布。生成器和判别器通常基于博弈论原理，通过生成器和判别器的交替训练来提高模型的实际性能。

Pathak 等人提出了一种编码器和解码器的组合——上下文编码器-解码器（Context Encoder-Decoder），并提出了一种用于图像修复的生成对抗网络，生成图像的缺失部分。编码器通过减少填充和分层卷积来提取图像的深度特征，解码器通过添加填充逐层反卷积待修复的图像，以重构提取的深度特征，其大小与修复后的图像相同。考虑到损耗和均方误差，对模型进行迭代训练。该模型能够有效地修复缺失图像的整体区域，但在缺失区域的边界像素上仍存在一些问题。

Iizuka 等人将 Pathak 算法中的判别器分类为局部判别器，并建议添加一个全局判别器，以确保缺失区域的边界像素值是统一的。全局判别器检查整个分解图像并确定整个图像是否正确，而局部判别器只检查以缺失区域为中心的一个小区域并确定分解图像的这个小区域是否正确，然后训练一个与两个基于上下文的判别器互动的图像学习网络。很明显，Iizuka 等人的算法能够修复一般物体和非常具体的物体（如人脸）的图像，并善于修复任何分辨率的图像。然而，对于缺少随机形状区域的图像，该算法仅适用于具有一定分辨率的图像，并且对于分辨率较低的图像效果可能有限。

Raymond 等人率先使用深度卷积生成对抗网络（Deep Convolutional Generative Adversarial Networks，DCGAN）进行图像恢复。该算法的损失函数分为两部分：第一部分是上下文损失函数，其目的是保持修复后的图像和像素之间的相似性；第二部分是检测损失函数，其目的是确保修复图像的真实性。实验结果证明，Raymond 等人的方法在预测缺失区域的语义信息和实现像素级精度方面是有效的，而这在当时几乎所有的方法中是不可能实现的。尽管 Raymond 等人的方法能够实现更真实的修复，但其缺点也很明显：它无法消除由噪声引起的模糊。这意味着预测结果在很大程度上依赖于生成模型和训练过程，当训练数据无法有效地代表测试图像时，其表现可能不尽如人意。

Yu J H 等人提出了一种两阶段修复网络：首先，粗糙网络第一次修复图像以获得粗糙修复结果；随后，精细网络第二次重构粗糙网络，以获得更准确的修复结果。该算法引入了注意机制和空间衰减重建（Spatially Discounted Reconstruction，SDR）损失。当使用带有梯度惩罚（WGAN-GP）网络和均方误差的全局和局部 Wasserstein 生成对抗网络训练模型时，修复网络的收敛速度比 Iizuka 等人的网络更快。

Li H A 等人使用语义分析丢失来集成局部和全局判别器，并在人脸恢复中取得了良好的效果。Liu G L 等人提出了一种基于 U-Net 的图像恢复模型，该模型采用部分卷积代替标准卷积，引入掩码更新机制，并结合特征和样式损失对模型进行训练。该模型能够有效修复任意形状、大小和位置的不规则裂纹。

Yan J H 等人提出了一种名为 Shift-Net 的网络图像检索方法，它将基于模板的检索方法与基于卷积神经网络的图像融合方法相结合，引入了图像融合和引导损失（Guidance Loss）层，以增强卷积神经网络的提取能力，进而提高了提取全局图像信息的能力，使模型结构更加清晰，纹理细节更加精细。

Radford 等人率先将卷积神经网络应用于生成对抗网络，提出了一种深卷积生成对抗网络。该网络通过卷积层和反卷积层代替传统生成对抗网络的多层感知器结构，提高了图像质量。生成对抗网络可以生成高质量图像，比使用像素损失的自动编码器生成的图像更清晰、更逼真。尽管生成网络产生了更好的效果，但仍会遇到训练困难、图案退化和梯度损失等问题。大量的实验表明，这种生成对抗网络用原始对抗性损失函数训练模型会导致严重的问题，如梯度分散、梯度模糊和模型崩溃。Arjovsky 等人为了解决原始生成对抗网络的问题，提出了 WGAN 的改进版本，在原始对抗损失函数中加入了 Wassertein 距离，从而彻底解决了生成对抗网络训练不稳定的问题。生成对抗网络不稳定问题的解决，使模型崩溃问题得到实质性解决，并确保了生成样本类型的多样性。

然而，Salimans 等人发现，当权重在一定范围内被强行降低时，大多数权重会下降到 -0.01 或 0.01，即大多数网络只有两个权重，因此深度神经网络无法充分发挥其强大的匹配能力，且强制降低权重很容易导致梯度退化或爆炸。Gulrajani 等人提出了一种改进的 WGAN 算法，即 WGAN-GP。该算法在 WGAN 模糊函数中加入梯度惩罚项，使得权重分布更平滑，进一步使模型训练中的梯度更平滑，训练更稳定，样本质量更好。Wei X 等人认为，这种梯度惩罚项很难保证 Lipschitz 的连续性。为了解决这个问题，他们建议在 WGAN-GP 中添加一个一致性项（Consistency Term）来表示 Lipschitz 约束。

生成对抗网络在图像修复中取得了显著的图像修复效果，然而，生成对抗网络的某些方面仍然需要改进。如在生成对抗网络中使用最小极端匹配策略，这使得生成器和判别器的梯度在下降时相互抵消，并难以收敛，以及网络本身的低稳定性、模型大且训练比较困难等。针对这些问题，通过注意力机制等使用注意力焦点的方式获取关注目标信息，抑制无用信息，再用于生成对抗网络可以有效减少训练难度，提高修复效果。

8.2 基于注意力机制的图像修复算法研究

基于深度神经网络的图像修复方法指的是将带有掩码的图像输入到生成器模型中，经过网络模型的训练将带有掩码的图像进行填补形成完整图像，以此实现图像修复。生成对抗网络是基于深度学习的图像修复算法的关键，良好的网络模型可以提高算法效率，便于在进行图像修复工作时提取更加有效的图像信息。然而，传统的图像修复方法往往忽略了像素之间的连续性，这在语义上意味着没有考虑到元素的连续性，导致颜色或线条的断裂。因此，本节重点介绍一种考虑语义连贯性和像素连续性的图像修复方法。在传统的基于GAN 的图像修复方法中增加了一层语义连贯性，并介绍在此基础上改变损失函数对修复效果的影响。

8.2.1 注意力机制概述

注意力机制是人脑中处理视觉信息的一种独特机制。一般来说，注意力机制是人类的视觉机制，它可以快速地扫描整个图像，选取需要注意的关键区域，并将更多的可分配资源分配给关键的区域，用以提取关键区域的详细信息，同时忽略无关的信息。注意力机制有着广泛的应用，如预测、分类、多任务聚类、强化学习等方面，以及在机器翻译、图像处理、推荐系统和语音识别等各个领域均有应用。

在深度学习中引入注意力机制，是因为具有注意力机制的网络可以独立地学习相关特征。从本质上讲，深度学习中的注意力机制类似于人类视觉中的注意力选择机制，其主要目标也是从大量的信息中筛选出与任务最相关的信息，增强关键信息并弱化无用信息，从而弥补传统算法在学习效率上的不足。

深度学习和注意力机制的结合通常是通过屏蔽和创建一个额外的新权重层，识别图像数据中的重要特征，然后以这样的方式进行训练，使网络知道要关注图像的哪些区域。2015 年的 NIPS 论文报告了一个空间转换网络模型，该模型利用注意力机制，在不同的空间中有效提取关键信息。

近年来，基于帧区域和孔区域之间的关系的空间注意经常被用于图像重建任务中。语境注意提供了一个语境注意层，搜索与粗略预测相似度最高的背景斑块集合。Yan Z 等人提出了一个基于移位和帧损失函数的移位网络，其中移位函数允许检测编码层中的帧区域与解码层中的相关孔区域之间的关系。Song Y Z 等人应用补丁替换层，将特征图中丢失区域的每个特征块替换为框架区域的最相似的特征块，并使用 VGG 网络提取特征图。基于上下文的注意力的图像重建方法有一个空间分散层，通过结合注意力的结果来提高空间的一致性，但未能对孔区域内斑块之间的相关性进行建模，这也是上面两种方法的缺点。

8.2.2 基于注意力机制的图像修复

基于注意力机制的图像修复网络模型分为粗修复网络和精细修复网络，能实现稳定训练和增大感受野。整个网络结构如图 8.2 所示。其中 I_{gt} 表示真实图像，I_{in} 表示粗修复网络的输入，I_p 表示粗修复网络输出结构，I_r 表示精细修复网络的输出结构。粗修复网络粗略地生成缺失的部分，采用的是 Isola 等人提出的基于 U-Net 网络的 Pix2Pix 方法，修复速度快并且修复效果良好。粗修复网络的输入是输入图像中间 $3 \times 256 \times 256$ 的缺失部分。精细修复网络也有一个 U-Net 架构，每个卷积分两步进行，首先是幅度增大和减小，然后是向上和向下采样，类似于分割卷积，3×3 卷积用于幅度减小，空洞卷积用于采样。

基于注意力机制的图像修复网络模型

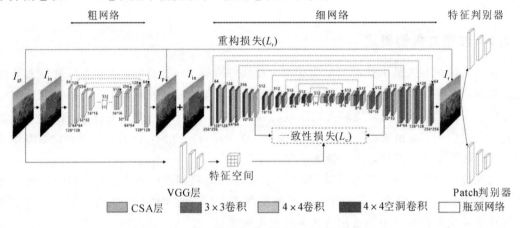

图 8.2 基于注意力机制的图像修复网络模型

过去的图像修复往往没有考虑到像素的完整性，这在语义上意味着没有考虑到元素的完整性，导致颜色或线条的完整性丧失。给网络层中加入连贯性语义注意力机制（Coherent Semantic Attention，CSA）不仅能够保持上下文结构，而且还能通过对缺失区域特征之间的语义相关性进行建模，更有效地预测缺失部分。

CSA 层加在 $32 \times 32 \times 256$ 层，修复效果较好并且消耗时间少。精细修复网络由一个编码器和一个解码器组成，与粗修复网络一样使用跳跃连接。在编码器中，每层由 3×3 卷积和 4×4 空洞卷积组成。3×3 卷积在通道数量翻倍的情况下保持了相同的空间尺寸，提高了捕捉深层语义信息的能力。扩展的 4×4 卷积将空间维度减半，同时保持相同的通道数量。零卷积扩大了知觉领域，防止过多信息损失。解码器与编码器对称，所有的 4×4 卷积都是反卷积。

基于注意力机制的图像修复网络模型工作流程为：首先输入 I_{in} 到粗修复网络中得到预

智能图像处理

测修复结果 I_p；然后精细修复网络将 I_p、I_{in} 作为输入对输入到网络中，得到最后的结果 I_r；最后 Patch 判别器和特征判别器共同作用得到高分辨率的 I_r。

CSA 层填充缺失区域对应的特征图分搜索和生成两个阶段，如图 8.3 所示。其中，M 表示特征图中的缺失区域，$\overline{M}$ 表示特征图中的已知区域。

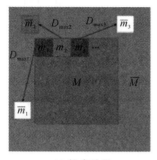 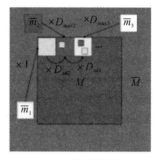

(a) 搜索阶段　　　　　　　　　　　(b) 生成阶段

图 8.3　CSA 层

搜索阶段：首先从 $\overline{M}$ 中提取出特征块，将它们重塑为卷积核大小，之后与 M 进行卷积。最后得到一个向量 D，表示 M 中的每一个特征块与 $\overline{M}$ 中所有特征块的互相关度量。以此为基础，每个生成特征块 $m_{1\sim i-1}$，用最相似的 $\overline{m_i}$ 初始化生成特征块 m_i，并且给它分配最大的互相关度量值 $D_{\max i}$。相关计算公式为

$$D_{\max i} = \frac{\langle m_i, \overline{m_i} \rangle}{\| m_i \| \cdot \| \overline{m_i} \|} \tag{8.1}$$

$$D_{ad\ i} = \frac{\langle m_i, m_{i-1} \rangle}{\| m_i \| \cdot \| m_{i-1} \|} \tag{8.2}$$

其中，$D_{\max i}$ 表示 m_i 和最相似的 $\overline{m_i}$ 之间的相似程度，$D_{ad\ i}$ 表示 m_i 两个相邻生成特征块之间的相似程度，将 $D_{\max i}$ 和 $D_{ad\ i}$ 分别归一化，作为主要部分和次要部分的权重。

生成阶段：M 区域中左上方的特征块作为生成过程中的初始特征块[如图 8.3(b) 中 m_1 所示]。因为 m_1 没有前驱，所以 $D_{ad\ i}$ 记为 0，$D_{\max i}$ 记为 1，可以直接用 $\overline{m_1}$ 代替 m_1，即 $m_1 = \overline{m_1}$。同时，下一个特征块 m_2 有前驱 m_1，m_1 作为 m_2 的附件参考。因此将 m_1 作为卷积核，去测量 m_1 与 m_2 之间的互相关度量 $D_{ad\ 2}$，接着归一化 $D_{\max 2}$ 和 $D_{ad\ 2}$，分别作为 m_1 和 $\overline{m_2}$ 的权重，得到新生成的 m_2，计算公式如下：

$$m_2 = \frac{D_{ad\ 2}}{D_{ad\ 2} + D_{\max 2}} \times m_1 + \frac{D_{\max 2}}{D_{ad\ 2} + D_{\max 2}} \times \overline{m_2} \tag{8.3}$$

从 m_1 到 m_n，生成的过程可以总结为如下公式：

$$\boldsymbol{m}_1 = \overline{\boldsymbol{m}_1}, \ \boldsymbol{D}_{\mathrm{ad}\,1} = 0$$

$$\underset{i \in (2 \sim n)}{\boldsymbol{m}_i} = \frac{\boldsymbol{D}_{\mathrm{ad}\,i}}{\boldsymbol{D}_{\mathrm{ad}\,i} + \boldsymbol{D}_{\max\,i}} \times \boldsymbol{m}_{i-1} + \frac{\boldsymbol{D}_{\max\,i}}{\boldsymbol{D}_{\mathrm{ad}\,i} + \boldsymbol{D}_{\max\,i}} \times \overline{\boldsymbol{m}_i} \tag{8.4}$$

生成过程是迭代的,每个 $\boldsymbol{m}_i$ 包含了 $\boldsymbol{m}_i$ 和 $\boldsymbol{m}_{1\sim i-1}$ 的信息,在计算 $\boldsymbol{m}_i$ 和 $\boldsymbol{m}_{i-1}$ 之间的 $\boldsymbol{D}_{\mathrm{ad}\,i}$ 时也考虑了 $\boldsymbol{m}_i$ 和 $\boldsymbol{m}_{1\sim i-1}$ 之间的相关性。由于 $\boldsymbol{D}_{\mathrm{ad}\,i}$ 值的范围是 0 到 1,所以当前生成的特征块和之前生成的特征块之间的相关性随着距离的增加而降低。

8.2.3 实验与分析

1. 环境配置及数据集

实验使用 Windows 10 操作系统,选择内存为 32 GB 的台式机,GPU 配置为 GeForce RTX 2080Ti、CPU 配置为酷睿 i9-9900K。实验选用的框架为 PyTorch v1.0.0,配置 CUDA v10.0、Python v3.6.6 以及 CUDNN v7.3.1,编译器使用的是 PyCharm。

实验采用 CelebA 人脸数据集,CelebA 数据库包含 20 多万张面部图像,其中包括 1 万多张名人图像,并有着大量的基础图像、丰富的注释信息和高图像质量。本次实验选用数据集中的小样数据集进行实验,包括 504 张训练集和 95 张测试集,实验训练迭代次数均为 120 次,Batch_Size 为 8,学习率为 0.0002。

2. 连贯性语义注意力机制核心代码

实验对生成器网络和判别器网络进行交替训练。在训练阶段,生成器网络产生的修正结果被转移到判别网络,实际图像与生成的图像进行比较,进行 120 次迭代之后将得到训练好的网络模型。测试阶段与训练阶段大致相同,训练后的模型用于测试。保存所有的生成图像。连贯性语义注意力机制主要代码如下:

```
class CSAFunction(torch.autograd.Function):
# nonmask_point_idx 表示无掩码点索引, flatten_offsets 表示扁平偏移量
Def forward(ctx, input, mask, shift_sz, stride, triple_w, flag, nonmask_point_idx, mask_point_idx,
flatten_offsets, sp_x, sp_y):
# dim 是 PyTorch 自带函数, dim 的不同值表示不同维度
    assert input.dim() == 4, "Input Dim has to be 4"
    ctx.triple_w = triple_w
    ctx.flag = flag
    ctx.flatten_offsets = flatten_offsets
    assert mask.dim() == 2, "Mask dimension must be 2"    # 掩码 dim 设为 2
    # bz 是 batchsize 的缩写,表示该 GPU 的批处理大小
```

```
        output_lst = ctx. Tensor(ctx. bz, c, ctx. h, ctx. w)   ♯ 输出列表
        ♯ CSA 层搜索阶段, 计算每个特征块的相似度, 初始化特征块
        kbar, ind, vmax = maxcoor. update_output(tmp1. data, sp_x, sp_y)
        real_patches = kbar. size(1) + torch. sum(ctx. flag)
        vamx_mask=vmax. index_select(0,mask_point_idx)
        _, _, kbar_h, kbar_w = kbar. size()
        out_new = unknown_patch. clone()
        out_new=out_new. zero_()
        mask_num=torch. sum(ctx. flag)
        ♯ 初始化特征块
        in_attention=ctx. Tensor (mask_num,real_patches). zero_()
        kbar = ctx. Tensor(1, real_patches, kbar_h, kbar_w). zero_()
        ind_laten=0
        ♯ 生成阶段, 通过归一化, 反卷积生成每个特征块
        for i in range(kbar_h):
            for j in range(kbar_w):
                    ♯ 对每一个特征块进行归一化和反卷积处理
        kbar_var = Variable(kbar)
        result_tmp_var = conv_new_dec(kbar_var)
        result_tmp = result_tmp_var. data
        output_lst[idx] = result_tmp
        ind_lst[idx] = kbar. squeeze()
    output = output_lst
    ctx. ind_lst = ind_lst
    ♯ 输出结果 t
    return output
```

3. 实验结果与分析

使用 MSE 损失函数作为生成器网络和判别器网络的优化目标, 基于 U-Net 设计生成器, 使用 PatchGAN 作为判别器, 在所有参数设置相同、环境完全一致的情况下, 比较加入 CSA 模块前后的效果。图像修复效果如图 8.4 所示, 从图中可以看出, 使用 CSA 模块的模型修复效果更接近于真实图像。改进后的网络模型在图像整体语义连续性和局部语义连续性方面有显著改善, 图中脸部肌肉纹理和线条之间的连接更加平滑。CSA 层通过其独特的对纹理特征连续性的处理, 通过搜索、生成两个阶段, 不仅对比待修复区域和已知区域特征块的相似度, 还对比待修复区域相邻特征块之间的相似度, 以此达到增强修复语义连续性

传统模型和加入CSA的模型修复效果对比

的效果。

(a) 带掩码图像   (b) 未使用CSA模块   (c) 使用CSA模块   (d) 真实图像

图 8.4　传统模型和加入 CSA 的模型修复效果对比

使用 PSNR 评价指标对不同模型的图像修复效果进行评价，评价结果如表 8.1 所示（字体加粗的数据为每列最优值）。从表中数据可以看出，使用 CSA 模块的图像修复模型在最大 PSNR 值、最小 PSNR 值和平均 PSNR 值中均取得了最高分数，和传统 GAN 模型相比，该模型分别提高了 6.802 dB、3.816 dB 和 3.782 dB。分析整个 PSNR 指标数据可以看出，使用 CSA 模块的模型对于图像的修复效果更佳。

表 8.1　使用不同模型及损失函数的 PSNR 指标　　　　单位:dB

网络模型和损失函数	MAX PSNR	MIN PSNR	AVG PSNR
传统模型	41.423	23.456	30.705
CSA 模块＋交叉熵	**48.225**	**27.272**	**34.487**

使用 SSIM 评价指标对不同模型的图像修复效果进行评价，评价结果如表 8.2 所示（字体加粗的数据为每列最优值）。从表中数据可以看出，使用 CSA 模块的图像修复模型在最大 SSIM 值、最小 SSIM 值和平均 SSIM 值中均取得了最高分数，和传统 GAN 模型相比，分别提高了 0.009%、0.029% 和 0.025%。分析全部 SSIM 指标数据可以看出，使用 CSA 模块的模型对图像修复的效果具有明显提高。

表 8.2　使用不同模型和不同损失函数的 SSIM 指标

网络模型和损失函数	MAX SSIM/%	MIN SSIM/%	AVG SSIM/%
传统模型	0.983	0.865	0.926
CSA 模块＋交叉熵	**0.992**	**0.894**	**0.951**

8.3　基于门控卷积的金字塔图像修复方法

图像修复技术是智能图像处理领域的一个热门方向，但是由于图像修复对边缘一致性和语义完整性的要求高，图像修复技术仍有较大的改进空间。针对现有图像修复方法中存在的修复瑕疵的问题，本节使用新型卷积方法设计出一个新型网络，增强了对图像中未破损区域有用信息的提取力度。另外我们为网络设计了自注意力机制模块，用来指导图像从高阶语义特征到图像信息的转换过程。同时我们为网络设计并增加内容损失函数和感知损失函数，来加速和改善网络的学习能力，从而提升整体图像修复效果。

8.3.1 门控卷积

2018 年的部分卷积和 2019 年的门控卷积为图像修复技术带来了新的启发。在神经网络卷积操作的过程中仍存在冗余信息计算的问题，虽然门控卷积和部分卷积对卷积操作改进具有很好的启发作用，但其修复结果仍存在语义和图像像素级别上的问题，修复效果在语义信息方面有很大的不足，整体修复内容并不能达到修复图像的要求。另外，自注意力机制在自然语言处理领域被提出，是对注意力机制的一种改进，在自然语言处理领域表现出了很好的效果，在语音信息转译方面具有很好的指导作用，但是在计算机图像修复领域却鲜有应用。

门控卷积是一种改进的卷积方法，通过特殊的计算方式，避开了对掩码位置的信息计算，不仅在规则破损区域上表现良好，也适用于不规则破损区域的图像修复。它解决了部分卷积只是单纯地将所有空间位置分类为有效或无效的问题。无论上一层的过滤范围覆盖了多少像素，下一层的掩码都将设置为 1。对于部分卷积，无效像素会在深层逐渐消失，逐渐将所有掩码值转换为 1，然而门控卷积则允许网络自动学习最佳掩码，即使在深层，网络也会为每个空间位置分配掩码值。门控卷积的公式如下：

$$\text{Gating}_{y,x} = \sum \sum W_g \cdot I \tag{8.5}$$

$$\text{Feature}_{y,x} = \sum \sum W_f \cdot I \tag{8.6}$$

$$O_{y,x} = \phi(\text{Feature}_{y,x}) \odot \sigma(\text{Gating}_{y,x}) \tag{8.7}$$

其中，σ 是 Sigmoid 激活函数，门控卷积的输出是在 0 和 1 之间的值。ϕ 可以是 ReLU、ELU 或者 LeakyReLU 等任意的激活函数。W_g 和 W_f 分别代表两个不同的卷积窗口。门控卷积可以学习动态特征每个通道和每个空间位置的真实选择机制，从而更好地学习图像特征。

8.3.2 GAPNet

2019 年提出的 PENNet 结合了注意力机制和多尺度，是在图像修复领域对注意力机制的一次成功应用。该方法通过在不同分辨率的相同图像间添加注意力机制，指导解码器进行图像合成，同时采用新型金字塔损失计算方法，提高了网络对于图像信息的提取和学习能力。这种方法在语义信息的把控上表现出色，使得破损区域的内容填充更加自然。但是由于较单调地使用注意力机制，图像的修复结果依然不够完美，破损图像的边缘部位修复结果存在瑕疵，原破损位置依然容易被察觉。

虽然近年发展的技术良多，但是仍存在网络训练困难、修复效果有待提升的缺点。本节以基本编码解码网络结构为基础设计 GAPNet 网络。融合门控卷积和金字塔网络中的金字塔损失，减少网络对于图像缺失位置的无用信息的学习。同时加入自注意力机制模块和注意力转移模块，指导高阶语义特征到图像特征的转换过程。另外在原单调损失函数的基础上设计并加入内容损失函数和感知损失函数。经过综合的实验对比，改进后的算法的图像修复效果超过原算法，在图像修复上表现更出色，具有更强、更稳定的修复能力和更高的学习效率。

GAPNet 网络是一个生成对抗网络，通过训练修复网络的生成器的模型参数，来达到修复图像残缺部分的目的。生成对抗式修复网络分为生成器和判别器两个部分，该网络由于可以拟合更加真实的图像，在智能图像处理领域被大量应用。网络的对抗损失如下所示：

$$\min_{G} \max_{D} V(D, G) = E_{x \sim \text{pdata}(x)}\left[\ln(D(x)) + E_{z \sim \text{pinput}(z)}\left[\ln(1 - D(G(z)))\right]\right] \quad (8.8)$$

其中，E 表示期望，$\text{pdata}(x)$ 表示真实样本，G 表示生成器网络，D 表示判别器网络，$\text{pinput}(z)$ 表示生成器网络的输入。

判别器的训练损失如下所示：

$$\max_{D} V(D, G) = E_{x \sim \text{pdata}(x)}\left[\ln(D(x)) + E_{z \sim \text{pinput}(z)}\left[\ln(1 - D(G(z)))\right]\right] \quad (8.9)$$

生成器的目标函数如下所示：

$$\min_{G} V(D, G) = E_{z \sim \text{pinput}(z)}\left[\ln(1 - D(G(z)))\right] \quad (8.10)$$

首先对判别器进行训练，在训练判别器的过程中我们希望 $D(x)$ 的值越接近 1 越好，而 $D(G(z))$ 的值越接近 0 越好。更新完判别器的参数后，冻结判别器的参数，并对生成器进行训练，在训练生成器的过程中 $D(G(z))$ 越接近 1 越好。

8.3.3 实验与分析

本节中所有实验都是在同一个实验环境下完成的，实验的硬件设备为：64 位 Windows 10 操作系统、Intel Core i9-10900X CPU @ 3.70 GHz & 3.70 GHz 处理器、NIVIDIA GeForce RTX 2080Ti 图像显卡。实验在 VSCode1.62 软件上运行，在实验过程中用到的 Python 标准库和第三方库有：Python3.7.3、Matplotlib3.3.2、PyTorch 1.7.0、Torchvision0.8.1、NumPy1.19.5 等。另外，本节使用了 PyTorch1.7.0 作为搭建神经网络模型的框架。本节实验所使用的数据集为公共数据集 CelebA，其中训练集为 1400 张图像，测试集为 500 张图像。

首先对训练集进行预处理，创建一张和破损图像相同大小的二值图像，将对应的破损区域标记为 0，其他区域标记为 1，对破损图像进行归一化，将所有的值缩放到 (0,1) 之间，再将归一化后的破损图像和二值图像一同送入网络进行训练。在训练阶段，将预处理的图像作为对抗网络的输入，以完整图像作为网络学习的目标，迭代训练网络，使生成器修复的图像达到和真实图像接近的效果。经过 23 万次迭代学习，最终获得图像修复网络。修复效果对比图如图 8.5 所示。

不同方法修复效果对比图

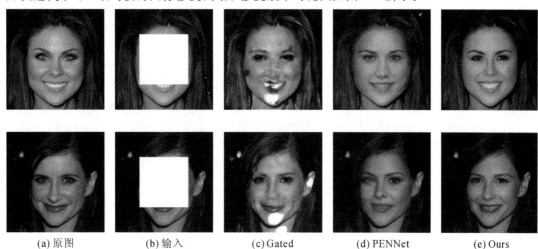

| (a) 原图 | (b) 输入 | (c) Gated | (d) PENNet | (e) Ours |

图 8.5　不同方法修复效果对比图

本节设计的基于门控卷积的 GAPNet 网络，在注意力转移模块和金字塔网络的基础上，引入了门控卷积和自注意力机制，增强了网络的学习能力，在图像的修复过程中使修复结果更加逼真，语义更加接近真实图像。另外通过增加感知损失函数和内容损失函数，提高了模型的收敛速度，并且使模型在图像修复边缘的一致性和语义完整性更好。本节方法的生成器模型核心代码如下所示：

```
class SkipEncoderDecoder(nn. Module):
    def __init__(self, input_depth, num_channels_down = [128] * 5, num_channels_up = [128] * 5,
    num_channels_skip = [128] * 5):
        super(SkipEncoderDecoder, self). __init__()
        self. model = nn. Sequential()    # 建立一个线性容器
        model_tmp = self. model
        for i in range(len(num_channels_down)):    # 向容器中添加下采样层
            deeper = nn. Sequential()    # 建立深度先验容器
            skip = nn. Sequential()    # 建立跳接容器
            if num_channels_skip[i] ! = 0:    # 加入跳接特征
                model_tmp. add_module(str(len(model_tmp) + 1), Concat(1, skip, deeper))
```

```
    else：
        model_tmp. add_module(str(len(model_tmp) + 1), deeper)
    model_tmp. add_module(str(len(model_tmp) + 1), nn. BatchNorm2d(num_channels_skip
    [i] + (num_channels_up[i + 1] if i < (len(num_channels_down) - 1) else num_
    channels_down[i])))
    if num_channels_skip[i] ！= 0：
        skip. add_module(str(len(skip) + 1), Conv2dBlock(input_depth, num_channels_skip
        [i], 1, bias = False))
    deeper. add_module(str(len(deeper) + 1), Conv2dBlock(input_depth, num_channels_
    down[i], 3, 2, bias = False))   ＃ 向深度先验容器中添加卷积网络
    deeper. add_module(str(len(deeper) + 1), Conv2dBlock(num_channels_down[i], num_
    channels_down[i], 3, bias = False))
    deeper_main = nn. Sequential()   ＃ 深度先验主网络容器
    if i == len(num_channels_down) - 1：   ＃ 向其中加入下采样层
        k = num_channels_down[i]
    else：
        deeper. add_module(str(len(deeper) + 1), deeper_main)
        k = num_channels_up[i + 1]
    deeper. add_module(str(len(deeper) + 1), nn. Upsample(scale_factor = 2, mode = '
    nearest'))
    model_tmp. add_module(str(len(model_tmp) + 1), Conv2dBlock(num_channels_skip[i]
    + k, num_channels_up[i], 3, 1, bias = False))
    model_tmp. add_module(str(len(model_tmp) + 1), Conv2dBlock(num_channels_up[i],
    num_channels_up[i], 1, bias = False))
    input_depth = num_channels_down[i]
    model_tmp = deeper_main   ＃ 复制深度主网络容器作为临时容器
self. model. add_module(str(len(self. model) + 1), nn. Conv2d(num_channels_up[0], 3, 1,
bias = True))
self. model. add_module(str(len(self. model) + 1), nn. Sigmoid())   ＃ 向模型中添加激活函数
def forward(self, x)：
    return self. model(x)
```

8.4　基于深度图像先验的图像水印去除技术

图像处理技术蓬勃发展，图像水印去除技术作为其中的一个热门研究领域受到广泛关注。目前水印去除算法存在图像水印去除不完全、去除水印后图像质量不高和填充错误等

问题。针对以上问题，本节提出了一种改进的基于深度图像先验的图像水印去除方法。该方法利用编码解码网络的方式提取图像特征，改进 U-Net 网络模型，在增加网络深度的同时用反卷积代替上采样操作以减少细节的丢失，从而提高网络模型对图像深层次特征的提取能力。另外在均方差损失的基础上增加 L_1 损失和感知损失来加快和提高模型的学习效果。

8.4.1　深度图像先验方法

基于图像先验的图像水印去除算法的神经网络模型是一个改进的 U-Net 卷积神经网络，其具体的网络结构如图 8.6 所示。

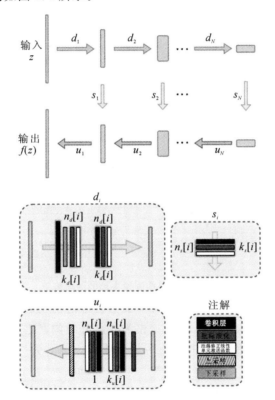

图 8.6　图像先验网络结构图

深度图像先验方法使用随机初始化的卷积神经网络对图像进行上采样，利用图像的结构作为图像的先验。其网络自始至终仅使用了被破坏过的图像进行训练，不需要经历大多数神经网络所需要的学习过程即可完成任务。网络可以表示为参数化形式 $x = f_\theta(z)$，x 是网络输出图像，z 是网络输入端的随机编码向量。该方法可用于图像去噪、超分辨率和图像修复等任务。上述问题可以表示为能量最小化问题，通常用如下算式来描述要完成的任务：

$$x^* = \min_x E(x, x_0) + R(x) \tag{8.11}$$

其中，$E(x, x_0)$ 是任务依赖项，依据具体任务而定，x_0 是带噪声、低分辨率或损坏的图像，$R(x)$ 是正则化项。采用神经网络捕获的隐式先验代替正则化项 $R(x)$，其中网络的参数选取如下：

$$\theta^* = \arg\min_\theta E(f_\theta(z); x_0) \tag{8.12}$$
$$x^* = f_{\theta^*}(z) \tag{8.13}$$

其中，θ^* 是基于随机初始化的网络参数，x^* 是通过训练得来的（局部）参数最优解。z 是最初输入网络的编码，把学到的参数 θ^* 直接用来重建得到 x^*，x^* 是最后的输出。图像恢复过程如图 8.7 所示。

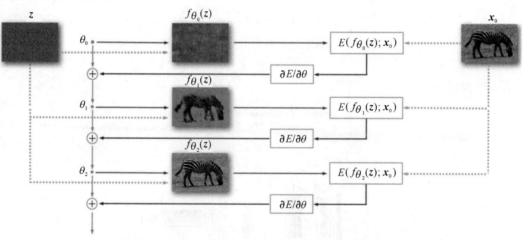

图 8.7　使用深度图像先验的图像恢复

上述过程为图像去噪、超分辨率和图像修复等任务的通用思路。图像恢复问题即根据图像二进制掩模的取值恢复丢失的数据，掩模为 0 部分的像素丢失，目的是使掩模为 1 的部分对应的 x 和 x_0 尽可能相似。相应的任务依赖项 $E(x, x_0)$ 为

$$E(x, x_0) = \| (x - x_0) \odot m \|^2 \tag{8.14}$$

其中，m 代表掩模矩阵，$\odot$ 是哈达玛积，函数 $E(x, x_0)$ 与二进制掩模为 0 的部分对应的 x 的取值是独立的。如果直接优化 $E(x, x_0)$，那么 x 被初始化后需要恢复的部分将不会被学习，因此 x 要通过一个先验分布来生成，即使用 $x = f_\theta(z)$ 的形式，并通过优化 θ 来找到 E 的最小值。

8.4.2　实验与分析

本节使用的数据集是从 PASCAL VOC 2012 公共数据集中进行挑选的，并将各大网站的

数十种水印图像随机添加到数据集图像中，添加的水印大小随机缩放，模型训练的迭代次数为 3000 次。所有的实验均在同一台设备上完成，在整个实验过程中使用的硬件设备为：64 位 Windows 10 操作系统、Intel Core i5-8250U CPU @ 1.60 GHz & 1.80 GHz 处理器、AMD Radeon(TM)535 图像处理显卡，并在 Python 3.7.3、PyTorch 1.8.1 环境下运行。

首先我们对待去除水印的图像进行预处理，手动对图像水印位置进行标注并生成二值掩模图像，将二值掩模图像和待去除水印图像一同送入神经网络，经过 3000 次迭代得到较好的修复结果，保存修复图像，并进行实验对比和分析。修复对比效果如图 8.8 所示。

不同模型方法结果对比

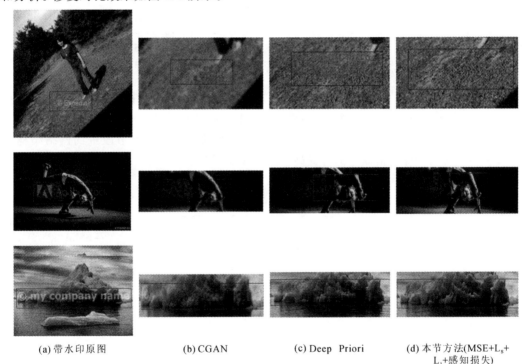

| (a) 带水印原图 | (b) CGAN | (c) Deep Priori | (d) 本节方法(MSE+L$_s$+ L$_1$+感知损失) |

图 8.8　不同模型方法结果对比

使用 PSNR 指标对不同方法去除可见水印后图像质量进行评估的结果如表 8.3 所示。分析实验数据得出，MSE+L$_s$+L$_1$+感知损失方法在 MAX PSNR 值和 AVG PSNR 值中取得较高的分数，相比 CGAN 模型分别提高了 5.248 dB 和 4.172 dB，相比 Deep Priori 方法分别提高了 3.580 dB 和 1.588 dB。水印去除模型使用 MSE+L$_s$+L$_1$+感知损失方法取得的高质量图像数量占比最多，为 57.143%，相比 CGAN 模型提高了 57.143%，相比 Deep Priori 方法提高了 28.572%。这是因为感知损失收敛速度快，能生成和保留大量的细节信息。

表 8.3　不同方法的 PSNR 指标数据

网络模型及损失函数	MAX PSNR/dB	MIN PSNR/dB	AVG PSNR/dB	PSNR>35/%
CGAN(MSE 损失)	34.780	29.235	30.978	0.000
Deep Priori	36.448	31.097	33.562	28.571
本节方法(MSE 损失)	38.966	32.846	34.461	28.571
本节方法(MSE 损失+L_s)	39.921	**32.992**	34.745	42.857
本节方法(MSE+L_s+L_1+感知损失)	**40.028**	32.963	**35.150**	**57.143**

表 8.4 为使用 SSIM 指标对不同方法去除可见水印后图像质量进行评估的数据结果，MSE+L_s+L_1+感知损失模型在 MAX SSIM 值和 AVG SSIM 值中取得分数最高，相比 CGAN 模型分别提高了 6.548% 和 29.652%，相比 Deep Priori 方法分别提高了 3.862% 和 2.998%。L_s 有保证图像结构的优点，可以使 SSIM 值提升。可见本节改进的网络结构在 PSNR 和 SSIM 两个评价指标上都有提高。根据实验数据得出，本节提出的网络模型有非常好的去水印效果。

表 8.4　不同方法的 SSIM 指标数据

网络模型及损失函数	MAX SSIM/%	MIN SSIM/%	AVG SSIM/%	SSIM>90/%
CGAN(MSE 损失)	88.065	28.515	59.569	0.000
Deep Priori	90.751	80.214	86.223	28.571
本节方法(MSE 损失)	93.392	82.527	88.303	42.857
本节方法(MSE 损失+L_s)	94.415	**82.908**	88.774	57.143
本节方法(MSE+L_1+L_s+感知损失)	**94.613**	82.894	**89.221**	**71.428**

本节提出改进的基于深度图像先验的网络结构，可以在更深层次提取图像的特征信息。使用阶梯损失、L_1 损失和感知损失方法优化去除水印后图像质量，使用感知损失方法提高图像恢复效率，L_1 损失能较好地保持图像结构信息。本节方法能够有效去除图像中较复杂的可见水印，且不限制图像的分辨率大小，是一种通用的图像可见水印去除方法。实验结果也表明，本节方法能有效去除可见水印，边缘修复效果更好。

本节方法的核心代码如下所示：

智　能　图　像　处　理

```
def forward(self, img, mask):
    x = img
    # 编码器网络
    x1 = self.dw_conv01(x)    # 图像特征矩阵经过 6 层下采样层
    x2 = self.dw_conv02(x1)
    x3 = self.dw_conv03(x2)
    x4 = self.dw_conv04(x3)
    x5 = self.dw_conv05(x4)
    x6 = self.dw_conv06(x5)
    # 注意力转移模块
    x5 = self.at_conv05(x5, x6, mask)    # 每个注意力层的输入是连续上下两层的特征矩阵
    x4 = self.at_conv04(x4, x5, mask)
    x3 = self.at_conv03(x3, x4, mask)
    x2 = self.at_conv02(x2, x3, mask)
    x1 = self.at_conv01(x1, x2, mask)
    # 解码器网络
    upx5 = self.up_conv05(F.interpolate(x6, scale_factor=2, mode='bilinear', align_corners=True))
                                            # 将 x6 特征矩阵作为输入，进行上采样
    upx4 = self.up_conv04(F.interpolate(torch.cat([upx5, x5], dim=1), scale_factor=2, mode=
'bilinear', align_corners=True))
    upx3 = self.up_conv03(F.interpolate(torch.cat([upx4, x4], dim=1), scale_factor=2, mode=
'bilinear', align_corners=True))
    upx3 = self.sa(upx3)
    upx2 = self.up_conv02(F.interpolate(torch.cat([upx3, x3], dim=1), scale_factor=2, mode=
'bilinear', align_corners=True))
    upx1 = self.up_conv01(F.interpolate(torch.cat([upx2, x2], dim=1), scale_factor=2, mode=
'bilinear', align_corners=True))
    img5 = self.torgb5(torch.cat([upx5, x5], dim=1))
    img4 = self.torgb4(torch.cat([upx4, x4], dim=1))
    img3 = self.torgb3(torch.cat([upx3, x3], dim=1))
    img2 = self.torgb2(torch.cat([upx2, x2], dim=1))
    img1 = self.torgb1(torch.cat([upx1, x1], dim=1))
    # 输出网络
    output = self.decoder(F.interpolate(torch.cat([upx1, x1], dim=1), scale_factor=2, mode=
'bilinear', align_corners=True))    # output 为最终网络的输出
    pyramid_imgs = [img1, img2, img3, img4, img5]
    return  pyramid_imgs, output
```

本 章 小 结

本章首先介绍了图像修复算法和基于深度学习的图像修复模型。该模型利用神经网络,通过已知区域的信息填充未知区域,不仅能删除图像中不必要的部分,还能恢复损坏的图像。其次,详细讨论了基于注意力机制的图像修复算法、基于门控卷积的金字塔图像修复方法和基于深度图像先验的图像水印去除技术。此外,还介绍了基于神经网络模型的图像恢复算法,通过对相关创新方法的分析,揭示了该研究领域的发展趋势和存在的问题。

参考文献及扩展阅读

[1] LI H A,HU L Q,LIU J,et al. A review of advances in image inpainting research[J]. The Imaging Science Journal,2024,72(5):669-691.

[2] LI H A,HU L Q,ZHANG J. Irregular mask image inpainting based on progressive generative adversarial networks[J]. The Imaging Science Journal,2023,71(3):299-312.

[3] 李洪安,胡柳青. 基于深度学习的图像智能修复软件 V1.0[CP]. 计算机软件著作权,中华人民共和国国家版权局,2023 年 9 月 18 日,登记号:2023SR1086512.

[4] LI H A,WANG G Y,HUA Q Z,et al. An image watermark removal method for secure internet of things applications based on federated learning[J]. Expert Systems,2023,40(5):e13036.

[5] LI H A,FAN J W,HUA Q Z,et al. Biomedical sensor image segmentation algorithm based on improved fully convolutional network[J]. Measurement,2022,197:111307.

[6] WANG D,HU L Q,LI Q,et al. Image inpainting based on multi-level feature aggregation network for future Internet[J]. Electronics,2023,12(19):4065.

[7] LI H A,HU L Q,HUA Q Z,et al. Image inpainting based on contextual coherent attention GAN[J]. Journal of Circuits,Systems and Computers,2022,31(12):2250209.

[8] LI H A,WANG G Y,GAO K,et al. A gated convolution and self-attention-based pyramid image inpainting network[J]. Journal of Circuits,Systems and Computers,2022,31(12):2250208.

[9] CHENG D,LI X,LI W H,et al. Large-scale visible watermark detection and removal with deep convolutional networks[C]. Pattern Recognition and Computer Vision (PRCV),2018:27-40.

[10] DEKEL T,RUBINSTEIN M,LIU C,et al. On the effectiveness of visible watermarks[C]. IEEE Conference on Computer Vision and Pattern Recognition (CVPR),2017:6864-6872.

[11] LI H A,ZHANG M,YU Z H,et al. An improved pix2pix model based on gabor filter for robust color image rendering[J]. Mathematical Biosciences and Engineering,2022,19(1):86-101.

[12] FAN Z Y,ZHU Y X,SONG Y,et al. Generating high quality crowd density map based on perceptual loss[J]. Applied Intelligence,2020,50(4):1073-1085.

[13]　GONG K,CATANA C,QI J Y,et al. PET image reconstruction using deep image prior[J]. IEEE Transactions on Medical Imaging,2018,38(7):1655-1665.

[14]　JOHNSON J, ALAHI A, FEI-FEI L. Perceptual losses for real-time style transfer and super-resolution[C]. Proceedings of the European Conference on Computer Vision (ECCV),2016:694-711.

[15]　JIANG P,HE S W,YU H F,et al. Two-stage visible watermark removal architecture based on deep learning[J]. IET Image Processing,2020,14(15):3819-3828.

[16]　LI H Y,WU Z Y,GUO L,et al. Multi-discriminator image inpainting algorithm based on hybrid dilated convolution network[J]. Journal of Huazhong University of Science and Technology (Natural Science Edition),2021,49(03):40-45.

[17]　刘波. 基于深度学习的图像可见水印的检测及去除方法研究[D]. 哈尔滨:哈尔滨工业大学,2019.

[18]　LI M,HSU W,XIE X D,et al. SACNN:self-attention convolutional neural network for low-dose CT denoising with self-supervised perceptual loss network[J]. IEEE Transactions on Medical Imaging,2020,39(7):2289-2301.

[19]　MA X F,HONG Y T,SONG Y Z. Super resolution land cover mapping of hyperspectral images using the deep image prior-based approach[J]. International journal of remote sensing,2020,41(7):2818-2834.

[20]　QIN C,He Z H,YAO H,et al. Visible watermark removal scheme based on reversible data hiding and image inpainting[J]. Signal Processing:Image Communication,2018,60:160-172.

[21]　SANTOYO-GARCIA H,FRAGOSO-NAVARRO E,REYES-REYES R,et al. An automatic visible watermark detection method using total variation[C]. IEEE International Workshop on Biometrics and Forensics (IWBF),2017:1-5.

[22]　TAO P,FU Z L,WANG L L,et al. Perceptual loss with fully convolutional for image residual denoising[C]. Chinese Conference on Pattern Recognition (CCPR),2016:122-132.

[23]　ULYANOV D,VEDALDI A,LEMPITSKY V. Deep image prior[C]. IEEE Conference on Computer Vision and Pattern Recognition (CVPR),2018:9446-9454.

[24]　XU C R,LU Y,ZHOU Y P. An automatic visible watermark removal technique using image inpainting algorithms[C]. Proceedings of the International Conference on Systems and Informatics (ICSAI),2017:1152-1157.

[25]　张茗茗,周诠,呼延烺. 基于多重匹配的可见水印去除算法[J]. 计算机工程与设计,2020,41(01):176-182.

[26]　CAO Z Y,NIU S Z,ZHANG J W,et al. Generative adversarial networks model for visible watermark removal[J]. IET Image Processing,2019,13(10):1783-1789.

[27]　BARNES C,SHECHTMAN E,FINKELSTEIN A,et al. PatchMatch:a randomized correspondence algorithm for structural image editing[J]. ACM Transactions on Graphics (TOG),2009,28(3):1-11.

[28]　YANG C,LU X,LIN Z,et al. High-resolution image inpainting using multi-scale neural patch

synthesis[C]. IEEE Conference on Computer Vision and Pattern Recognition (CVPR),2017: 4076-4084.

[29] 廉晓丽,徐中宇,冯丽丽,等. 一种新的基于偏微分方程的图像修复[J]. 计算机工程,2009,35(6): 234-236.

[30] LI H A,ZHANG M,YU K P,et al. A displacement estimated method for real time tissue ultrasound elastography[J]. Mobile Networks and Applications,2021,26(5):2014-2023.

[31] ZENG Y H,FU J L,CHAO H Y,et al. Learning pyramid-context encoder network for high-quality image inpainting[C]. IEEE Conference on Computer Vision and Pattern Recognition (CVPR),2019: 1486-1494.

[32] LIU G L,REDA F A,SHIH K J,et al. Image inpainting for irregular holes using partial convolutions [C]. Proceedings of the European Conference on Computer Vision (ECCV),2018:85-100.

[33] YU J H,LIN Z,YANG J M,et al. Free-form image inpainting with gated convolution[C]. IEEE/ CVF International Conference on Computer Vision (ICCV),2019:4471-4480.

[34] LECUN Y,BOTTOU L,BENGIO Y,et al. Gradient-based learning applied to document recognition [J]. Proceedings of the IEEE,1998,86(11):2278-2324.

[35] HE K M,ZHANG X Y,REN S Q,et al. Deep residual learning for image recognition[C]. IEEE Conference on Computer Vision and Pattern Recognition (CVPR),2016:770-778.

[36] SIMONYAN K,ZISSERMAN A. Very deep convolutional networks for large-scale image recognition [C]. International Conference on Learning Representations,2015. DOI:10.48550/arXiv.1409.1556.

[37] LI H A,DU Z M,ZHANG J,et al. A retrieval method of medical 3D models based on sparse representation[J]. Journal of Medical Imaging and Health Informatics,2019,9(9):1988-1992.

[38] GOODFELLOW I,POUGET-ABADIE J,MIRZA M,et al. Generative adversarial nets[J]. Advances in Neural Information Processing Systems (NIPS),2014,27:2672-2680.

[39] VASWANI A,SHAZEER N,PARMAR N,et al. Attention is all you need[J]. Advances in Neural Information Processing Systems (NIPS),2017,30:5998-6008.

[40] ZHAO L,MO Q H,LIN S H,et al. UCTGAN:diverse image inpainting based on unsupervised cross-space translation[C]. IEEE Conference on Computer Vision and Pattern Recognition (CVPR),2020: 5740-5749.

[41] SHIH M L,SU S Y,KOPF J,et al. 3D photography using context-aware layered depth inpainting [C]. IEEE Conference on Computer Vision and Pattern Recognition (CVPR),2020:8025-8035.

[42] LI H A,LI Z L,ZHANG J,et al. Image edge detection based on complex ridgelet transform[J]. Journal of Information & Computational Science,2015,12(1):31-39.

[43] WANG N,LI J Y,ZHANG L F,et al. MUSICAL:multi-scale image contextual sttention learning for inpainting [C]. Proceedings of the Twenty-Eighth International Joint Conference on Artificial Intelligence (IJCAI),2019:3748-3754.

[44] ZHENG C X,CHAM T J,CAI J F. Pluralistic image completion[C]. IEEE Conference on Computer

Vision and Pattern Recognition (CVPR),2019:1438-1447.

[45] YAN Z Y,LI X M,LI M,et al. Shift-Net:image inpainting via deep feature rearrangement[C]. Proceedings of the European Conference on Computer Vision (ECCV),2018:1-17.

[46] PATHAK D,KRAHENBUHL P,DONAHUE J,et al. Context encoders: feature learning by inpainting[C]. IEEE Conference on Computer Vision and Pattern Recognition (CVPR),2016: 2536-2544.

[47] WEI X,GONG B Q,LIU Z X,et al. Improving the improved training of wasserstein gans: a consistency term and its dual effect [C]. The 6th International Conference on Learning Representations,ICLR 2018 - Conference Track Proceedings,2018,7590:1-17.

[48] ISOLA P,ZHU J Y,ZHOU T H,et al. Image-to-image translation with conditional adversarial networks[C]. IEEE Conference on Computer Vision and Pattern Recognition (CVPR). 2017: 5967-5976.

第 8 章　图像修复

图像超分辨率重建是一种图像处理技术，旨在从给定的低分辨率图像中生成具有更高分辨率的图像。在许多应用领域中，高分辨率图像对于获取更丰富的图像细节信息至关重要。通常情况下，随着图像分辨率的提高，图像所包含的细节也相应增多，信息量随之增大。超分辨率重建技术被视为第二代图像修复技术，其主要特征在于处理后的图像中像素数量没有增加。本章将重点介绍基于深度学习的图像超分辨率算法。鉴于目前图像超分辨率重建算法存在精度不高、模型不稳定等问题，本章将阐述图像超分辨率重建的发展趋势，并探讨如何改进算法，提升图像重建质量，有效恢复图像细节。

9.1　基于深度学习的图像超分辨率重建

传统的图像超分辨率重建方法特别注重像素的学习，以满足更高的图像客观评价指标，而忽略了图像的固有特性，使重建图像在纹理细节上平滑模糊，缺乏真实性。近年来，基于深度学习的图像超分辨率重建算法取得了突破性进展。它使用大量高分辨率图像创建数据集，然后进行模型学习。在恢复低分辨率图像的过程中，引入学习模型获得的先验知识，得到图像的高频细节，得到更好的图像修复效果。相比其他模型来说，使用深度学习进行图像超分辨率重建可以产生更加清晰、真实的样本。

9.1.1　图像超分辨率概述

从低分辨率（Low-Resolution，LR）图像重建出与之对应的高分辨率（High-Resolution，HR）图像的极具挑战性的任务被称为超分辨率（Super-Resolution，SR）。利用图像超分辨率技术可以从低分辨率的图像创建一个外观和分辨率更好的图像，它是智能图像处理领域的一项重要图像处理技术，在卫星遥感、医学成像、目标探测等方面具有重要的应用价值。由于同一个低分辨率图像总是对应多个高分辨率图像，因此图像超分辨率重建问题非常具有挑战性。此外，随着超分缩放因子的增大，图像恢复丢失的细节也会变得更加复杂。

图像超分辨率重建技术主要可分为基于插值的方法和基于学习的方法。在基于插值的方法中，常见的技术包括双线性插值、双三次插值等。这些方法通过简单的插值计算来尝试提高图像的分辨率，但由于缺乏对图像细节的深层理解，其效果通常有限。相比之下，基于学习的方法能够从大量数据中学习到低分辨率图像和高分辨率图像之间的映射关系，因此该方法成为目前的主流方法，且深度学习框架下重建的图像在主观和客观评价方面较之前的方法都有巨大的提升。

2014 年，Dong C 等人提出了第一个用于超分辨率的深度学习网络：超分辨率卷积神经网络（Super-Resolution Convolutional Neural Network，SRCNN）。与以往基于插值和重建的算法不同，SRCNN 采用基于稀疏编码的图像超分辨率思想，用三层神经网络通过卷积运算完成图像块提取、特征非线性映射和重建三个步骤，模拟了传统的超分辨率过程。与传统算法不同的是，SRCNN 模型可以通过直接学习 LR 图像和 HR 图像之间的映射关系得到超分辨率图像，并增强图像的重建效果，提高图像的质量。

虽然更快、更深的卷积神经网络的使用已突破单一的图像超分辨率的速度和准确性，但有一个核心问题仍未得到解决：当对图像进行超分辨率时，如何更好地恢复放大很多倍的图像的纹理细节。基于优化思想的超分辨率方法主要受目标函数的影响，最近的一些相关项目都集中在最小化平均方差重建误差上，这样得到的结果有较高的峰值信噪比，但是重建图像往往会缺失高频细节并且视觉效果不理想，会有平滑的效果出现，无法达到超分辨率的预期效果。而生成对抗网络很好地解决了这个问题，受博弈论中的双人博弈的启发，GAN 由生成网络和判别网络组成。当 GAN 被成功地训练成收敛时，它将在许多智能图像处理任务中表现得非常好。

2016 年，Ledig C 等人将 GAN 引入图像超分辨率领域，并提出了一种使用生成对抗网络模型的超分辨率（Super-Resolution Generative Adversarial Network，SRGAN）。SRGAN 使用感知损失和反损失来重建图像，感知损失通过卷积运算提取图像的特征。通过比较卷积神经网络生成的图像和卷积神经网络生成的目标图像的特征，生成的图像和目标图像在语义和风格上更加相似。反损失是判别器网络评估生成器操作的一部分。如果判别器认为图像使生成器看起来合法，则与认为图像完全伪造相比，损失会更低。图 9.1 为几种方法生成图像的对比，双三次插值方法生成的图像看起来特别模糊，SRResNet 方法生成的图像过度平滑并且细节纹理也恢复得不好，而 SRGAN 方法生成的图像就有着良好的视觉效果。

几种方法生成
图像的对比

bicubic
(21.59 dB/0.6423)

SRResNet
(23.53 dB/0.7832)

SRGAN
(21.15 dB/0.6868)

original

图 9.1　几种方法生成图像的对比

9.1.2 基于深度学习的图像超分辨率重建模型

1. SRCNN

超分辨率卷积神经网络方法首次将 CNN 引入到图像超分辨率任务中，构造了一个端到端的超分辨率网络。SRCNN 的网络结构如图 9.2 所示。对于输入的低分辨率图像，首先通过双三次插值将其放大到目标尺寸，然后使用三层卷积神经网络拟合低分辨率图像和高分辨率图像之间的非线性映射，最后将网络的输出作为重构的高分辨率图像。

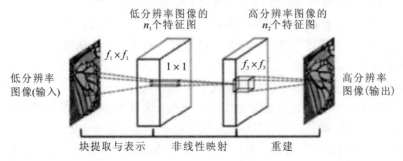

图 9.2　SRCNN 网络结构

2. SRGAN

SRGAN 模型由生成网络 G 与判别网络 D 组成。基于残差学习的思想，G 网络里加入了残差，负责合成高分辨率图像，而 D 网络则负责鉴别输入图像是来自生成网络重建后的超分辨率图像还是真实的原始图像。SRGAN 的网络结构如图 9.3 所示。SRGAN 将一个跳转连接和偏离均方误差的深度残差网络作为唯一的优化目标。

SRGAN 的一大创新点就是提出了内容损失，SRGAN 希望让整个网络在学习的过程中更加关注重建图像和原始图像的语义特征差异，而非逐个像素之间的颜色亮度差异。SRGAN 利用 VGG 网络的高级特征映射，结合判别器定义了一种新的感知损失。该判别器解决了在感知上难以与 HR 参考图像区分的问题，克服了用于重建图像的网络模型感知质量差的缺点，使生成的超分辨率图像更自然，感知更好。然而，这种方法的缺点是网络结构复杂，需要对两个网络进行训练，训练过程长。

生成对抗网络图像超分辨率重建流程如图 9.4 所示。为了得到更好的生成网络和判别网络，训练和测试中，原始图像视为真实高分辨率图像 I^{HR}，低分辨率图像 I^{LR} 由 I^{HR} 加入高斯噪声下采样获得。将 I^{LR} 输入到生成网络中得到生成的高分辨率图像 I^{SR}，将伪造图像和真实图像输入到判别网络中，判别 I^{SR} 与 I^{HR} 是否相似，计算对抗损失。通过 I^{SR} 和 I^{HR} 计算内容损失，将内容损失和对抗损失加权计算出感知损失。优化感知损失，督促生成网络和判别网络学习，当迭代轮数达到 epoch 结束训练。

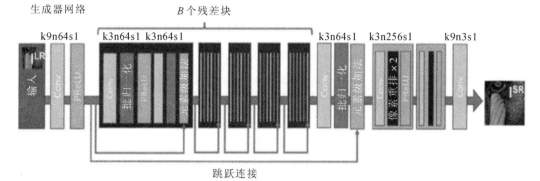

生成器网络

B 个残差块

k9n64s1　k3n64s1 k3n64s1　k3n64s1　k3n256s1　k9n3s1

跳跃连接

判别器网络

k3n64s1 k3n64s2　k3n128s1　k3n256s1　k3n512s1

k3n128s2　k3n256s2　k3n512s2

图 9.3　SRGAN 网络结构

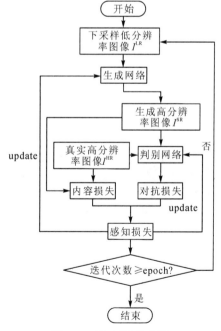

图 9.4　SRGAN 流程图

3. ESPCN

2016 年，Shi W 等人提出了一种基于像素重排的重建网络模型 ESPCN（Efficient Sub-Pixel Convolutional Neural Network）。与 SRCNN 不同的是，ESPCN 方法在将低分辨率图像传递给神经网络之前，无须对给定的低分辨率图像进行上采样即可获得与目标高分辨率图像大小相同的低分辨率图像。ESPCN 网络结构如图 9.5 所示。在 ESPCN 网络中引入亚像素卷积层，间接实现图像放大处理。该方法可通过灵活地调整特征通道的数目快速地实现不同倍数的放大效果，从而提高重建的效率和效果。

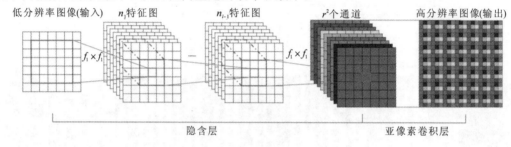

图 9.5　ESPCN 结构图

4. VDSR

2016 年，Kim J 等人提出的 VDSR（Very Deep CNN for SR）方法首次将残差结构用于图像超分辨率重建的深度网络。该方法认为低分辨率图像所携带的低频信息与高分辨率图像所携带的低频信息相似，因此只需要学习高分辨率图像与低分辨率图像之间的高频残差信息。VDSR 的网络结构如图 9.6 所示，它将插值后的低分辨率图像输入到网络中，然后将低分辨率图像与网络学习的残差相加，得到最终的高分辨率重建图像。VDSR 方法采用不同放大倍数的图像同时训练的策略，使该模型能够解决不同放大倍数的图像超分辨率重建问题。通过学习高分辨率和低分辨率图像之间的剩余部分，VDSR 能比 SRCNN 获得更好的结果。

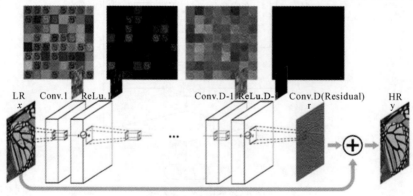

图 9.6　VDSR 结构图

5．EDSR

2017 年，Lim B 等人在保持模型紧凑的同时，通过从传统的网络架构中去除不必要的模块，取得了改进的结果，提出了 EDSR（Enhanced Deep Residual Networks for Single Image Super-Resolution，增强的单图像超分辨率深度残差网络）模型。EDSR 的网络结构如图 9.7 所示，EDSR 去掉了 SRGAN 的生成网络中多余的批规范化处理（Batch Normalization，BN）操作模块，在同一计算资源中，可以在同一层中提取更多 EDSR 或者在同一层中重建更多 EDSR，以扩展模型，从而提升重建效果。该方法还使用了残余缩放（Residual Scaling）技术，即在每一个残差块中，在最后的卷积层之后再次放置恒定的缩放层以稳定地进行大型模型的训练。当训练缩放因子被设置为 3 或 4 时，EDSR 利用已经预训练好的缩放因子为 2 的网络来对模型参数进行初始化。该策略不仅加快了训练速度，而且提升了训练后的模型性能表现。

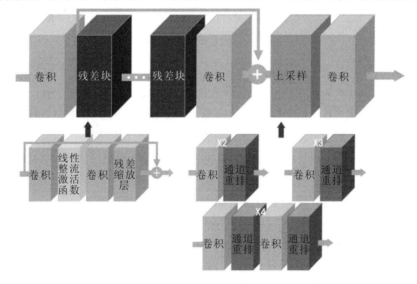

图 9.7　EDSR 的网络结构

6．RDN

2018 年，Zhang Y 等人针对重建过程中低分辨率图像的层次特征得不到充分利用的问题，提出了一种残差密集网络（Residual Dense Network，RDN）。该网络利用一系列剩余密集块提取和融合局部特征，建立连续存储机制，最大限度地保留前一层的信息，在层间传输信息，对获得的局部特征进行全局融合，并自适应学习全局密集的层次特征。同年，Zhang Y 等人在 RDN 的基础上，将信号处理中的信道注意机制引入超分辨率，构建了剩余信道注意网络（Residual Channel Attention Networks，RCAN）模型。RCAN 网络模型是首个将注意力机制应用于图像超分辨率重建问题的网络，其网络结构如图 9.8 所示。RCAN 网络主要由四部分构成：浅特征提取、深特征提取、上采样模块和重建。为降低训练难度，

RCAN 采用了一种残差中的残差(Residual In Residual，RIR)结构，它由多个具有长跳跃连接的残差组组合而成，RIR 通过多个跳层连接跳过了大量低频信息，使得主网络学习到的信息更为有效。

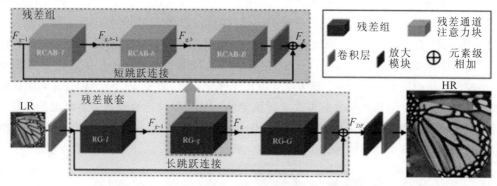

图 9.8　RCAN 网络结构图

7. DBPN

2018 年，Haris M 等人基于迭代反投影法构建了深度反投影网络(Deep Back Projection Networks，DBPN)模型。基于迭代反投影的思想，通过增加和减少采样的迭代网络为每个阶段提供误差反馈机制，然后不断累积每个上采样阶段的自校正特征(self-correct)，生成 SR 图像。通过这种方法，构造了相互依赖的采样模块。其中，每个模块可以表示不同的图像退化和高分辨率组件。DBPN 网络中的重复迭代使神经网络更好地受特征约束，更紧密地拟合高分辨率和低分辨率之间的关系，在高倍数下也能表现出更好的重建效果。

Huang G 等人提出了稠密连接卷积网络(Densely Connected Convolutional Network，DenseNet)模型。它的思想与 ResNet 基本相同，但区别在于它建立了所有前层和后层的紧密连接。深度网络级联(Deep Network Cascade，DNC)是基于堆叠协作局部自编码实现的。该方法在多尺度图像块中进行非局部自相似搜索，增强输入图像块的高频纹理细节，抑制噪声，并集成重叠图像块的兼容性。

9.2　基于自注意力亚像素卷积的图像超分辨率重建

图像超分辨率重建算法可以提高物联网图像质量和物联网中数据传输效率，在数据传输加密中有着重要的研究意义。针对神经网络在进行图像超分辨率重建时图像质量不高的问题，研究人员提出了基于自注意力的图像超分辨率重建算法。我们对网络模型进行改进，采用残差网络结构和亚像素卷积对图像进行特征信息提取；加入自注意力机制模块，对图像中的细节信息进行关注。在公开数据集上的实验结果表明，本节提出的改进网络模型能

智能图像处理

提高图像重建质量，有效恢复图像的细节信息。

9.2.1 亚像素卷积

亚像素卷积层是一种利用图像的特征进行图像上采样的超分辨率方法。它由一组拓展滤波器组成，通过学习的方式不断调整滤波器中的参数，建立图像映射关系，对低分辨率输入图像进行滤波运算，输出放大后的高分辨率图像。针对每个特征图像训练更为复杂的放大滤波器并组成亚像素卷积层，使用亚像素卷积层对常用的图像尺度拓展方法（如双线性插值和反卷积操作等）进行替换，可以在提高图像像素放大精度的同时，降低重建操作中的计算复杂度。在图像超分辨率重建算法中，使用传统的反卷积操作通常受人工参数影响，导致产生的高分辨率图像质量不高。相比传统方法，亚像素卷积中的图像放大滤波器中的参数是可以通过训练学习而自适应变化的。因此使用该方法对图像进行放大，可以极大地降低风险，得到结构纹理更加清晰的高质量图像。亚像素卷积处理过程如图 9.9 所示。

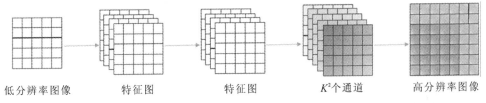

低分辨率图像　　　　特征图　　　　特征图　　　K^2个通道　　　高分辨率图像

图 9.9　使用亚像素卷积恢复高分辨率图像过程

使用 PyTorch 框架对亚像素卷积结构进行实现，主要涉及两个基本过程：一般的卷积运算和像素的重新排列。关键代码如下：

```
class ESPCN(nn.Module):  # 定义亚像素卷积
    def __init__(self, scale_factor, num_channels=1):
        super(ESPCN, self).__init__()
        self.first_part = nn.Sequential(  # 网络前端，使用卷积网络产生丰富的特征图
            nn.Conv2d(in_channels=num_channels, out_channels=64, kernel_size=5, padding=5//2),
            nn.Tanh(),
            nn.Conv2d(in_channels=64, out_channels=32, kernel_size=3, padding=3//2),
            nn.Tanh()
        )
        self.last_part = nn.Sequential(  # 网络后端，将产生的网络特征图使用像素混合提高分辨率
            nn.Conv2d(in_channels=32, out_channels=num_channels * (scale_factor * * 2), kernel_size=3, padding=3//2),
            nn.PixelShuffle(scale_factor)
```

```
    )
def forward(self，x)：
    x = self. first_part(x)
    x = self. last_part(x)
    return x
```

设置图像的缩放因子为 r，低分辨率图像被输入到亚像素卷积层，经过两个隐含层的卷积运算，得到与输入图像大小相同的特征图。要素图的要素通道数为 r^2。然后重新排列通道特征中的所有像素，通过将多通道特征图上的单个像素组合成一个特征图上的像素值，形成一个 $r×r$ 的图像，即得到的高分辨率图像是 r^2 个特征像素的线性组合。由于图像放大过程的插值函数隐藏在前一个卷积层中，并且可以使用训练方法自动学习，相比于人工设计的放大方式，这种基于学习的放大方式能够更好地拟合像素之间的关系。

9.2.2 自注意力机制

图像超分辨率重建可以看作是恢复低分辨率图像信息到高频信息的过程，因而许多低频信息是可以直接传播到最终输出的高分辨率图像中的。在特征提取的过程中，并未对低频信息和高频信息加以区分后进行学习，从而导致网络不能充分利用低分辨率图像中的高频信息。加入自注意力机制，可以关注图像中的重要信息，忽略无关信息，有效地改善上述问题。

神经网络中的注意力机制与人眼观察物体的方法相似，以网络模块的形式来区别对待不同的特征信息。如图 9.10 所示，自注意力机制由 Q、K、V 三部分组成，Q 表示模型的输入查询量，K 表示与 Q 具有较高相似度的参照量，V 代表与 K 对应的输出内容信息。根据不同的处理任务，每个部分存储的信息也不一样。在图像处理任务中，利用图像特征内部固有信息进行注意力交互，通常将原始特征图映射为 Q、K、V，再计算 Q 与 K 之间的相关权重系数并归一化，最后将系数叠加到 V 中。

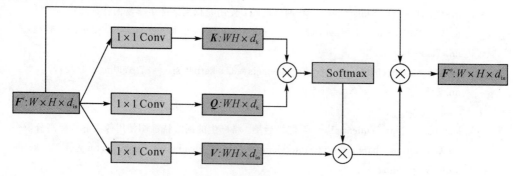

图 9.10　利用自注意力机制提高特征图像中感兴趣区域的特征值

深度学习与视觉注意力机制结合的研究工作，大多数集中于使用掩码来形成注意力机制。但该方法不能动态地调整网络对特征图像的关注度，因此本节方法采用自注意力机制对图像特征信息进行筛选，对于感兴趣的信息添加较大的关注系数。自注意力机制也被称为内部注意力机制，它主要是一个计算单个序列中不同位置之间的相关性的注意力机制。基于注意力机制的网络结构可并行化运行，并且需要的训练时间更少。基于自注意力机制的图像超分辨率重建算法，将网络中的特征图像输入到自注意力模块中，通过卷积操作得到 $\boldsymbol{Q}$、$\boldsymbol{K}$、$\boldsymbol{V}$。自注意力机制公式如下：

$$\text{Attention}(\boldsymbol{Q}, \boldsymbol{K}, \boldsymbol{V}) = \text{Softmax}\left(\frac{\boldsymbol{Q}\boldsymbol{K}^{\text{T}}}{\sqrt{d_k}}\right)\boldsymbol{V} \tag{9.1}$$

其中，d_k 表示特征图像的输出维度。将自注意力特征图乘以动态调整系数，并叠加到原始特征输入中，即可实现放大特征图像中感兴趣的细节信息，抑制图像中的无关噪声信息。使用 PyTorch 实现自注意力机制的关键代码如下：

```python
class Self_Attn(nn.Module):
""" Self attention Layer"""
def __init__(self,in_dim,activation):    # 初始化
    super(Self_Attn,self).__init__()
    self.chanel_in = in_dim
    self.activation = activation    # 分别使用三个卷积层得到 K、Q、V 的值
    self.query_conv = nn.Conv2d(in_channels = in_dim , out_channels = in_dim//8 , kernel_size=1)
    self.key_conv = nn.Conv2d(in_channels = in_dim , out_channels = in_dim//8 , kernel_size= 1)
    self.value_conv = nn.Conv2d(in_channels = in_dim , out_channels = in_dim , kernel_size= 1)
        self.gamma = nn.Parameter(torch.zeros(1))
    self.softmax  = nn.Softmax(dim=-1)    # 定义 Softmax 函数对象
def forward(self,x):    # 参数反馈
    m_batchsize,C,width ,height = x.size()    # 利用定义模块计算 K、Q、V 的值
    proj_query = self.query_conv(x).view(m_batchsize,-1,width * height).permute(0,2,1)    # 计算 Q 值
    proj_key =   self.key_conv(x).view(m_batchsize,-1,width * height)    # 计算 K 值
    energy =  torch.bmm(proj_query,proj_key)    # 得到 Q 与 K 之间的关系
    attention = self.softmax(energy)    # 进行归一化处理
    proj_value = self.value_conv(x).view(m_batchsize,-1,width * height)    # 计算 V 值
    out = torch.bmm(proj_value,attention.permute(0,2,1)) # 将所有计算值相乘并相加得到最后结果
    out = out.view(m_batchsize,C,width,height)
    out = self.gamma * out + x
return out,attention
```

9.2.3　超分辨率图像生成网络

本节提出的基于自注意力机制的图像超分辨率网络模型包含生成器网络和判别器网络两个部分，其中生成器网络由 16 个深度残差模块、3 个卷积模块、2 个亚像素卷积层和 2 个自注意力模块组成，具体网络结构如图 9.11 所示。

图 9.11　超分辨率图像生成网络

将低分辨率图像输入生成器中，使用卷积提取低分辨率图像的特征信息，训练完成后生成器输出高分辨率图像。为了使生成器能更好地捕捉图像中的内容信息，我们使用了 16 个深度残差模块提取图像中的特征信息。每个残差块由 2 个卷积层、2 个归一化层和 1 个 PReLU 激活函数组成。使用 PReLU 激活函数进行激活操作，使得在网络训练过程中，可以根据输入的图像数据动态调整负值部分的斜率，提高网络模型的泛化能力，避免模型过拟合。

为了提高模型对图像中细节信息的重建能力，在第一个卷积块和第二个卷积块之后添加自注意力机制。通过自注意力机制对特征图像中的感兴趣信息进行调整，提高对纹理细节和图像内容的关注度，降低噪声数据和无关信息的干扰。将经过自注意力计算后的特征图像输入亚像素卷积层，使用两次上采样卷积将图像的分辨率放大 4 倍，最后再经过卷积操作得到超分辨率图像。具体网络参数如表 9.1 所示。

表 9.1　超分辨率图像生成网络参数

卷积层	输出图像大小	卷积核参数	卷积核数量
Conv_1	24×24	9×9，64	×1
SA_1	24×24	1×1，8 1×1，8 1×1，64	×1
ResConv	24×24	3×3，64 3×3，64	×16
Conv_2	24×24	3×3，64	×1
SA_2	24×24	1×1，8 1×1，8 1×1，64	×1
SubpixelConv	96×96	3×3，256	×2
Conv_3	96×96	9×9，3	×1

9.2.4　整体损失函数

基于神经网络的图像超分辨率算法，利用损失函数指导模型进行优化。图像超分辨率模型的输出效果，很大程度上取决于整体的优化目标。本节基于自注意力的图像超分辨率重建模型的损失函数由三部分组成，分别是生成对抗损失、感知损失和内容损失。为了提高模型的整体感知能力，我们使用预训练的 VGG-19 网络计算模型的感知损失。分别向VGG-19网络输入真实高分辨率图像和生成高分辨率图像，通过特征提取得到相应的特征图，通过计算特征图之间的差异性得到感知损失。具体计算如下：

$$L_{\mathrm{P}} = \frac{1}{C} \sum_{j=1}^{C} \parallel \varphi_j(y) - \varphi_j(G(x)) \parallel^2 \tag{9.2}$$

其中，C 表示特征图像的通道数量，φ_j 表示第 j 层特征图像，y 表示真实高分辨率图像，x 表示低分辨率图像，G 表示生成器网络。生成对抗损失用于提高生成器和判别器的生成能力和判别能力，促进生成对抗网络在相互的对抗学习中提高模型的整体性能。内容损失函数主要对图像的内容信息进行约束，比较生成高分辨率图像与真实高分辨率图像之间的内容差异。内容损失计算公式如下：

$$L_{C} = \frac{1}{WH} \sum_{i=1}^{W} \sum_{j=1}^{H} (y_{i,j} - G(x)_{i,j})^2 \tag{9.3}$$

其中，W 和 H 分别表示图像的宽和高，"i, j"表示图像中的一个像素点，x 表示输入的低分辨率图像，y 表示真实的高分辨率图像，G 表示生成器网络。网络模型的总体损失函数表示为

$$L_{\text{total}} = \beta L(G, D) + L_{P} + L_{C} \tag{9.4}$$

其中，β 表示生成对抗损失系数，L_{P} 和 L_{C} 分别表示感知损失和内容损失。

9.2.5　实验与分析

实验使用 COCO2014 数据集对本节提出的网络模型进行训练。为了还原物联网数据传输中的复杂图像环境，采用 Set5、Set14 和 BSD100 三个公开数据集进行模型测试。从 BSD100 数据集中选取飞机、花瓶、赛车、人和动物等不同类别的图像进行测试；在 Set5 数据集中选取了鸟、头、婴儿、蝴蝶、女人等不同类型的图像数据；在 Set14 数据集中选取了斑马、辣椒、花朵、桥和男人等图像。所有实验均在同一台计算机上完成，采用 Python3.6、PyTorch1.4.0 软件开发环境对本节提出的网络模型进行实现。在 64 位 Windows 10 操作系统、处理器为 Intel Core i9-10900X CPU @ 3.70 GHz & 3.70 GHz、显卡为 NVIDIA GeForce RTX 2080 Ti、CUDA10.2 的硬件环境下运行。

1. 图像超分辨率效果主观分析

在相同实验条件下，对 Bicubic 算法、基于生成对抗网络的超分辨率重建算法、融入自注意力机制的超分辨率重建算法的重建效果进行对比，实验结果如图 9.12 所示。

不同超分辨率恢复方法效果对比图

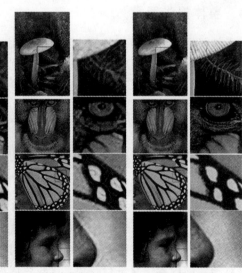

(a) Bicubic方法　　　(b) SRGAN方法　　　(c) 本节方法　　　(d) 原始图像

图 9.12　不同超分辨率恢复方法效果对比图

从图 9.12 中可以看出，Bicubic 方法的重建图像仅能保留图像的轮廓、颜色等高频信息，而对于细节和纹理的重建较差。SRGAN 模型产生的超分辨率重建图像质量相对于传统方法有明显的提高，在纹理和轮廓等方面均有改善。在生成对抗网络算法基础上加入自注意力机制，能提高模型的关注能力，更好地保留图像中的细节特征信息。从图 9.12(c) 可以看出，本节提出的改进算法产生的超分辨率图像质量更高，重建出了图像中的细节特征，重建图像的颜色相对于其他算法更加丰富、自然。

2. 图像超分辨率效果客观分析

为了证明改进算法的有效性，我们通过用户评估的方式对不同算法产生的超分辨率图像进行打分。在不告知被测对象每幅重建图像对应算法的情况下，让其对每一组图像进行评分，并求取平均值。平均意见得分如表 9.2 所示。

表 9.2   平均意见得分

算法	第一组	第二组	第三组	第四组
Bicubic 方法	4.214	4.25	4.178	4.083
SRGAN 方法	6.842	7.178	6.857	6.714
本节方法	7.071	7.557	7.25	6.942

从表中数据可知，Bicubic 插值算法对图像重建的效果的认可度是最低的，这是由于在插值重建过程中，只是对低分辨率图像进行了放大处理，大量的"补 0"操作导致在重建过程中并没有对图像特征信息进行有效提取。SRGAN 模型和本节加入了自注意力机制的图像超分辨率重建算法得到的分数更高。相比于仅使用 GAN 模型的重建算法，本节方法对图像中的细节特征进行关注，在保留基本纹理特征的情况下，对图像的边界和细节处理效果更好，因此在各组都得到了最好的评价结果。

为了排除人为的影响，我们采用了更加客观的指标评价不同算法的重建效果。我们在 Set5、Set14 和 BSD100 数据集上使用 PSNR 和 SSIM 指标进行定量对比，实验结果如表 9.3 所示。从表中可以看出，我们所提出的基于自注意力机制的超分辨率重建算法比其他方法在 PSNR 值和 SSIM 值上均有一定提升。在 Set5 数据集上，本节方法的 PSNR 值和 SSIM 值比 SRGAN 方法分别提升了 0.673 dB 和 0.011；在 Set14 数据集上，本节方法的 PSNR 值和 SSIM 值比 SRGAN 方法分别提升了 0.599 dB 和 0.014；在 BSD100 数据集上，本节方法相较于 SRGAN 方法 PSNR 值提升了 0.547 dB，SSIM 值提升了 0.011。从客观评价指标可以看出，本节方法能更好地恢复出图像中的细节信息，提高超分辨率图像的质量。

表 9.3　不同图像超分辨率方法客观评价结果

算法	Set5		Set14		BSD100	
	PSNR/dB	SSIM	PSNR/dB	SSIM	PSNR/dB	SSIM
Bicubic 方法	27.067	0.749	24.502	0.682	23.924	0.626
SRGAN 方法	28.072	0.843	26.057	0.731	25.490	0.686
本节方法	28.745	0.854	26.656	0.745	26.037	0.697

　　为了提高图像数据在物联网中的传输效率，降低数据传输过程中数据加密的巨大开销，本节提出了基于自注意力机制的图像超分辨率算法。引入注意力机制，在对低分辨率图像进行重建的过程中，能够保留图像的细节特征，提高重建图像的质量。实验证明，我们的方法能有效重建出低分辨率图像的细节特征，提高超分辨率图像质量。该方法可有效降低物联网图像传输和数据加密的巨大开销，提高数据传输效率和数据加密安全性。

9.3　基于多尺度注意力的图像超分辨率重建

9.3.1　超分辨率重建网络

　　本节提出了一种基于多尺度注意力的超分辨率重建网络模型，该模型主要由浅层特征提取、深层特征提取、全局特征融合和图像重建四个部分组成，具体的网络结构如图 9.13 所示。将低分辨率图像输入到此网络中时，该模型能够输出高分辨率图像。首先，通过一个卷积层对低分辨率输入图像进行处理，从中提取出浅层特征。值得注意的是，该处理过程采用了三条不同的路径，分别使用 3×3、5×5 和 7×7 大小的卷积核进行卷积操作，以获得不同的特征图，从而更全面地提取浅层特征。在激活层使用了 PReLU 激活函数进行激活操作，相比于传统的激活函数，PReLU 激活函数能够提高模型的泛化能力并且抑制模型的过拟合，从而提高整体性能。接下来，引入了注意力机制块（AMB），通过该机制可以对需要的特征进行放大，而对不需要的特征进行缩小操作。这种多尺度的注意力机制有助于模型更好地聚焦于重要的特征信息，从而提升重建图像的质量和准确性。最后，在全局特征融合部分，将不同尺度的特征进行融合，以整合各个尺度的特征信息，为图像重建提供更为全面的特征表达。这一步骤能够进一步增强模型对图像细节的捕捉和重建能力。

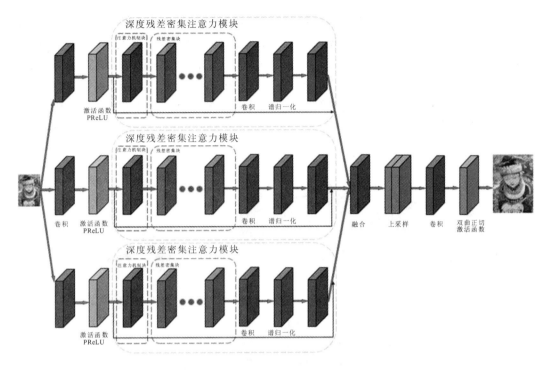

图 9.13　超分辨率重建网络模型

　　注意力机制块对图像中的特征进行调整，显著提高了对纹理细节的恢复，并有效降低了噪声的干扰。在图像超分辨率重建中，这种特征调整对于提高重建图像的质量至关重要。随后，经过残差密集块 RDB 进行深度特征提取，这有助于更好地捕获图像中的信息。在本节中，我们使用了 16 个残差密集块，每个块由 5 个卷积层、谱归一化层和 PReLU 激活函数组成。这种结构的设计能够有效地利用深层网络提取图像的高级特征，从而使得模型能够更好地理解图像内容。接着，经过注意力机制块的再次调整，将得到的特征图输入亚像素卷积层。通过两次 2 倍上采样操作，将图像分辨率放大 4 倍，从而实现对图像的高分辨率重建。亚像素卷积层的使用有助于保持图像的细节信息，并使得重建图像更加自然和真实。最后，经过一系列卷积层的处理，得到了最终的超分辨率重建图像。这些卷积层能够进一步提升图像的质量，使得重建结果更加清晰、真实。这一端到端的处理流程，成功实现了对低分辨率图像的高效重建，获得了更具细节和清晰度的超分辨率图像。

9.3.2　注意力机制块

　　本节的注意力机制块分为通道注意力和空间注意力两种类型，结构如图 9.14 所示。首先，通道注意力机制关注输入数据的不同通道之间的关系，每个通道都负责捕捉图像中的特定信息，如颜色、纹理等。学习不同通道之间的权重分布，模型可以自适应地调整不同通道的重要性，从而提高图像特征的表达能力。通过增强与任务相关的通道，通道注意力机制可以帮助模型更好地聚焦于对图像超分辨率重建最为关键的特征信息。其次，空间注意力机制关注输入数据中不同空间位置之间的关系。不同位置的像素值之间存在着丰富的空间相关性，学习不同空间位置之间的权重分布使得模型可以有针对性地关注图像中不同位置的重要性，从而更加准确地捕捉图像的局部结构和细节信息。通过增强与任务相关的空间位置，空间注意力机制可以帮助模型更好地理解图像的结构，并实现更加精确的图像重建。

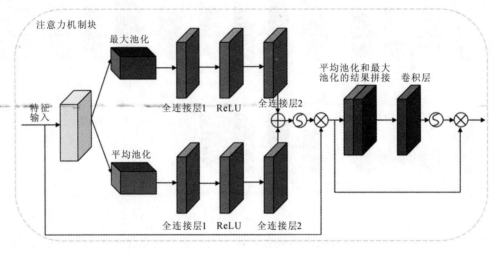

图 9.14　注意力机制块结构

注意力机制块关键代码如下：

```
# 通道注意力机制
class ChannelAttention(nn. Module):
def __init__(self, in_planes, ratio=16):
    super(ChannelAttention, self).__init__()
    self. avg_pool = nn. AdaptiveAvgPool2d(1)
    self. max_pool = nn. AdaptiveMaxPool2d(1)
    self. fc1 = nn. Conv2d(in_planes, in_planes // 16, 1, bias=False)
    self. relu1 = nn. ReLU()
    self. fc2 = nn. Conv2d(in_planes // 16, in_planes, 1, bias=False)
    self. sigmoid = nn. Sigmoid()
def forward(self, x):
    avg_out = self. fc2(self. relu1(self. fc1(self. avg_pool(x))))
    max_out = self. fc2(self. relu1(self. fc1(self. max_pool(x))))
```

智能图像处理

```
        out = avg_out + max_out
        return self. sigmoid(out)
# 空间注意力机制
class SpatialAttention(nn. Module):
def __init__(self, kernel_size=7):
        super(SpatialAttention, self). __init__()
        assert kernel_size in (3, 7),
        padding = 3 if kernel_size == 7 else 1
        self. conv1 = nn. Conv2d(2, 1, kernel_size, padding=padding, bias=False)
        self. sigmoid = nn. Sigmoid()
def forward(self, x):
        avg_out = torch. mean(x, dim=1, keepdim=True)
        max_out, _ = torch. max(x, dim=1, keepdim=True)
        x = torch. cat([avg_out, max_out], dim=1)
        x = self. conv1(x)
        return self. sigmoid(x)
```

9.3.3 残差密集块

为了提高整个网络训练时收敛的速度，缓解梯度消失，加强特征传播，我们引入了DCCN 的思想。利用网络中的密集连接，在深层结构中最大化地实现了网络不同层之间的信息交流，且密集连接每个层都会与之前所有层在通道维度上进行连接。本节中的密集网络有 5 层，总共包含 15 个连接，通过这种方式将所有具有相同特征映射大小的特征图连接起来，并且每一层都收到来自所有先前层的输入，然后将其特征映射输出到所有的后续层。这样不仅可以缓解梯度消失问题，还可以增加特征传播，加强特征利用。该方法使网络具有了连续存储功能，能够连续传递每一层的状态。如图 9.15 所示，RDB 由卷积层、谱归一

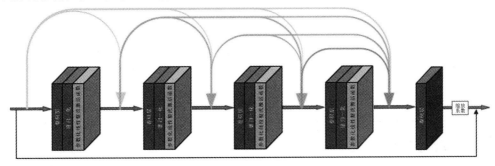

图 9.15 残差密集块结构

化层和激活层组成，并多次重复地串接在一起，使用了 3×3 大小的卷积核和 PReLU 激活函数。在将残差添加到主路径之前，通过乘以 0 到 1 之间的常数进行缩小，从而增强 GAN 在训练过程中的稳定性。

残差密集块关键代码如下：

```
class RDB(nn. Module)：
def __init__(self, kernel_size＝3, n_channels＝64)：
    super(RDB, self). __init__()
    ＃ 第一个卷积块
    self. conv_block1 ＝ ConvolutionalBlock(in_channels＝n_channels, out_channels＝n_channels,
    kernel_size＝kernel_size, spectral_norm＝True, activation＝'prelu')
    ＃ 第二个卷积块
    self. conv_block2 ＝ ConvolutionalBlock(in_channels＝2 * n_channels, out_channels＝n_channels,
    kernel_size＝kernel_size, spectral_norm＝True, activation＝'prelu')
    ＃ 第三个卷积块
    self. conv_block3 ＝ ConvolutionalBlock(in_channels＝3 * n_channels, out_channels＝n_channels,
    kernel_size＝kernel_size, spectral_norm＝True, activation＝'prelu')
    ＃ 第四个卷积块
    self. conv_block4 ＝ ConvolutionalBlock(in_channels＝4 * n_channels, out_channels＝n_channels,
    kernel_size＝kernel_size, spectral_norm＝True, activation＝'prelu')
    ＃ 第五个卷积块
    self. conv_block5 ＝ ConvolutionalBlock(in_channels＝5 * n_channels, out_channels＝n_channels,
    kernel_size＝kernel_size, spectral_norm＝False, activation＝None)
def forward(self, x)：
    x1 ＝ self. conv_block1(x)    ＃ (N, n_channels, w, h)
    x2 ＝ self. conv_block2(torch. cat((x, x1), 1))    ＃ (N, n_channels, w, h)
    x3 ＝ self. conv_block3(torch. cat((x, x1, x2), 1))    ＃ (N, n_channels, w, h)
    x4 ＝ self. conv_block4(torch. cat((x, x1, x2, x3), 1))    ＃ (N, n_channels, w, h)
    x5 ＝ self. conv_block5(torch. cat((x, x1, x2, x3, x4), 1))    ＃ (N, n_channels, w, h)
    output ＝ x5 * 0. 2 ＋ x    ＃ (N, n_channels, w, h)
    return output
```

9.3.4　实验与分析

本节所有的实验都是在相同的实验环境下完成，使用了一台 64 位 Windows10 操作系

智能图像处理

统的电脑，Intel Core i9-10900X CPU @ 3.70GHz 的处理器，NVIDIA GeForce RTX
2080Ti 的显卡，运行在 PyTorch 1.11.0、CUDA11.3、Python3.7.3 的环境中。实验训练
集选用公开数据集 COCO2014，该数据集是一个大型的、丰富的物体检测、分割和字幕数
据集，主要从复杂的日常场景中截取。测试集使用 Set5、Set14 和 BSD100。这三个数据集
是目前流行的单图像超分辨率数据集，从自然图像到特定对象，其中分别包含 5 张、14 张
和 100 张具有不同场景的图像。实验采用峰值信噪比（PSNR）和结构相似性（SSIM）作为超
分辨率重建方法的评价指标。PSNR 根据相应像素之间的误差来评价图像，数值越高表示
图像失真越小。SSIM 结合图像的亮度、对比度和结构来衡量两幅图像的相似度，它的值越
接近 1 表示重建的图像越接近原分辨率图像。

在相同实验条件下，我们对比了使用 Bicubic 算法、SRResNet 算法、SRGAN 以及基
于多尺度注意力机制的超分辨率重建算法的重建效果，并将实验结果呈现在图 9.16 中。

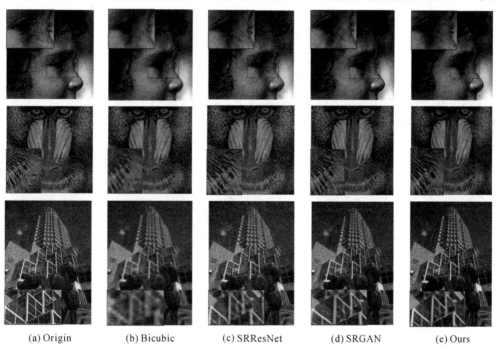

(a) Origin　　　(b) Bicubic　　　(c) SRResNet　　　(d) SRGAN　　　(e) Ours

图 9.16　不同超分辨率重建算法的效果对比图

从图 9.16 中可以明显看出，在双三次插值的重建图像中，细节严重模糊，缺乏清晰
度；SRResNet 算法的重建图像在客观评价指标上取得了不错的效果，但是其图像过于平
滑，纹理模糊，缺乏细节；SRGAN 的重建图像虽然有所改善，但在鼻梁等细节处仍然存在
瑕疵，未能完全满足需求；与之相比，本节算法的重建图像在图像纹理特征的重建方面表

现出色，整体和细节上均取得了良好的重建效果。本节算法利用了多尺度注意力机制，能够有针对性地捕捉图像中的重要特征，并有效地增强图像的细节信息。因此，重建图像不仅在整体上保持了清晰度和真实性，而且在细节上也更为准确和清晰。这意味着本节算法能够更好地满足实际应用中对于高质量图像的需求，为图像超分辨率重建领域的进一步研究和应用提供了有力支持。

实验的客观评价结果如表9.4和表9.5所示。我们的模型在三个测试集上平均PSNR值和平均SSIM值分别比SRGAN高了2.139dB和0.049，这充分表明了使用多尺度注意力机制和残差密集块可以有效利用图像特征，提高超分辨率模型的重建效果，从而使SR图像和HR图像在特征和结构上保持一致。在本节的模型中，我们采用了多种尺度的卷积核提取LR图像的底层特征信息，更全面地捕获图像中的细节和结构信息，从而为后续的处理提供更好的基础。同时，我们引入了注意力机制块，以提高模型对可利用信息的关注程度。通过注意力机制块，模型能够自适应地调整不同特征的重要性，从而更加有效地利用图像中的信息，提高重建效果。另外，在残差密集块中，每个残差块之间都使用短路径相连，以确保每一层的特征信息都能够得到有效传递和利用。这种设计能够有效地避免信息丢失，从而更好地恢复低分辨率图像的纹理细节。还能够保持网络梯度的存在状态，有效地避免了梯度消失问题，从而有助于模型的训练和优化过程。

不同超分辨率重建算法的效果对比图

表 9.4　超分辨率算法在三个测试集上的 PSNR 值　　　单位:dB

模型	Set5	Set10	BSD100	平均值
Bicubic	26.621	25.358	24.979	25.653
SRResNet	30.782	27.491	26.496	28.256
SRGAN	28.591	26.364	25.667	26.874
Ours	31.609	28.230	27.201	29.013

表 9.5　超分辨率算法在三个测试集上的 SSIM 值

模型	Set5	Set10	BSD100	平均值
Bicubic	0.782	0.694	0.648	0.708
SRResNet	0.865	0.759	0.712	0.779
SRGAN	0.841	0.731	0.682	0.751
Ours	0.888	0.778	0.734	0.800

9.4 基于特征蒸馏的图像超分辨率重建

9.4.1 超分辨率重建网络

目前大多数的超分辨率重建算法通过减少网络层数和参数量来提高模型的轻量化程度，这会使模型存在重建效果差、纹理细节恢复不清晰等问题。为了使重建模型的效果更好，得到的图像质量更高，我们设计了基于特征蒸馏的图像超分辨率重建方法。浅层网络可以提取出图像的局部细节特征，能够处理并保存小尺度的几何特征。深层网络可以提取出图像的全局特征，能够处理并保存大尺度的语义特征。不同感受野大小的卷积核提取出的特征信息也不相同，因此如何提取图像中所有特征信息并融合极为重要。网络结构如图9.17所示，我们通过多尺度特征提取的方式，使用 3×3、5×5 和 7×7 大小的深度可分离卷积，在不同网络深度下提取不同尺度的特征信息，并在上采样之前进行多尺度特征融合。这样不仅可以考虑到不同范围的空间上下文特征信息，还将图像不同尺度的语义特征和几何特征进行融合，以便恢复出质量更高的图像细节信息。

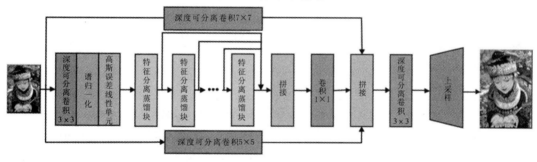

图 9.17　网络架构图

深度可分离卷积关键代码如下：

```
# 深度可分离卷积，卷积核为 3×3
class DepthWiseConv1(nn.Module):
    def __init__(self, in_ch, out_ch, kernel_size=3, stride=1, padding=1,
                dilation=1, bias=True, padding_mode="zeros", with_norm=False, bn_kwargs=None):
        super(DepthWiseConv1, self).__init__()
        self.dw = torch.nn.Conv2d(
                in_channels=in_ch,
                out_channels=in_ch,
                kernel_size=kernel_size,
```

```
                stride＝stride,
                padding＝padding,
                dilation＝dilation,
                groups＝in_ch,
                bias＝bias,
                padding_mode＝padding_mode,
            )
        self. pw ＝ torch. nn. Conv2d(
            in_channels＝in_ch,
            out_channels＝out_ch,
            kernel_size＝(1, 1),
            stride＝1,
            padding＝0,
            dilation＝1,
            groups＝1,
            bias＝False,
        )
    def forward(self, input)：
        out ＝ self. dw(input)
        out ＝ self. pw(out)
        return out
```

　　我们使用 3×3 大小的深度可分离卷积作为主路径,构建出深度卷积神经网络,用来提取图像深层细节特征并减少计算量。使用 8 个特征分离蒸馏块(FSDB)进行深度语义特征提取。每个 FSDB 提取出的特征向后传播,实现更深层次的信息交流。为了使特征信息最大化地被利用,我们将 8 个 FSDB 所提取出的特征进行融合,使用 1×1 卷积将通道数进行降维处理,得到深层特征。同时将 5×5 和 7×7 大小的深度可分离卷积作为支路,实现浅层特征提取。将深层特征与浅层特征相融合以重建更多的细节特征,恢复出高质量图像。不同层次的特征提供不同的信息,能使模型更具有泛化性,减少模型的过拟合风险。最后使用亚像素卷积进行上采样,将图像放大至目标尺寸,得到最终重建好的 SR 图像。

9.4.2　特征分离蒸馏块

　　为了解决传统网络所带来的内存大量消耗和训练时间过长等问题,本节设计轻量且高效的特征提取结构来减少参数量,并增强网络性能。特征分离蒸馏块结构如图 9.18 所示。首先将输入的粗特征经一级特征细化操作,同时经过卷积核大小为 1×1 的卷积层生成一级蒸馏特征。随后将一级细化特征输入到下一个蒸馏单元中，获得二级蒸馏特征和细化特征。同样地，可以得到三级蒸馏特征和细化特征，进行渐进式特征增强。值得注意的是，得到的三级细化特征直接使用3×3大小的深度可分离卷积提取特征，不再进行特征蒸馏操作。将所得到的蒸馏特征和细化特征进行融合，以便恢复出质量更好的SR图像。通过这种由粗到细的方式，充分提取出了图像的特征信息，获得了更丰富的空间特征，以重建更多的细节。使用1×1卷积进行降维处理，得到和输入特征相同的通道数。最后加入了自定义的轻量型坐标注意力模块，为图像边缘、纹理等高频细节的恢复提供了更多可用信息。除此之外，还使用残差连接进行局部特征融合，加强层间信息流动和特征复用，防止了梯度消失和梯度爆炸。

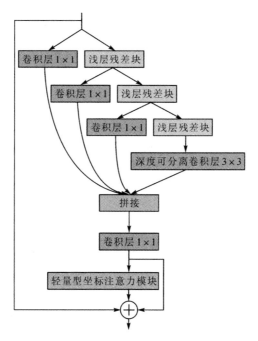

图9.18 特征分离蒸馏块结构图

特征分离蒸馏块关键代码如下：

```
class FSDB(nn.Module):
    def __init__(self, in_channels, out_channels):
        super(FSDB, self).__init__()
        self.dc = self.distilled_channels = in_channels // 2   # distilled_channels 为蒸馏通道
        self.rc = self.remaining_channels = in_channels
            self.c1_d = nn.Conv2d(in_channels, self.dc, 1)
```

```
        self. c1_r = MSRB(in_channels, self. rc)
        self. c2_d = nn. Conv2d(self. remaining_channels, self. dc, 1)
        self. c2_r = MSRB(self. remaining_channels, self. rc)
        self. c3_d = nn. Conv2d(self. remaining_channels, self. dc, 1)
        self. c3_r = MSRB(self. remaining_channels, self. rc)
        self. c4 = DepthWiseConv1(self. remaining_channels, self. dc)
        self. act = nn. PReLU()
        self. c5 = nn. Conv2d(self. dc * 4, in_channels, 1)
    def forward(self, input):
        distilled_c1 = self. act(self. c1_d(input))
        r_c1 = self. c1_r(input)
        distilled_c2 = self. act(self. c2_d(r_c1))
        r_c2 = self. c2_r(r_c1)
        distilled_c3 = self. act(self. c3_d(r_c2))
        r_c3 = self. c3_r(r_c2)
        r_c4 = self. act(self. c4(r_c3))
        out = torch. cat([distilled_c1, distilled_c2, distilled_c3, r_c4], dim=1)   # 通道拼接
        out = self. c5(out)   # 通道降维
        return input + out
```

9.4.3 轻量型坐标注意力

轻量型坐标注意力是一种专为处理序列数据而设计的注意力机制。其主要目标是在保持良好性能的前提下，降低计算复杂度和参数量，以适应轻量级模型和嵌入式设备的需求。该注意力机制的结构如图9.19所示。相较于传统的自注意力机制，轻量型坐标注意力引入了一系列特定的优化策略，以降低计算和存储成本。轻量型坐标注意力模块主要包括编码通道关系和远程依赖关系两个关键步骤，并提供准确的位置信息。在这个过程中，坐标信息嵌入被广泛应用于通道注意力中，以全局方式编码空间信息。然而，由于坐标信息嵌入将全局空间信息压缩到通道描述符中，往往难以保留位置信息，而在视觉任务中，捕捉空间结构的精确位置信息至关重要。为了解决这一问题，全局池化被分解，并分别沿着两个空间方向聚合特征，从而获得一对方向感知的特征图。这种方法与通道注意力方法中的单个特征向量压缩操作截然不同。这两个转换使得注意力模块能够沿一个空间方向捕捉长距离依赖关系，并在另一个空间方向保留精确的位置信息，从而有助于网络更准确地定位感兴趣的对象。水平和垂直方向的注意力同时应用于输入张量，每个注意力映射中的元素反

映了感兴趣的对象是否存在于相应的行和列中。这种编码过程使得坐标注意力能够更准确地定位感兴趣对象的确切位置，从而有助于整个模型更好地进行识别。

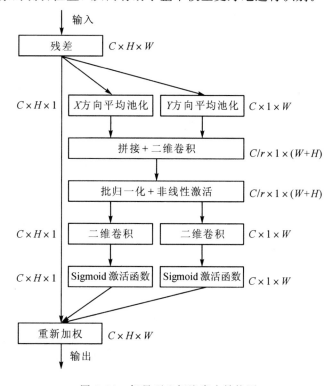

图 9.19　轻量型坐标注意力结构图

轻量型坐标注意力关键代码如下：

```
class CoordAtt(nn. Module):
    def __init__(self, inp, oup, reduction=32):
        super(CoordAtt, self). __init__()
        self. pool_h = nn. AdaptiveAvgPool2d((None, 1))
        self. pool_w = nn. AdaptiveAvgPool2d((1, None))
        mip = max(8, inp // reduction)
        self. conv1 = nn. Conv2d(inp, mip, kernel_size=1, stride=1, padding=0)
        self. sn1 = nn. utils. spectral_norm(self. conv1)
        self. act = h_swish()
        self. conv_h = nn. Conv2d(mip, oup, kernel_size=1, stride=1, padding=0)
        self. conv_w = nn. Conv2d(mip, oup, kernel_size=1, stride=1, padding=0)
```

```
def forward(self, x):
        identity = x
        n, c, h, w = x.size()
        x_h = self.pool_h(x)
        x_w = self.pool_w(x).permute(0, 1, 3, 2)
        y = torch.cat([x_h, x_w], dim=2)
        y = self.sn1(y)
        y = self.act(y)
        x_h, x_w = torch.split(y, [h, w], dim=2)
        x_w = x_w.permute(0, 1, 3, 2)
        a_h = self.conv_h(x_h).sigmoid()
        a_w = self.conv_w(x_w).sigmoid()
        out = identity * a_w * a_h
        return out
```

9.4.4 实验与分析

本节的所有实验均运行在一台操作系统为 Windows10、CPU 为 Inter Core i9-12900KF、GPU 为 NVIDIA GeForce RTX 3080 12GB 的电脑上。采用的深度学习框架为 PyTorch 1.12.1，Python 的版本为3.9.7，同时使用 NVIDIA CUDA 11.6 加速深度模型训练。本节使用 COCO2014 数据集进行训练，该数据集涵盖了 80 多个不同的物体类别，并被广泛使用到超分辨率领域中。使用 Set5、Set14、BSD100 和 AMD100 作为基准数据集来评估模型的性能，放大倍数为×4。其中前三个测试集都是拍摄的人物和自然景观等图像，而 AMD100 作为我们自制的数据集使用，用来验证本节方法的有效性，其中包含 100 张古壁画图像，具有密集的高频特征细节。为了评估超分辨率算法的性能，在 YCbCr 色彩模式中的 Y 通道上使用峰值信噪比(PSNR)、结构相似性(SSIM)和学习感知图像块相似度(LPIPS)作为客观评价指标。PSNR 用来评估图像失真程度，它计算了生成图像和真实图像之间的均方差，值越高表明两个图像之间的相似度越高。SSIM 考虑了亮度、对比度和结构三个方面的影响，其值在 0 到 1 之间，值越高表明两个图像之间的相似度越高。LPIPS 可以模拟人类视觉系统对图像的感知，值越小表明图像质量越好。

我们将所提出的方法与一些最先进的 SR 方法进行比较，包括 Bicubic、DRSR、FCCSR、BSRN、FBSRGAN、MARDGAN。在表 9.6 和表 9.7 中，我们使用不同的客观评价指标将本节方法和其他 SR 方法进行了定量比较。可以看到，本节方法在三个评价指标中均获得了最佳结果。这是因为本节方法通过三分支路径提取出图像的多尺度特征信息，结合特征分离蒸馏块将不同尺度的特征信息分离并重新组合。这样可以更好地捕获数据中的关键信息，既提高了模型的重建性能，又提高了模型的泛化能力和稳健性。同时，使用轻量级坐标注意力可以有效地捕捉到输入低分辨率图像中的空间特征和结构信息，保留输入图像的细节和结构信息，从而提高重建图像的质量。在整个模型中使用生成对抗网络不但可以解决在图像放大过程中出现的失真和模糊等问题，而且还可以处理复杂的图像结构和纹理信息，以生成更符合人眼感知的图像。

表 9.6　不同 SR 方法在不同测试集上的 PSNR(/dB)/SSIM 评价指标结果

方法	Set5	Set14	BSD100	AMD100
	PSNR/SSIM	PSNR/SSIM	PSNR/SSIM	PSNR/SSIM
Bicubic	27.747/0.752	25.843/0.628	24.756/0.587	26.942/0.646
DRSR	30.665/0.842	27.436/0.741	26.396/0.703	28.618/0.760
FCCSR	31.434/0.871	28.037/0.770	26.998/0.729	29.176/0.784
BSRN	31.803/0.894	28.427/0.791	27.308/0.740	29.434/0.801
FBSRGAN	31.017/0.869	27.925/0.766	26.804/0.721	29.015/0.779
MARDGAN	31.536/0.887	28.196/0.778	27.174/0.734	29.356/0.792
Ours	**31.952/0.902**	**28.543/0.798**	**27.522/0.754**	**29.585/0.810**

表 9.7　不同 SR 方法在不同测试集上的 LPIPS 评价指标结果

方法	Set5	Set14	BSD100	AMD100
Bicubic	0.261	0.308	0.321	0.289
DRSR	0.140	0.174	0.197	0.167
FCCSR	0.128	0.165	0.180	0.154
BSRN	0.116	0.150	0.164	0.141
FBSRGAN	0.110	0.143	0.158	0.136
MARDGAN	0.102	0.131	0.147	0.125
Ours	**0.093**	**0.122**	**0.135**	**0.114**

在图 9.20、图 9.21 和图 9.22 中展示了本节方法与其他最先进的超分辨率方法之间的定性比较。首先，我们的方法能够更好地保留图像细节和纹理。对比其他 SR 方法，我们的重建图像在保持图像原始细节和纹理方面表现更加出色，细微的纹理和边缘更为清晰和自然。其次，我们的方法能够有效减少图像中的噪声和伪影，图像整体更加清晰，没有明显的失真和伪影现象。综上所述，我们的方法在重建图像的性能和视觉质量方面都具有显著的优势，能够更好地保留图像细节和纹理，同时有效减少图像中的噪声和伪影，使得重建后

不同超分辨率方法在Set14的图像上的视觉比较（比例为×4）

的图像更加清晰、自然和真实。

(a) Origin

(b) Bicubic的PSNR(/dB)
与SSIM值分别为25.174、
0.611

(c) DRSR的PSNR(/dB)
与SSIM值分别为26.305、
0.705

(d) FCCSR的PSNR(/dB)
与SSIM值分别为26.872、
0.718

(e) BSRN的PSNR(/dB)
与SSIM值分别为27.218、
0.727

(f) FBSRGAN的PSNR
(/dB)与SSIM值分别为
26.647、0.712

(g) MARDGAN的PSNR
(/dB)与SSIM值分别为
27.036、0.722

(h) Ours的PSNR(/dB)与
SSIM值分别为27.352、
0.731

图 9.20　不同超分辨率方法在 Set 14 的图像上的视觉比较（比例为×4）

(a) Origin

(b) Bicubic的PSNR(/dB)
与SSIM值分别为24.638、
0.589

(c) DRSR的PSNR(/dB)
与SSIM值分别为26.063、
0.672

 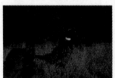 

不同超分辨率方法
在BSD100的图像
上的视觉比较
（比例为×4）

(d) FCCSR的PSNR(/dB)
与SSIM值分别为26.617、
0.692

(e) BSRN的PSNR(/dB)
与SSIM值分别为26.032、
0.708

(f) FBSRGAN的PSNR
(/dB)与SSIM值分别为
26.443、0.687

(g) MARDGAN的PSNR
(/dB)与SSIM值分别为
25.846、0.700

(h) Ours的PSNR(/dB)
与SSIM值分别为26.178、
0.710

图 9.21　不同超分辨率方法在 BSD100 的图像上的视觉比较（比例为×4）

智能图像处理

(a) Origin

(b) Bicubic的PSNR(/dB)
与SSIM值分别为26.348、
0.689

(c) DRSR的PSNR(/dB)
与SSIM值分别为27.529、
0.716

(d) FCCSR的PSNR(/dB)
与SSIM值分别为28.037、
0.738

(e) BSRN的PSNR(/dB)
与SSIM值分别为28.322、
0.752

(f) FBSRGAN的PSNR
(/dB)与SSIM值分别为
27.862、0.730

(g) MARDGAN的PSNR
(/dB)与SSIM值分别为
28.175、0.742

(h) Ours的PSNR(/dB)
与SSIM值分别为28.418、
0.755

图.22　不同超分辨率方法在 AMD100 的图像上的视觉比较（比例为×4）

不同超分辨率方法
在AMD100的图像
上的视觉比较
（比例为×4）

本 章 小 结

本章介绍了几种经典的基于深度学习的图像超分辨率算法。通过大量数据学习到低分辨率图像和高分辨率图像之间的对应关系来重建超分辨率图像。这种方法受到众多学者的青睐。由于生成对抗网络具有良好的生成性，基于生成对抗网络的图像超分辨率模型可以创建一个更好的分辨率图像，而随着生成对抗网络的发展，图像超分辨率算法的有效性也在逐渐提高。本章提出了基于自注意力亚像素卷积的图像超分辨率重建算法、基于多尺度注意力的图像超分辨率重建算法和基于特征蒸馏的图像超分辨率重建算法。这些算法在不同的方面进行了创新，通过引入自注意力机制、多尺度特征提取和特征蒸馏等技术手段，进一步提高了图像超分辨率的性能和效果。

参考文献及扩展阅读

[1] LI H A, CHENG L Z, LIU J. A new degradation model and an improved SRGAN for multi-image super-resolution reconstruction[J]. Imaging Science Journal, 2024:1-20.

[2] LI H A, WANG D, ZHANG M, et al. Image color rendering based on frequency channel attention GAN[J]. Signal, Image and Video Processing, 2024, 18(4): 3179-3186.

[3] LI H A, WANG D, ZHANG J, et al. Image super-resolution reconstruction based on multi-scale dual-attention[J]. Connection Science, 2023, 35(1):2182487.

[4] 李洪安, 郑峭雪, 陶若霖, 等. 基于深度学习的图像超分辨率研究综述[J]. 图学学报, 2023, 44(1): 1-15.

[5] 李洪安, 王雕. 基于深度学习的图像超分辨率智能重建软件 V1.0 [CP]. 计算机软件著作权, 中华人民共和国国家版权局, 2023 年 9 月 18 日, 登记号: 2023SR1096061.

[6] LI H A, ZHENG Q X, YAN W J, et al. Image super-resolution reconstruction for secure data transmission in Internet of Things environment[J]. Mathematical Biosciences and Engineering, 2021, 18(5), 6652-6671. DOI: 10.3934/mbe.2021330.

[7] LI H A, WANG G Y, GAO K, et al. A gated convolution and self-attention based pyramid image inpainting network[J]. Journal of Circuits, Systems and Computers, 2022, 31(12): 2250208.

[8] MEIJERING E, UNSER M. A note on cubic convolution interpolation[J]. IEEE Transactions on Image processing, 2003, 12(4): 477-479.

[9] DONG C, LOY C C, HE K, et al. Image super-resolution using deep convolutional networks[J]. IEEE Transactions on Pattern Analysis and Machine Intelligence, 2016, 38(2): 295-307.

[10] 夏皓, 吕宏峰, 罗军, 等. 图像超分辨率深度学习研究及应用进展[J]. 计算机工程与应用, 2021, 57 (24): 51-60.

智能图像处理

[11] 彭晏飞，高艺，杜婷婷，等. 生成对抗网络的单图像超分辨率重建方法[J]. 计算机科学与探索，2020，14(09)：1612-1620.

[12] 胡蕾，王足根，陈田，等. 一种改进的 SRGAN 红外图像超分辨率重建算法[J]. 系统仿真学报，2021，33(09)：2109-2118.

[13] KEYS R. Cubic convolution interpolation for digital image processing[J]. IEEE transactions on acoustics, speech, and signal processing, 1981, 29(6)：1153-1160.

[14] ZHANG Y, TIAN Y, KONG Y, et al. Residual dense network for image super-resolution[C]. Proceedings of the IEEE conference on computer vision and pattern recognition, 2018：2472-2481.

[15] ZHANG Y, LI K, LI K, et al. Image super-resolution using very deep residual channel attention networks[C]. Proceedings of the European conference on computer vision (ECCV), 2018：286-301.

[16] LI J, FANG F, MEI K, et al. Multi-scale residual network for image super-resolution [C]. Proceedings of the European Conference on Computer Vision (ECCV), 2018：517-532.

[17] BULAT A, YANG J, TZIMIROPOULOS G. To learn image super-resolution, use a gan to learn how to do image degradation first[C]. Proceedings of the European conference on computer vision (ECCV), 2018：187-202.

[18] HARIS M, SHAKHNAROVICH G, UKITA N. Deep back-projection networks for super-resolution [C]. Proceedings of the IEEE conference on computer vision and pattern recognition, 2018：1664-1673.

[19] HUANG G, LIU Z, VAN DER MAATEN L, et al. Densely connected convolutional networks[C]. Proceedings of the IEEE conference on computer vision and pattern recognition, 2017：2261-2269.

[20] CUI Z, CHANG H, SHAN S, et al. Deep network cascade for image super-resolution[C]. European Conference on Computer Vision. Springer, Cham, 2014：49-64.

[21] CHIFOR B C, BICA I, PATRICIU V V, et al. A security authorization scheme for smart home Internet of Things devices[J]. Future Generation Computer Systems, 2018, 86：740-749.

[22] SCHULTZ R R, STEVENSON R L. A bayesian approach to image expansion for improved definition[J]. IEEE Transactions on Image Processing, 1994, 3(3)：233-242.

[23] GRIBBON K T, BAILEY D G. A novel approach to real-time bilinear interpolation[C]. Second IEEE International Workshop on Electronic Design, Test and Applications, 2004：126-131.

[24] KEYS R. Cubic convolution interpolation for digital image processing[J]. IEEE Transactions on Acoustics, Speech, and Signal Processing, 1981, 29(6)：1153-1160.

[25] TSAI R Y, HUANG T S. Multiframe image restoration and registration[J]. Advances in Computer Vision and Image Processing, 1984, 1：317-319.

[26] ABE Y, IIGUNI Y. Image restoration from a downsampled image by using the DCT[J]. Signal processing, 2007, 87(10)：2370-2380.

[27] LIU P, ZHANG H, ZHANG K, et al. Multi-level wavelet-CNN for image restoration [C]. Proceedings of the IEEE conference on computer vision and pattern recognition workshops. 2018：773-782.

[28] SEUNG-WON J，TAE-HYUN K，SUNG-JEA K. A novel multiple image deblurring technique using fuzzy projection onto convex sets[J]. IEEE Signal Processing Letters，2009，16(3)：192-195.

[29] LI H A，ZHANG M，YU Z H，et al. An improved pix2pix model based on Gabor filter for robust color image rendering[J]. Mathematical Biosciences and Engineering，2022，19(1)：86-101.

[30] 李洪安，郑峭雪，张婧，等. 结合 Pix2Pix 生成对抗网络的灰度图像着色方法[J]. 计算机辅助设计与图形学学报，2021，33(6)，929-938.

[31] KIMJ，LEE J K，LEE K M. Accurate image super-resolution using very deep convolutional networks [C]. IEEE Conference on Computer Vision and Pattern Recognition，2016：1646-1654.

[32] LI H A，LI Z L，ZHANG J，et al. Image edge detection based on complex ridgelet transform[J]. Journal of Information and Computational Science，2015，12(1)：31-39.

[33] LEDIG C，THEIS L，HUSZAR F，et al. Photo-realistic single image super-resolution using a generative adversarial network[C]. Proceedings of the IEEE conference on computer vision and pattern recognition. 2017：4681-4690.

[34] GUO L，WOZNIAK M. An image super-resolution reconstruction method with single frame character based on wavelet neural network in internet of things [J]. Mobile Networks and Applications，2021，26(1)：390-403.

[35] CRESWELL A，WHITE T，DUMOULIN V，et al. Generative adversarial networks：an overview [J]. IEEE Signal Processing Magazine，2018，35(1)：53-65.

[36] LEE D，LEE S，LEE H，et al. Resolution-preserving generative adversarial networks for image enhancement[J]. IEEE Access，2019，7：110344-110357.

[37] SONG C，HUANG Y，OUYANG W，et al. Mask-guided contrastive attention model for person re-identification[C]. Proceedings of the IEEE Conference on Computer Vision and Pattern Recognition，2018：1179-1188.

[38] WANG Z，BOVIK A C，SHEIKH H R，et al. Image quality assessment：from error visibility to structural similarity[J]. IEEE Transactions on Image Processing，2004，13(4)：600-612.

[39] WANG Y，LI X，NAN F，et al. Image super-resolution reconstruction based on generative adversarial network model with feedback and attention mechanisms [J]. Multimedia Tools and Applications，2022，81(5)：6633-6652.

[40] YANG X，LI H，LI X. Lightweight image super-resolution with feature cheap convolution and attention mechanism[J]. Cluster Computing，2022，25(6)：3977-3992.

[41] LI Z，LIU Y，CHEN X，et al. Blueprint separable residual network for efficient image super-resolution [C]. Proceedings of the IEEE/CVF Conference on Computer Vision and Pattern Recognition Workshops. 2022：833-843.

[42] LI H，WANG D，ZHANG J，et al. Image super-resolution reconstruction based on multi-scale dual-attention[J]. Connection Science，2023，35(1)：2182487.

［43］ YANG X, XIE T, LIU L, et al. Image super-resolution reconstruction based on improved Dirac residual network[J]. Multidimensional Systems and Signal Processing, 2021, 32(4): 1065-1082.

［44］ SHI W, CABALLERO J, HUSZAR F, et al. Real-time single image and video super-resolution using an efficient sub-pixel convolutional neural network[C]. Proceedings of the IEEE conference on computer vision and pattern recognition, 2016: 1874-1883.

［45］ LIM B, SON S, KIM H, et al. Enhanced deep residual networks for single image super-resolution [C]. Proceedings of the IEEE conference on computer vision and pattern recognition workshops, 2017: 1132-1140.